大学计算机规划教材

SQL Server 数据库技术及应用教程

刘瑞新　张兵义　主　编

张治斌　褚尚军　副主编

U0334594

电子工业出版社·

Publishing House of Electronics Industry

北京·BEIJING

内 容 简 介

本教材系统全面地讲解了数据库技术的概念、原理及 SQL Server 2008（也适用于 SQL Server 2005）的应用，包括数据库的基本概念、概念模型设计、逻辑模型设计、SQL Server 2008 的使用环境、数据库的创建与管理、表的创建与管理、数据的输入与维护、数据查询、视图、索引、T-SQL 语言、存储过程、触发器、数据库的安全与保护、LINQ 技术等内容。本书提供电子课件和素材文件。

本书内容丰富、结构清晰，讲解通俗易懂，在讲述基本知识的同时，注重操作技能和解决实际问题能力的培养。本书给出大量例题，并使用一个贯穿全书的"学籍管理系统"进行讲解，突出了实用性与专业性，使读者能够快速、准确、深入地学习 SQL Server 2008。本书适合作为高等学校本科、高职高专层次软件、网络、信息及计算机相关信息技术类专业的教材，也可作为等级考试、职业资格考试或认证考试等各种培训班的培训教材。

未经许可，不得以任何方式复制或抄袭本书之部分或全部内容。

版权所有，侵权必究。

图书在版编目（CIP）数据

SQL Server 数据库技术及应用教程/刘瑞新，张兵义主编. —北京：电子工业出版社，2012.8
大学计算机规划教材
ISBN 978-7-121-17282-3

Ⅰ.①S…　Ⅱ.①刘…②张…　Ⅲ.①关系数据库—数据库管理系统—高等学校—教材　Ⅳ.①TP311.138

中国版本图书馆 CIP 数据核字（2012）第 120812 号

责任编辑：冉　哲
印　　刷：北京虎彩文化传播有限公司
装　　订：北京虎彩文化传播有限公司
出版发行：电子工业出版社
　　　　　北京市海淀区万寿路 173 信箱　邮编　100036
开　　本：787×1 092　1/16　印张：19　字数：486.4 千字
版　　次：2012 年 8 月第 1 版
印　　次：2019 年 1 月第 4 次印刷
定　　价：36.00 元

凡所购买电子工业出版社图书有缺损问题，请向购买书店调换。若书店售缺，请与本社发行部联系，联系及邮购电话：（010）88254888，88258888。

质量投诉请发邮件至 zlts@phei.com.cn，盗版侵权举报请发邮件至 dbqq@phei.com.cn。

本书咨询联系方式：ran@phei.com.cn。

前　　言

本教材系统全面地讲解了数据库技术的概念、原理及 SQL Server 2008（也可用 SQL Server 2005）的应用。本教材主要特点如下。

1．适合教师教学，学生学习

本书内容覆盖了 SQL Server 2008 数据库技术应用的各个方面。从第 2 章开始，每章都包括教程、实训及练习题三部分内容。教程部分介绍了 SQL Server 2008 的操作和使用方法，操作案例遵循由浅入深的原则，从简单数据库操作到复杂的程序编写，再到系统的建立与整合。实训部分一般先分析设计要求，再引导读者进行操作训练，最后通过习题让读者自己完成数据库的设计。采用这种教材组织方式，既符合教师讲课习惯，又便于学生练习。

2．适用面宽、实用性强

使用 SQL Server 2008，无论设计何种数据库应用，其基本方法和技巧都是相同的，主要区别在于编程语言的访问方式不同。本书所举案例的数据库操作方法适用于多种数据库编程语言，读者可以根据不同的需要设计出符合要求的数据库。

3．突出实用、够用的原则

本书在理论讲解方面以"必需、够用"为度，在知识结构组织方面精心编排，融"教、学、练、做"于一体。另外，本书每章都安排了例题、实训和练习题，并且循序渐进，便于读者加深记忆和理解，也便于教师指导学生边学边练，学以致用。

4．例题丰富，便于理解和练习

本书内容充实、例题丰富、图文并茂、系统性强。每个知识点都配备了翔实的例题，使读者能够快速入门并理解和掌握。例题以演练的方式给出，可供读者边学习边实践，快速、全面地掌握 SQL Server 的使用方法和技巧。

5．用一个项目贯穿全书

本书使用一个贯穿全书各个章节的"学籍管理系统"进行讲解，使读者全面、系统地掌握数据库系统的规划和设计，并将所学的数据库技术和程序设计技术加以综合应用。每章均安排了实训环节，实训完成之后其实就是完成了"学籍管理系统"的设计。

6．提供教学课件和素材

为了便于教学，本书提供了配套的电子课件，包括 PPT、案例、实训源代码等，可直接用于课堂教学，也方便自学。使用本书作为教材的教师可登录华信教育资源网（http://www.hxedu.com.cn）注册后下载。

本书由刘瑞新、张兵义担任主编，张治斌、褚尚军担任副主编，参加编写的作者有刘瑞新（第 1、2、10 章），周新丽（第 3 章），张兵义（第 4、5、7 章），董福新（第 6 章），张治斌（第 8、14 章），万兆君、刘大学、陈文明、万兆明、王金彪（第 9 章），褚尚军（第 11、13 章），冯全民、孙明建、骆秋容、徐云林、缪丽丽、刘克纯（第 12 章），贾俊亮（第 15 章），全书由刘瑞新教授定稿。本书在编写过程中得到了许多同行的帮助和支持，在此表示感谢。由于编者水平有限，书中错误之处难免，欢迎读者对本书提出宝贵意见和建议。

本书适合作为高等学校本科、高职高专层次软件、网络、信息及计算机相关信息技术类专业的教材，也可作为等级考试、职业资格考试或认证考试等各种培训班的培训教材。

编　者

目　　录

第1章 数据库的基本概念

数据库是数据管理的实用技术,是计算机技术的重要分支,它的出现大大加快了计算机应用技术向各行各业的渗透。随着信息管理水平的不断提高,应用范围的不断扩大,信息已成为企业的主要财富和资源。用于管理信息的数据库技术,其应用领域也越来越广泛。人们在不知不觉中扩展着对数据库的使用,如网络购物、银行账务、火车订票、学生管理、在线考试等,无一不使用了数据库技术。

在进行数据库软件产品的开发之前,首先要了解信息、数据、数据库、数据库管理系统和数据库应用系统等基本概念。

1.1 信息与数据

信息和数据是信息技术中的两个基本概念,它们有着不同的含义,但彼此又紧密相连。对用户来说,信息和数据是两种非常重要的东西。信息可以告诉用户有用的事实和知识,数据可以更有效地表示、存储和抽取信息。

1.1.1 信息的基本概念

1. 信息

在日常生活中,人们经常可以听到"信息"这个名词。什么是信息呢?简单地说,信息是现实世界事物的存在方式或运动状态的反映的综合。信息的概念包含以下三个方面的含义。

① 信息的现实性。信息来源于现实世界,反映了某一事物的现实状态,体现了人们对事实的认识和理解程度。

② 信息的主观性。信息是人们对数据进行有目的加工处理的结果,其表现形式是根据人们的需要来确定的。

③ 信息的有用性。信息是人们从事某项工作或行动所需要的依据,与人们的行为密切相关,并通过信息接收者的决策或行动来体现其所具有的价值。

信息的价值体现在信息的准确性、时效性和目的性上。对于任何一个决策者来说,只要失去其中之一,信息就会变得毫无价值。例如,研究生入学考试课程大纲的信息对于参加该项考试的人员来说具有价值,而对于参加高考的高中生来说则毫无实际意义。

2. 信息的特征

信息具有如下的重要特征。

① 真实性。信息真实性是指信息必须是真实的、正确的和准确的。这是信息最基本的特性。真实的信息对决策者才有价值,而错误的、虚假的、不符合实际的信息不仅不能帮助决策者正确决策,反而会造成严重的后果。

② 时效性。信息是有"寿命"的。信息从产生到用于决策的时间越短，信息的使用率就越高，时效性就越好。

③ 信息能够在空间和时间上被传递。在空间上传递信息称为信息通信，在时间上传递信息称为信息存储。

④ 信息需要一定的形式表示。信息与其表现符号不可分离。信息对于人类社会的发展有重要意义。信息可以提高人们对事物的认识，减少人们活动的盲目性；信息是社会机体进行活动的纽带，社会的各个组织通过信息网相互了解并协同工作，使整个社会协调发展；社会越发展，信息的作用就越突出；信息又是管理活动的核心，要想将事物管理好，需要掌握更多的信息，并利用信息进行工作。

1.1.2　数据的基本概念

数据（Data）是用来记录信息的可识别的符号，是符号化的信息，是信息的具体表现形式。尽管信息有多种表现形式，它可以通过手势、眼神、声音或图形等方式表现，但数据是信息的最佳表现形式。由于数据能够书写，因而它能够被记录、存储和处理，从中挖掘出更深层的信息。

数据是信息的符号表示或载体，信息则是数据的内涵，是对数据的语义解释。同一条信息可以用不同的数据来表示，但信息并不随它的数据形式不同而改变。例如，想表达这样一条信息："张林同学是计算机系的学生，学号是 10001，年龄 20 岁"，可以表示为（10001，张林，20，计算机），也可表示为（张林，10001，computer，20），两种不同的表示形式传达同样含义的信息。由此可见，数据和对数据的语义解释是不可分的。

一般来说，从信息转换为数据需要进行特征抽取，而从数据还原为信息需要经过数据语义解释。在一些不是很严格的场合下，对信息和数据没有进行严格区分，甚至当做同义词来使用，如信息处理与数据处理、信息采集与数据采集等。

1.2　数据库

随着信息技术和市场的发展，特别是 20 世纪 90 年代以后，数据管理不再仅仅是存储和管理数据，而转变成用户所需要的各种数据管理的方式。

1．数据库的基本概念

数据库（Database，简称 DB），顾名思义，就是存放数据的仓库。数据库技术研究的是存放在计算机中的数据，把计算机的存储器作为存放数据的基地。通常，这种存放不是随机的存放，而是按一定的结构和组织方式来组织、存储和管理数据。

例如，把一个学校的学生、课程、学生成绩等数据有序地组织并存放在计算机中，就可以构成一个数据库。因此，数据库是由一些持久的相互关联的数据的集合组成的，并以一定的组织形式存放在计算机的存储介质中。

2．数据库中数据的特征

数据库中的数据具有如下的特征。

（1）数据的共享性

数据库中的数据能为多个用户服务。数据库的数据共享性表现在以下两个方面：

① 不同的用户可以按各自的用法使用数据库中的数据。数据库能为用户提供不同的数据视图，以满足个别用户对数据结构、数据命名或约束条件的特殊要求。

② 多个用户可以同时共享数据库中的数据资源，即不同的用户可以同时存取数据库中的同一个数据。

（2）数据的独立性

用户的应用程序与数据的逻辑组织和物理存储方式均无关。

（3）数据的完整性

数据库中的数据在操作和维护过程中可以保持正确无误。

（4）数据冗余小且易扩充

不同的应用程序根据处理要求，从数据库中获取需要的数据，这样就减少了数据的重复存储，也便于增加新的数据结构，便于维护数据的一致性。

1.3 数据库管理系统

数据库管理系统（Database Management System，简称 DBMS），是指专门用于管理数据库的计算机系统软件。数据库管理系统能够为数据库提供数据的定义、建立、维护、查询和统计等操作功能，并完成对数据完整性、安全性、多用户对数据的并发使用及发生故障后的系统恢复功能。

数据库管理系统是位于用户和操作系统之间的一层数据管理软件。它不是应用软件，不能直接用于诸如工资管理、人事管理或资料管理等事务管理工作，但数据库管理系统能够为事务管理提供技术和方法，以及应用系统的设计平台和设计工具，使相关的事务管理软件更容易设计。也就是说，数据库管理系统是为设计数据管理应用项目而提供的计算机软件，利用数据库管理系统来设计事务管理系统可以达到事半功倍的效果。人们周围有关数据库管理系统的计算机软件有很多，其中比较著名的通用数据库管理系统有 SQL Server、Oracle、Sybase、DB2 和 MySQL 等。

数据库管理系统的目标是让用户能够更方便、更有效、更可靠地建立数据库和使用数据库中的信息资源。数据库管理系统应提供如下功能。

① 数据定义功能：可定义数据库中的数据对象。

② 数据操纵功能：可对数据库表进行基本操作，如插入、删除、修改、查询等。

③ 数据的完整性检查功能：保证用户输入的数据满足相应的约束条件。

④ 数据库的安全保护功能：保证只有具有权限的用户才能访问数据库中的数据。

⑤ 数据库的并发控制功能：使多个应用程序可在同一时刻并发地访问数据库中的数据。

⑥ 数据库系统的故障恢复功能：使数据库在运行出现故障时进行数据库恢复，以保证数据库可靠运行。

⑦ 在网络环境下访问数据库的功能。

⑧ 方便、有效地存取数据库信息的接口和工具。编程人员通过程序开发工具与数据库的接口编写数据库应用程序。数据库管理员（Database Administrator，简称 DBA）通过提供的工具对数据库进行管理。

1.4　数据库系统

数据库系统（Database Systems，简称DBS）可以理解为带有数据库的计算机系统，除具备一般的硬件、软件外，还必须有用于存储大量数据的直接存取存储设备，管理并控制数据库的软件——数据库管理系统（DBMS），管理数据库的人员——数据库管理员（DBA）。

数据库系统的组成如图1-1所示。其中，数据库管理系统是数据库系统的基础和核心。

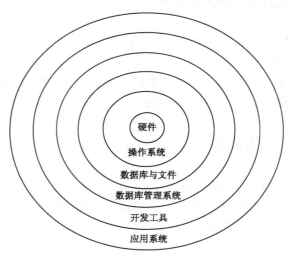

图 1-1　数据库系统的组成

1.5　数据库技术及发展

从计算机出现以来，硬件、软件及应用都在向前发展，伴随这三方面的发展，加上人们对使用计算机进行数据处理要求的不断提高，数据管理技术经历了手工管理、文件管理和数据库技术三个发展阶段。三个发展阶段的不同主要反映在谁管理数据、数据面向谁及程序的独立性上。

1. 手工管理数据阶段

20世纪50年代以前，计算机刚刚出现，主要用于科学计算。从硬件看，外存只有纸带、卡片、磁带，没有直接存取的存储设备；从软件看，还没有操作系统与高级语言，软件采用机器语言编写，没有管理数据的软件；数据处理方式是批处理。数据管理在手工管理阶段具有以下特点。

① 数据不保存。在手工管理阶段，数据管理的应用刚刚起步，一切都是从头开始，其管理数据系统只有仿照科学计算的模式进行设计。由于数据管理规模小，加上当时的计算机软/硬件条件比较差，因此，数据管理中涉及的数据基本不需要、也不允许长期保存。当时的处理方法是，在需要时将数据输入，用完就撤走。

② 用户需要完全负责数据管理工作，包括数据的组织、存储结构、存取方式、输入/输出等。

③ 数据完全面向特定的应用程序。每个用户只能使用自己的数据，数据不保存，用完就撤走，不能实现多个程序共享数据。

④ 数据和程序没有独立性。不同程序之间不能直接交换数据，程序中存取数据的子程序随着存取结构的改变而改变。

2．文件系统阶段

从 20 世纪 50 年代后期到 60 年代中期，计算机应用领域拓宽，不仅用于科学计算，还大量用于数据管理。这一阶段的数据管理水平进入到文件系统阶段。在文件系统阶段，硬件有了磁盘、磁鼓等直接存取的存储设备；在软件的操作系统中已经有了专门的管理数据软件，即所谓的文件系统。文件系统的处理方式不仅有文件批处理，而且还能够联机实时处理。在这种背景下，数据管理的系统规模、管理技术和水平都有了较大幅度的发展。尽管文件管理阶段比手工管理阶段在数据管理手段和管理方法上有很大的改进，但文件管理方法仍然存在着许多缺点。

（1）文件系统阶段数据管理的特点

① 管理的数据以文件的形式长久地被保存在计算机的外存中。在文件系统阶段，由于计算机大量用于数据处理，临时性或一次性地输入数据根本无法满足使用要求，数据必须长期保留在外存中。在文件系统中，通过数据文件使管理的数据能够长久地保存，并通过对数据文件的存取实现对文件进行查询、修改、插入和删除等常见的数据操作。

② 文件系统有专门的数据管理软件提供数据存取、查询及维护功能。在文件系统中，有专门的计算机软件提供数据存取、查询及维护功能，它能够为程序和数据之间提供存取方法，为数据文件的逻辑结构与存储结构提供转换的方法。这样，程序员在设计程序时可以把精力集中到算法上，而不必过多地考虑物理细节，同时数据在存储上的改变不一定反映在程序上，使程序的设计和维护工作量大大地减小。

③ 文件系统中的数据文件多样化。由于在文件系统阶段已有了直接存取存储设备，使得许多先进的数据结构能够在文件系统中实现。文件系统中的数据文件不仅有索引文件、链接文件、直接存储文件等多种形式，而且还可以使用倒排文件进行多码检索。

④ 文件系统的数据存取是以记录为单位的。文件系统是以文件、记录和数据项的结构组织数据的。文件系统的基本数据存取单位是记录，即文件系统按记录进行读/写操作。在文件系统中，只有通过对整条记录的读取操作，才能获得其中数据项的信息，而不能直接对记录中的数据项进行数据存取操作。

（2）文件系统数据管理的缺点

① 文件系统的数据冗余度大。由于文件系统采用面向应用的设计思想，系统中的数据文件都是与应用程序相对应的，这样，当不同的应用程序所需要的数据有部分相同时，也必须建立各自的文件，而不能共享相同的数据，因此就造成了数据冗余度（Redundancy）大、浪费存储空间的问题。文件系统中相同数据需要重复存储和各自管理，给数据的修改和维护带来了麻烦和困难，还特别容易造成数据不一致的恶果。

② 文件系统中缺乏数据与程序独立性。在文件系统中，数据文件之间是孤立的，不能反映现实世界中事物之间的相互联系，使数据间的对外联系无法表达。同时，由于数据文件与应用程序之间缺乏独立性，使得应用系统不容易扩充。

③ 数据难以按用户的需要表示。如果用户需要来自多个文件的信息，就要编写从多个文件中提取数据、按一定的规则组合数据、以希望的格式显示数据等一系列复杂的程序，难度很大。这是因为，在文件系统中数据缺乏逻辑结构，应用程序不能按逻辑结构访问数据。

为了克服文件系统的这些缺点，人们开发了数据库系统，它从根本上解决了文件系统笨拙、不合理的使用方式。

3. 数据库系统阶段

数据库系统阶段是从 20 世纪 60 年代开始的。这一阶段的背景是：计算机用于管理的规模更为庞大，应用越来越广泛，数据量也急剧增加，数据共享的要求也越来越强；出现了内存大、运行速度快的主机和大容量的硬盘；计算机软件价格上升，硬件价格下降，为编制和维护计算机软件所需的成本相对增加。对研制数据库系统来说，这种背景既反映了迫切的市场需求，又提供了有利的开发环境。

数据库技术是在文件系统的基础上发展起来的新技术，它克服了文件系统的弱点，为用户提供了一种使用方便、功能强大的数据管理手段。数据库技术不仅可以实现对数据集中、统一的管理，而且可以使数据的存储和维护不受任何用户的影响。数据库技术的发明与发展，使其成为计算机科学领域内的一个独立的学科分支。

数据库系统和文件系统相比具有以下主要特点。

（1）采用复杂的数据模型，不仅描述数据本身的特点，还描述数据之间的联系

数据库设计的基础是数据模型。在进行数据库设计时，要站在全局的角度抽象和组织数据，要完整地、准确地描述数据自身和数据之间联系的情况，要建立适合整体需要的数据模型。数据库系统是以数据库为基础的，各种应用程序应建立在数据库之上。

（2）数据冗余度小、数据共享度高

数据冗余度小是指重复的数据少。因为数据库系统是从整体角度上看待和描述数据的，数据不再是面向某个应用的，而是面向整个系统，所以数据库中同样的数据不会多次重复出现。这就使得数据库中的数据冗余度小，从而避免了由于数据冗余大带来的数据冲突问题，也避免了由此产生的数据维护麻烦和数据统计错误问题。

数据库系统通过数据模型和数据控制机制提高数据的共享性。数据共享度高会提高数据的利用率，它使得数据更有价值且更容易、方便地被使用。

（3）数据和程序之间具有较高的独立性

由于数据库中的数据定义功能（即描述数据结构和存储方式的功能）和数据管理功能（即实现数据查询、统计和增删改的功能）是由 DBMS 提供的，因此数据对应用程序的依赖程度大大降低，数据和程序之间具有较高的独立性。数据和程序相互之间的依赖性低、独立性高的特性称为数据独立性高。数据独立性高使得程序中不需要有关数据结构和存储方式的描述，从而减轻了程序设计的负担。当数据及结构变化时，如果数据独立性高，程序的维护也会比较容易。

数据库中的数据独立性可以分为两级：

① 数据的物理独立性。数据的物理独立性（Physical Data Independence）是指应用程序对数据存储结构（也称物理结构）的依赖程度。数据物理独立性高是指当数据的物理结构发生变化时（例如，当数据文件的组织方式被改变或数据存储位置发生变化时），应用程序不需要修改也可以正常工作。

② 数据的逻辑独立性。数据的逻辑独立性（Logical Data Independence）是指应用程序对数据全局逻辑结构的依赖程度。数据逻辑独立性高是指当数据库系统的数据全局逻辑结构改变时，它们对应的应用程序不需要改变仍可以正常运行。例如，当新增加一些数据和联系时，不影响某些局部逻辑结构的性质。

（4）数据库系统提供了统一的数据控制功能

由数据库管理系统 DBMS 提供对数据的安全性控制、完整性控制、并发性控制和数据恢复功能。

（5）数据库中数据的最小存取单位是数据项

在文件系统中，数据的最小存取单位是记录，这给使用及数据操作带来许多不便。数据库系统改善了其不足之处，它的最小数据存取单位是数据项，即使用时可以按数据项或数据项组进行存取数据，也可以按记录或记录组存取数据。由于数据库中数据的最小存取单位是数据项，使系统在进行查询、统计、修改及数据再组合等操作时，能以数据项为单位进行条件表达和数据存取处理，给系统带来了高效性、灵活性和方便性。

数据管理三个阶段的比较见表 1-1。

表 1-1　数据管理三个阶段的比较

		人 工 管 理	文 件 系 统	数 据 库 系 统
背景	应用背景	科学计算	科学计算、管理	大规模管理
	硬件背景	无直接存取的存储设备	磁盘、磁鼓	大容量磁盘
	软件背景	没有操作系统	有文件系统	有数据库管理系统
	处理方式	批处理	联机实时处理批处理	联机实时处理，分布处理批处理
特点	数据的管理者	人	文件系统	数据库管理系统
	数据面向的对象	某一应用程序	某一应用程序	整个应用系统
	数据的共享程度	无共享，冗余度极大	共享性差，冗余度大	共享性高，冗余度小
	数据的独立性	不独立，完全依赖于程序	独立性差	具有高度的物理独立性和逻辑独立性
	数据的结构化	无结构	记录内有结构，整体无结构	整体结构化，用数据模型描述
	数据控制能力	应用程序自己控制	应用程序自己控制	由数据库管理系统提供数据安全性、完整性、并发控制和恢复能力

1.6　数据库系统的结构

数据库系统是指带有数据库并利用数据库技术进行数据管理的计算机系统。一个数据库系统应包括计算机硬件、数据库、数据库管理系统、数据库应用系统及数据库管理员部分。从数据库管理系统角度看，数据库系统通常采用三级模式结构；从数据库最终用户角度看，数据库系统的体系结构可分为单用户结构、主从式结构、分布式结构和客户-服务器结构。本节主要介绍数据库系统数据模型结构。

数据模型用数据描述语言给出的精确描述称为数据模式。数据模式是数据库的框架。数据库的数据模式由外模式、模式和内模式三级模式构成，其结构如图 1-2 所示。

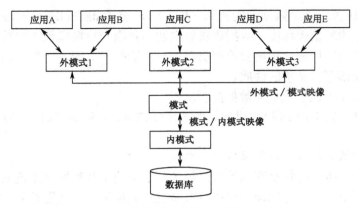

图 1-2　数据库系统的三级模式结构

1.6.1　数据库的三级模式结构

数据库的三级模式是指逻辑模式、外模式、内模式。

1．逻辑模式及概念数据库

逻辑模式（Logical Schema）也常称模式（Schema），它是对数据库中数据的整体逻辑结构和特征的描述。它仅仅涉及型的描述，并不涉及具体的值。模式的一个具体值称为模式的一个实例（Instance）。同一个模式可以有很多实例。模式是相对稳定的，而实例是相对变动的。模式反映的是数据的结构及其关系，而实例反映的是数据库某一时刻的状态。

逻辑模式是系统为了实现减小数据冗余、实现数据共享的目标并对所有用户的数据进行综合抽象而得到的统一的全局数据视图。一个数据库系统只能有一个逻辑模式，以逻辑模式为框架的数据库称为概念数据库。

2．外模式及用户数据库

外模式（External Schema）也称子模式（Subschema）或用户模式，它是对数据库各个用户（包括应用程序员和最终用户）或程序所涉及的数据的逻辑结构和数据特征的描述。子模式可以在数据组成（数据项的个数及内容）、数据间的联系、数据项的型（数据类型和数据宽度）、数据名称上与逻辑模式不同，也可以在数据的安全性和完整性方面与逻辑模式不同。

子模式是完全按用户自己对数据的需要、站在局部的角度进行设计的。由于一个数据库系统有多个用户，因此可能有多个数据子模式。因为子模式是面向用户或程序设计的，所以它被称为用户数据视图。从逻辑关系上看，子模式是模式的一个逻辑子集，从一个模式可以推导出多个不同的子模式。以子模式为框架的数据库称为用户数据库。显然，某个用户数据库是概念数据库的部分抽取。

使用子模式可以带来以下 3 个优点：

① 由于使用子模式，用户不必考虑那些与自己无关的数据，也无须了解数据的存储结构，使用户使用数据的工作和程序设计的工作都得到了简化。

② 由于用户使用的是子模式，使得用户只能对自己需要的数据进行操作，数据库的其他数据与用户是隔离的，这样有利于数据的安全和保密。

③ 由于用户可以使用子模式，而同一模式又可派生出多个子模式，有利于数据的独立性和共享性。

3. 内模式及物理数据库

内模式（Internal Schema）也叫存储模式（Access Schema）或物理模式（Physical Schema）。内模式是对数据的内部表示或底层描述。内模式是数据在数据库内部的表示方式（例如，记录的存储方式是顺序存储、按照 B 树结构存储还是按 Hash 方法存储；索引按照什么方式组织；数据是否压缩存储，是否加密；数据的存储记录结构有何规定）。

物理模式的设计目标是将系统的模式（全局逻辑模式）组织成最优的物理模式，以提高数据的存取效率，改善系统的性能指标。

以物理模式为框架的数据库称为物理数据库。在数据库系统中，只有物理数据库才是真正存在的，它是存放在外存中的实际数据文件；而概念数据库和用户数据库在计算机外存中是不存在的。用户数据库、概念数据库和物理数据库三者的关系是：概念数据库是物理数据库的逻辑抽象形式；物理数据库是概念数据库的具体实现；用户数据库是概念数据库的子集，也是物理数据库子集的逻辑描述。

1.6.2　数据库系统的二级映像技术及作用

数据库系统的二级映像技术是指外模式与模式之间的映像技术、模式与内模式之间的映像技术，二级映像技术不仅在三级数据模式之间建立了联系，同时也保证了数据的独立性。

1. 外模式/模式的映像及作用

外模式/模式之间的映像，定义并保证了外模式与数据模式之间的对应关系。外模式/模式的映像定义通常保存在外模式中。当模式变化时，数据库管理员可以通过修改映像的方法使外模式不变；由于应用程序是根据外模式进行设计的，只要外模式不改变，应用程序就不需要修改。显然，数据库系统中的外模式与模式之间的映像技术不仅建立了用户数据库与逻辑数据库之间的对应关系，使得用户能够按子模式进行程序设计，同时也保证了数据的逻辑独立性。

2. 模式/内模式的映像及作用

模式/内模式之间的映像，定义并保证了数据的逻辑模式与内模式之间的对应关系。它说明数据的记录、数据项在计算机内部是如何组织和表示的。当数据库的存储结构改变时，数据库管理员可以通过修改模式/内模式之间的映像使数据模式不变化。由于用户或程序是按数据的逻辑模式使用数据的，因此，只要数据模式不变，用户仍可以按原来的方式使用数据，程序也不需要修改。模式/内模式的映像技术不仅使用户或程序能够按数据的逻辑结构使用数据，还提供了内模式变化而程序不变的方法，从而保证了数据的物理独立性。

1.7　数据库系统设计的基本步骤

图 1-3 中列出了数据库设计的步骤和各个阶段应完成的基本任务，下面就具体内容进行介绍。

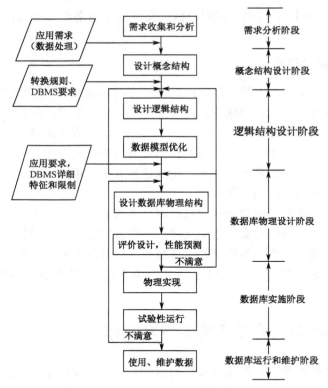

图 1-3　数据库设计步骤

1．需求分析阶段

需求分析是数据库设计的第一步，也是最困难、最耗费时间的一步。需求分析的任务是准确了解并分析用户对系统的需要和要求，弄清系统要达到的目标和实现的功能。需求分析是否做得充分与准确，决定着在其上构建数据库"大厦"的速度与质量。如果需求分析做得不好，会影响整个系统的性能，甚至会导致整个数据库设计返工重做。

2．概念结构设计阶段

概念结构设计是整个数据库设计的关键。在概念结构的设计过程中，设计者要对用户需求进行综合、归纳和抽象，形成一个独立于具体计算机和 DBMS 的概念模型。

3．逻辑结构设计阶段

数据逻辑结构设计的主要任务是将概念结构转换为某个 DBMS 所支持的数据模型，并对其性能进行优化。

4．数据库物理设计阶段

数据库物理设计的主要任务是为逻辑数据模型选取一个最适合应用环境的物理结构，包括数据存储位置、数据存储结构和存取方法。

5．数据库实施阶段

在数据库实施阶段，系统设计人员要运用 DBMS 提供的数据操作语言和宿主语言，根据数据库的逻辑设计和物理设计的结果建立数据库、编制与调试应用程序、组织数据入库并进行系统试运行。

6. 数据库运行和维护阶段

数据库应用系统经过试运行后即可投入正式运行。在数据库系统运行过程中，必须不断地对其结构性能进行评价、调整和修改。

设计一个完善的数据库应用系统是不可能一蹴而就的，它往往是上述 6 个阶段的不断反复。需要指出的是，这 6 个设计阶段既是数据库设计的过程，也包括了数据库应用系统的设计过程。在设计过程中，应把数据库的结构设计和数据处理的操作设计紧密结合起来，这两个方面的需求分析、数据抽象、系统设计及实现等各个阶段应同时进行，相互参照和相互补充。事实上，如果不了解应用环境对数据的处理要求或没有考虑如何去实现这些处理要求，是不可能设计出一个良好的数据库结构的。

在图 1-4 中，描述了数据库结构设计不同阶段要完成的不同级别的数据模式。

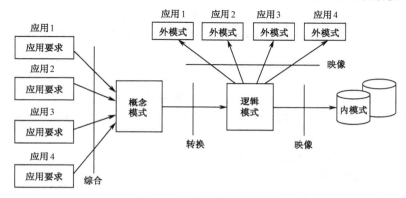

图 1-4　数据库的各级模式

在数据库设计过程中：需求分析阶段，设计者的中心工作是弄清并综合各个用户的应用需求；概念设计阶段，设计者要将应用需求转换为与计算机硬件无关的、与各个数据库管理系统产品无关的概念模型（即 E-R 图）；逻辑设计阶段，要完成数据库的逻辑模式和外模式的设计工作，即系统设计者要先将 E-R 图转换成具体的数据库产品支持的数据模型，形成数据库逻辑模式，然后根据用户处理的要求、安全性的考虑建立必要的数据视图，形成数据的外模式；物理设计阶段，要根据具体使用的数据库管理系统的特点和处理的需要进行物理存储安排，并确定系统要建立的索引，得出数据库的内模式。

习题 1

一、问答题

1. 什么是数据？数据有什么特征？数据和信息有什么关系？
2. 什么是数据库？数据库中的数据有什么特点？
3. 什么是数据库管理系统？它的主要功能是什么？
4. 什么是数据的整体性？什么是数据的共享性？为什么要使数据有整体性和共享性？

5. 试述数据库系统的三级模式结构及每级模式的作用。

6. 什么是数据的独立性？数据库系统中为什么能具有数据独立性？

7. 试述数据库系统中的二级映像技术及其作用。

8. 数据库设计过程包括几个主要阶段？

二、选择题

1. 在下面所列出的条目中，数据库管理系统的基本功能是_____。

    A. 数据库定义   B. 数据库的建立和维护

    C. 数据库存取   D. 数据库和网络中其他软件系统的通信

2. 在数据库的三级模式结构中，内模式有_____。

    A. 1 个   B. 2 个   C. 3 个   D. 任意多个

3. 在下面列出的条目中，数据库技术的主要特点是_____。

    A. 数据的结构化   B. 数据的冗余度小

    C. 较高的数据独立性   D. 程序的标准化

4. _____是按照一定的数据模型组织的，长期存储在计算机内，可为多个用户共享的数据的聚集。

    A. 数据库系统   B. 数据库

    C. 关系数据库   D. 数据库管理系统

5. 数据库（DB）、数据库系统（DBS）、数据库管理系统（DBMS）三者之间的关系，正确的表述是_____。

    A. DB 和 DBS 都是 DBMS 的一部分

    B. DBMS 和 DB 都是 DBS 的一部分

    C. DB 是 DBMS 的一部分

    D. DBMS 包括数据库系统和 DB

6. 用于描述数据库中数据的物理结构的是_____。

    A. 逻辑模式   B. 用户模式   C. 存储模式   D. 概念模式

7. 用于描述数据库中全体数据的逻辑结构和特征的是_____。

    A. 公共数据视图   B. 外部数据视图

    C. 内模式   D. 存储模式

8. 用于描述数据库中数据库用户能够看得见和使用的局部数据的逻辑结构和特征的是_____。

    A. 逻辑模式   B. 外模式   C. 内模式   D. 概念模式

9. 数据库三级模式体系结构的划分，有利于保持数据库的_____。

    A. 数据对立性   B. 数据安全性   C. 结构规范化   D. 操作可行性

第2章　概念模型设计

概念结构设计是将系统需求分析得到的用户需求抽象为信息结构。概念结构设计的结果是数据库的概念模型。数据库设计中应十分重视概念结构设计，它是整个数据库设计的关键。在概念结构的设计过程中，设计者要对用户需求进行综合、归纳和抽象，形成一个独立于具体计算机和 DBMS 的概念模型。

2.1　概念模型的基础知识

概念模型是面向用户的数据模型，是用户容易理解的现实世界特征的数据抽象。概念数据模型能够方便、准确地表达现实世界中的常用概念，是数据库设计人员与用户之间进行交流的语言。最常用的概念模型是实体-联系模型（Entity-Relationship Model，E-R 模型）。

2.1.1　数据模型

1. 数据模型的概念

在现实生活中，人们经常使用各类模型。例如，建筑模型、军事沙盘模型、飞机模型、人体解剖图、地图等都是模型。借助这些模型，有利于人们把握和了解现实世界中某一事物的结构、组织形态，整体与局部的关系，以及它的运动与变化等多元信息。而数据模型是对现实世界中各类数据特征的抽象和模拟。

数据库中的数据是结构化的，因此建立数据库首先要考虑如何去组织数据，如何表示数据及数据之间的联系，并将其合理地存储在计算机中，以便于对其进行有效的处理。

数据模型描述数据及数据之间联系的结构形式，它研究的内容是如何组织数据库中的数据。在数据库技术中，用数据模型这个工具把现实世界的具体事物及其状态转换成计算机能够处理的数据。数据模型是数据库技术的核心内容。

任何数据库系统的建立，都要依赖某种数据模型，来描述和表示信息系统。因此数据模型一般要满足三个要求：

① 真实地模拟现实世界；
② 便于人们理解和交流；
③ 便于在计算机中实现。

由于数据库的方案设计和数据库的实现各有特点，因此，不同阶段使用不同的数据模型。在数据库的概念模型设计阶段，使用概念模型（也称信息模型），它按用户的观点对数据和信息建模。在数据库的结构设计和实施阶段，使用组织层模型，它按计算机系统的观点对数据建模，主要用于 DBMS 的实现。

2. 数据模型的要素

一般地说，任何一种数据模型都是一组严格定义的概念集合。这些概念必须能够精确地描述系统的静态特征、动态特征和数据完整性约束条件。因此数据模型是由数据结构、数据操作和数据约束条件三要素组成的。

（1）数据结构

数据结构用于描述系统的静态特征。它是表现一个数据模型性质最重要的方面。在数据库系统中，人们通常按照数据结构的类型来命名数据模型，例如，层次结构、网状结构和关系结构的数据模型分别被命名为层次模型、网状模型和关系模型。

（2）数据操作

数据操作是对系统动态特性的描述，是指对数据库中各种数据对象允许执行的操作集合。数据操作分为操作对象和有关的操作规则两部分。数据库中的数据操作主要包括数据检索和数据更新（即插入、删除或修改数据的操作）两大类操作。

数据模型必须对数据库中的全部数据操作进行定义，指明每项数据操作的确切含义、操作对象、操作符号、操作规则以及对操作的语言约束等。

（3）数据约束条件

数据约束条件是一组数据完整性规则的集合。数据完整性规则是指数据模型中的数据及其联系所具有的制约和依存规则。数据约束条件用于限定符合数据模型的数据库状态以及状态的变化，以保证数据库中数据的正确、有效和相容。

每种数据模型都规定有基本的完整性约束条件，这些完整性约束条件要求所属的数据模型都应满足。同理，每个数据模型还规定了特殊的完整性约束条件，以满足具体应用的要求。例如，在关系模型中，基本的完整性约束条件是实体完整性和参照完整性，特殊的完整性条件是用户定义的完整性。

2.1.2　信息的三种世界及其描述

信息的三种世界是指现实世界、信息世界和计算机世界（也称数据世界）。数据库是模拟现实世界中某些事物活动的信息集合，数据库中所存储的数据，来源于现实世界的信息流。信息流用来描述现实世界中一些事物的某些方面的特征及事物间的相互联系。在处理信息流前，必须先对其进行分析并用一定的方法加以描述，然后将描述转换成计算机所能接收的数据形式。

1．信息的现实世界

现实世界泛指存在于人脑之外的客观世界。信息的现实世界是指人们要管理的客观存在的各种事物、事物之间的相互联系及事物的发生、变化过程。通过对现实世界的了解和认识，使得人们对要管理的对象、管理的过程和方法建立了概念模型。认识信息的现实世界并用概念模型加以描述的过程称为系统分析。信息的现实世界通过实体、特征、实体集及联系进行划分和认识。

（1）实体（Entity）

现实世界中存在的可以相互区分的事物或概念称为实体。实体可以分为事物实体和概念实体，例如，一个学生、一个工人、一台机器、一部汽车等都是事物实体，而一门课、一个班级等称为概念实体。

（2）实体的特征（Entity Characteristic）

每个实体都有自己的特征，利用实体的特征可以区别不同的实体。例如，学生通过姓名、性别、年龄、身高、体重等许多特征来描述自己。尽管实体具有许多特征，但是人们在研究时，只选择其中对管理及处理有用的或有意义的特征。例如，对于人事管理，职工的特征可选择姓名、性别、年龄、工资、职务等；而在描述一个人健康情况时，可以用职工的身高、体重、血压等特征表示。

（3）实体集（Entity Set）及实体集之间的联系

具有相同特征或能用同样特征描述的实体的集合称为实体集。例如，学生、工人、汽车等都是实体集。实体集不是孤立存在的，实体集之间有着各种各样的联系，例如，学生和课程之间有"选课"联系，教师和教学系之间有"工作"联系。

2．信息世界

现实世界中的事物反映到人们的头脑里，经过认识、选择、命名、分类等综合分析而形成了印象和概念，从而得到了信息。当事物用信息来描述时，即进入信息世界。在信息世界中：实体的特征在头脑中形成的知识称为属性；实体通过其属性表示称为实例；同类实例的集合称为对象，对象即实体集中的实体用属性表示得出的信息集合。实体与实例是不同的，例如，王五是一个实体，而"王五，男，20岁，计算机系学生"是一个实例，现实世界中的王五除了姓名、性别、年龄和所在系外还有其他的特征，而实例仅对需要的特征通过属性进行描述。在信息世界中，实体集之间的联系用对象联系表示。

信息世界通过概念模型、过程模型和状态模型反映现实世界，它要求对现实世界中的事物、事物间的联系和事物的变化情况准确、如实、全面地表示。概念模型通过 E-R 图中的对象、属性和联系对现实世界的事物及关系给出静态描述。过程模型通过信息流程图描述事物的处理方法和信息加工过程。状态模型通过事物状态转换图对事物给出动态描述。数据库主要根据概念模型设计，而数据处理方法主要根据过程模型设计，状态模型则对数据库的系统功能设计有重要的参考价值。

3．信息的计算机世界

信息世界中的信息，经过数字化处理形成计算机能够处理的数据，就进入了计算机世界。计算机世界也叫机器世界或数据世界。在信息转换为数据的过程中，对计算机硬件和软件（软件主要指数据库管理系统）都有限定，所以信息的表示方法和信息处理能力要受到计算机硬件和软件的限制。也就是说，数据模型应符合具体的计算机系统和 DBMS 的要求。

在计算机世界中用到下列术语。

（1）数据项（Item）

数据项是对象属性的数据表示。数据项有型和值之分：数据项的型是对数据特性的表示，它通过数据项的名称、数据类型、数据宽度和值域等来描述；数据项的值是其具体取值。数据项的型和值都要符合计算机数据的编码要求，即都要符合数据的编码要求。

（2）记录（Record）

记录是实例的数据表示。记录有型和值之分：记录的型是结构，由数据项的型构成；记录的值表示对象中的一个实例，它的分量是数据项值。例如，"姓名，性别，年龄，所在系"是学生数据的记录型，而"王五，男，20，计算机系"是一个学生的记录值，它表示学生对象的一个实例,"王五"、"男"、"20"、"计算机系"都是数据项值。

(3)文件(File)

文件是对象的数据表示,是同类记录的集合,即同一个文件中的记录类型应是一样的。例如将所有学生的登记表组成一个学生数据文件,文件中的每个记录都要按"姓名,性别,年龄,所在系"的结构组织数据项值。

(4)数据模型(Data Model)

现实世界中的事物反映到计算机世界中就形成了文件的记录结构和记录,事物之间的相互联系就形成了不同文件间的记录的联系。记录结构及其记录联系的数据化的结果就是数据模型。

4.现实世界、信息世界和计算机世界的关系

现实世界、信息世界和计算机世界这三个领域是由客观到认识、由认识到使用管理的三个不同层次,后一领域是前一领域的抽象描述。关于三个领域之间的术语对应关系,可用表 2-1 表示。

表 2-1   信息的三种世界术语对应关系表

现实世界	信息世界	计算机世界
实体	实例	记录
特征	属性	数据项
实体集	对象	数据或文件
实体间的联系	对象间的联系	数据间的联系
	概念模型	数据模型

现实世界、信息世界和计算机世界的联系和转换过程如图 2-1 所示。从图中可以看出,现实世界的事物及联系,通过系统分析成为信息世界的概念模型,而概念模型经过数据化处理转换为数据模型。

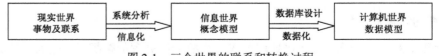

图 2-1   三个世界的联系和转换过程

2.1.3   概念模型的基本概念

1.概念模型涉及的基本概念

(1)对象(Object)和实例(Instance)

在现实世界中,具有相同性质、服从相同规则的一类事物(或概念,即实体)的抽象称为对象,对象是实体集信息化(数据化)的结果。对象中的每一个具体的实体的抽象称为该对象的实例。

(2)属性(Attribute)

属性是实体的某一特征的抽象表示。一个实体可以用若干个属性来描述。例如,学生可以通过"姓名"、"学号"、"性别"、"年龄"及"政治面貌"等特征来描述,此时,"姓名"、

"学号"、"性别"、"年龄"及"政治面貌"等就是学生的属性。属性值是属性的具体取值。

例如,某一学生,其姓名为"李芳",学号为"10201",性别为"女",年龄为"20",政治面貌为"团员",这些具体描述就是属性值。

(3)码(Key)、主码(Primary Key)和次码(Secondary Key)

码也称关键字,它能够唯一标识一个实体。码可以是属性或属性组。如果码是属性组,则其中不能含有多余的属性。例如,在学生的属性集中,由于学号可以唯一地标识一个学生,因此学号为码。在有些实体集中,可以有多个码。例如,学生实体集,假设学生姓名没有重名的,那么属性"姓名"也可以作为码。当一个实体集中包含多个码时,通常要选定其中的一个码作为主码,其他的码就是候选码。

实体集中不能唯一标识实体属性的叫次码。例如,"年龄"、"政治面貌"这些属性都是次码。一个主码值(或候选码值)对应一个实例,而一个次码值会对应多个实例。

(4)域(Domain)

属性的取值范围称为属性的域。例如,学生的年龄为 16~35 岁范围内的正整数,其数据域为(16~35);性别的域为(男,女)。

2.实体联系的类型

在现实世界中,事物内部及事物之间是有联系的,这些联系在抽象到信息世界之后,反映为实体内部的联系和实体之间的联系。

例如,"学生"和"课程"之间有"选课"的联系,"读者"和"图书"之间有"借阅"的联系。实体内部的联系通常是指组成实体的各属性之间的联系。实体与实体之间的联系通常比较复杂,一般分为三种类型。

(1)两个实体集之间的联系

两个实体集之间的联系可概括为 3 种。

① 一对一联系(1:1)

设有两个实体集 A 和 B,如果实体集 A 与实体集 B 之间具有一对一联系,则:对于实体集 A 中的每个实体,在实体集 B 中至多有一个(也可以没有)实体与之联系;反之,对于实体集 B 中的每个实体,在实体集 A 中也至多有一个实体与之联系。两个实体集间的一对一联系记做 1:1。

例如,在一个班级中只能有一个班长,一个学生只能在一个班级里任班长,则班级与班长之间具有一对一联系。

② 一对多联系(1:n)

设有两个实体集 A 和 B,如果实体集 A 与实体集 B 之间具有一对多联系,则:对于实体集 A 中的每个实体,在实体集 B 中有一个或多个实体与之联系;而对于实体集 B 中的每个实体,在实体集 A 中至多有一个实体与之联系。实体集 A 与实体集 B 之间的一对多联系记做 1:n。

例如,一个系可以有多个教研室,而一个教研室只属于一个系,则系与教研室之间具有一对多联系;一个教研室内有许多教师,而一个教师只能属于一个教研室,教研室和教师之间是一对多的联系。

③ 多对多联系(m:n)

设有两个实体集 A 和 B,如果实体集 A 与实体集 B 之间具有多对多联系,则:对于实体

集 *A* 中的每个实体，在实体集 *B* 中有一个或多个实体与之联系；反之，对于实体集 *B* 中的每一个实体，在实体集 *A* 中也有一个或多个实体与之联系。实体集 *A* 与实体集 *B* 之间的多对多联系记做 *m:n*。例如，一个学生可以选修多门课程，一门课程可以被多个学生选修，则学生与课程之间具有多对多联系。

实际上，一对一联系是一对多联系的特例，而一对多联系又是多对多联系的特例。如图 2-2 所示是用 E-R 图表示两个实体集之间的 1:1、1:*n* 和 *m:n* 联系的实际例子。

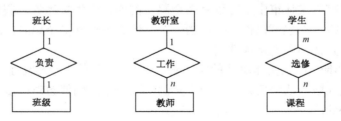

图 2-2　两个实体集联系的例子

（2）多实体集之间的联系

两个以上的实体集之间也会存在有联系，其联系类型有一对一、一对多、多对多 3 种。

① 多实体集之间的一对多联系

设实体集 E_1，E_2，…，E_n，如果 E_j（j=1, 2,…, n）与其他实体集 E_1，E_2,…, E_{j-1}, E_{j+1},…, E_n 之间存在有一对多的联系，则：对于 E_j 中的一个给定实体，可以与其他实体集 E_i（$i{\neq}j$）中的一个或多个实体联系，而实体集 E_i（$i{\neq}j$）中的一个实体最多只能与 E_j 中的一个实体联系。

例如，在图 2-3（a）中，一门课程可以有若干个教师讲授，一个教师只讲授一门课程；一门课程使用若干本参考书，每本参考书只供一门课程使用。所以课程与教师、参考书之间的联系是一对多的。

② 多实体集之间的多对多联系

在两个以上的多个实体集之间，当一个实体集与其他实体集之间均存在多对多联系，而其他实体集之间没有联系时，这种联系称为多实体集间的多对多联系。

例如，有三个实体集：供应商、项目和零件，一个供应商可以供给多个项目多种零件；每个项目可以使用多个供应商供应的零件；每种零件可由不同供应商供给。因此，供应商、项目和零件三个实体型之间是多对多的联系，如图 2-3（b）所示。

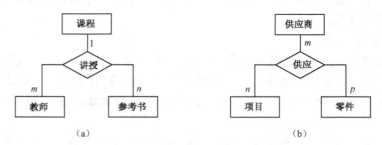

（a）　　　　　　　　　　　　　　　　（b）

图 2-3　三个实体集联系的实例

（3）实体集内部的联系

实际上，在一个实体集的实体之间也可以存在一对多或多对多的联系。例如，学生是一个实体集，学生中有班长，而班长自身也是学生。学生实体集内部具有管理与被管理的联系，即某一个学生管理若干个学生，而一个学生仅被一个班长所管，这种联系是一对多的联系，如图 2-4 所示。

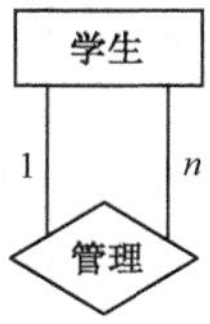

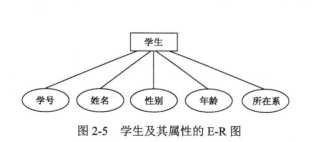
图 2-4　同一实体集内的一对多联系实例

2.1.4　概念模型的表示方法

概念模型是对信息世界的建模，概念模型应当能够全面、准确地描述出信息世界中的基本概念。概念模型的表示方法很多，其中最为著名和使用最为广泛的是 P.P.Chen 于 1976 年提出的实体-联系方法（Entity-Relationship Approach），简称 E-R 图法。该方法用 E-R 图来描述现实世界的概念模型，提供了表示实体集、属性和联系的方法。E-R 图也称为 E-R 模型。在 E-R 图中：

① 用长方形表示实体集，在长方形内写实体集名。

② 用椭圆形表示实体集的属性，并用线段将其与相应的实体集连接起来。例如，学生具有学号、姓名、性别、年龄和所在系共 5 个属性，用 E-R 图表示如图 2-5 所示。

由于实体集的属性比较多，有些实体可能具有多达上百个属性，因此在 E-R 图中，实体集的属性可以不直接画出，而通过文字说明方式表示。无论使用哪种方法表示实体集的属性，都不能出现遗漏属性的情况。

③ 用菱形表示实体集间的联系，在菱形内写上联系名，并用线段分别与有关实体集连接起来，同时在线段旁标出联系的类型。如果联系具有属性，则该属性仍用椭圆框表示，需要用线段将属性与其联系连接起来。联系的属性必须在 E-R 图上标出，不能通过文字说明方式说明。例如，供应商、项目和零件之间存在有供应联系，该联系有供应量属性，如图 2-6 所示。

图 2-5　学生及其属性的 E-R 图 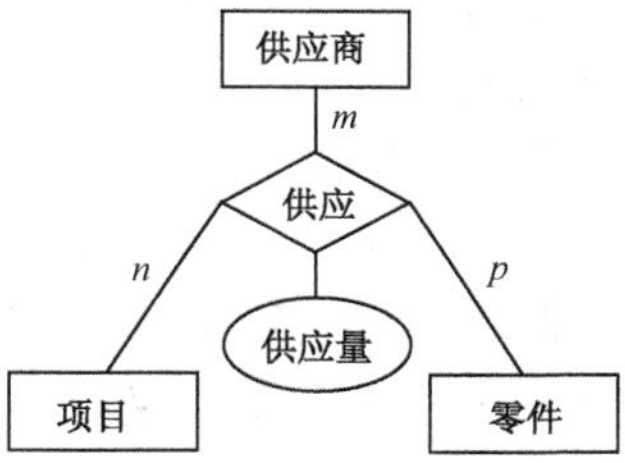　　　图 2-6　实体间联系的属性及其表示

2.2　概念模型的设计方法与步骤

只有将系统应用需求抽象为信息世界的结构，也就是概念模型后，才能转化为计算机世界中的数据模型，并用 DBMS 实现这些需求。

2.2.1　概念模型的特点及设计方法

概念模型用 E-R 图进行描述。

1. 概念模型的特点

概念模型独立于数据库逻辑结构和支持数据库的 DBMS，其主要特点如下。

（1）概念模型是反映现实世界的一个真实模型

概念模型应能真实、充分地反映现实世界，能满足用户对数据的处理要求。

（2）概念模型应当易于理解

概念模型只有被用户理解后，才可以与设计者交换意见，参与数据库的设计。

（3）概念模型应当易于更改

现实世界（应用环境和应用要求）会发生变化，这就需要改变概念模型，易于更改的概念模型有利于修改和扩充。

（4）概念模型应易于向数据模型转换

概念模型最终要转换为数据模型，因此设计概念模型时应当注意，使其有利于向特定的数据模型转换。

2．概念模型设计的方法

概念模型是数据模型的前身，它比数据模型更独立于机器、更抽象，也更加稳定。概念模型设计的方法有 4 种。

（1）自顶向下的设计方法

此方法首先定义全局概念模型的框架，然后逐步细化为完整的全局概念模型。

（2）自底向上的设计方法

此方法首先定义各局部应用的概念模型，然后将它们集成起来，得到全局概念模型的设计方法。

（3）逐步扩张的设计方法

此方法首先定义最重要的核心概念模型，然后向外扩充，生成其他概念模型，直至完成总体概念模型。

（4）混合策略设计的方法

此方法为自顶向下与自底向上相结合的方法。混合策略设计的方法用自顶向下策略设计一个全局概念模型的框架，然后以它为骨架，集成由自底向上策略中设计的各局部概念模型。

最常采用的策略是，自顶向下进行需求分析，然后再自底向上设计概念结构，其方法如图 2-7 所示。

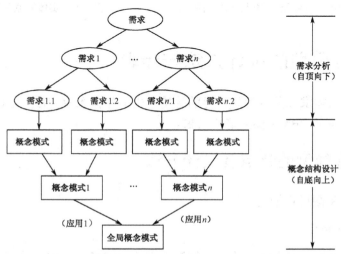

图 2-7　自顶向下分析需求与自底向上设计概念结构

2.2.2 概念模型的设计步骤

按照图 2-7 所示的自顶向下分析需求与自底向上设计概念结构方法，概念结构的设计可分为两步：第一步，抽象数据并设计局部视图；第二步，集成局部视图，得到全局的概念结构。其设计步骤如图 2-8 所示。

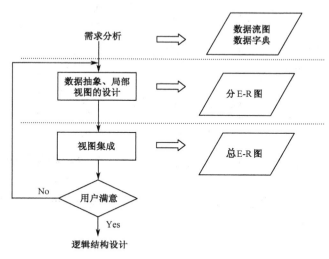

图 2-8　概念结构设计步骤

1. 局部视图设计

需求分析阶段会产生不同层次的数据流图，这些数据流图是进行概念结构设计的基础。高层的数据流图反映系统的概貌，但包含的信息不足以描述系统的详细情况；而中层的数据流图能较好地反映系统中各局部应用的子系统的详细情况，因此中层的数据流图通常作为设计分 E-R 图的依据。设计分 E-R 图的具体做法如下。

（1）选择局部应用

选择局部应用就是根据系统的具体情况，在多层的数据流图中选择一个适当层次的数据流图，作为设计分 E-R 图的出发点，并让数据流图中的每部分都对应一个局部应用。选择好局部应用之后，就可以对每个局部应用逐一设计分 E-R 图了。

（2）设计分 E-R 图

在设计分 E-R 图前，局部应用的数据流图应已经设计好。在设计分 E-R 图时，要根据局部应用的数据流程图中标定的实体集、属性和码，确定 E-R 图中的实体及实体之间的联系。

实际上，实体和属性之间并不存在形式上可以截然划分的界限。但是，在现实世界中，具体的应用环境常常会对实体和属性做大体的自然划分。设计 E-R 图时，可以先从自然划分的内容出发定义雏形的 E-R 图，再进行必要的调整。

为了简化 E-R 图，在调整中应当遵循的一条原则：现实世界的事物，能作为属性对待的尽量作为属性对待。在解决这个问题时应当遵循两条基本准则：

①"属性"不能再具有需要描述的性质。"属性"必须是不可分割的数据项，不能包含其他属性。

②"属性"不能与其他实体具有联系。在 E-R 图中，所有的联系必须是实体间的联系，而不能有属性与实体之间的联系。

如图 2-9 所示是一个由属性上升为实体的实例。

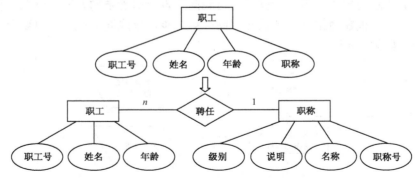

图 2-9　"职称"由属性上升为实体的示意图

图 2-9 中的说明：职工是一个实体，职工号、姓名、年龄和职称是职工的属性。如果职称没有与工资、福利挂钩，就没有必须进一步描述的特性，则职称可以作为职工实体集的一个属性对待。如果不同的职称有着不同的工资、住房标准和不同的附加福利，则职称作为一个实体来考虑就比较合适。

2. 视图集成

视图集成就是把设计好的各子系统的分 E-R 图综合成一个系统的总 E-R 图。视图的集成可以有两种方法：一种方法是多个分 E-R 图一次集成，如图 2-10 所示；另一种方法是逐步集成，用累加的方法一次集成两个分 E-R 图，如图 2-11 所示。

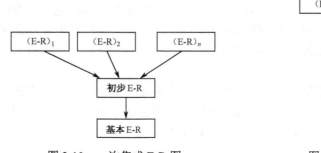

图 2-10　一次集成 E-R 图

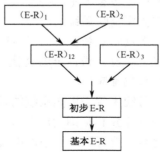

图 2-11　累加集成 E-R 图

（1）集成局部 E-R 图的步骤

多个分 E-R 图一次集成的方法比较复杂，做起来难度较大；逐步集成方法每次只集成两个分 E-R 图，可以有效地降低复杂度。无论采用哪种方法，在每次集成局部 E-R 图时，都要分两步进行：

① 合并 E-R 图。进行 E-R 图合并时，要解决各分 E-R 图之间的冲突问题，并将各分 E-R 图合并起来生成初步 E-R 图。

② 修改和重构初步 E-R 图。通过修改和重构初步 E-R 图，可以消除初步 E-R 图中不必要的实体集冗余和联系冗余，得到基本 E-R 图。

（2）合并分 E-R 图，生成初步 E-R 图

由于各个局部应用所面向的问题是不同的，而且通常由不同的设计人员进行不同局部的视图设计，这样就会导致各个分 E-R 图之间必定会存在许多不一致的地方，即产生冲突问题。因为各个分 E-R 图存在冲突，所以不能简单地把它们画到一起，必须先消除各个分 E-R 图之间的不一致，形成一个能被全系统所有用户共同理解和接受的统一的概念模型，再进行合并。合理消除各个分 E-R 图的冲突是进行合并的主要工作和关键所在。

分 E-R 图之间的冲突主要有 3 类：属性冲突、命名冲突和结构冲突。

① 属性冲突。属性冲突主要有以下两种情况。

● 属性域冲突，是指属性值的类型、取值范围或取值集合不同。例如，对于零件号属性，不同的部门可能会采用不同的编码形式，而且定义的类型又各不相同，有的定义为整型，有的则定义为字符型，这都需要各个部门之间协商解决。

● 属性取值单位冲突。例如，零件的重量，不同的部门可能分别用公斤、斤或千克来表示，结果会给数据统计造成错误。

② 命名冲突。命名冲突主要有以下两种情况。

● 同名异义冲突，是指不同意义的对象在不同的局部应用中具有相同的名字。

● 异名同义冲突，是指意义相同的对象在不同的局部应用中有不同的名字。

③ 结构冲突。结构冲突有以下 3 种情况。

● 同一对象在不同的应用中具有不同的抽象。例如，职工在某一局部应用中被当做实体对待，而在另一局部应用中被当做属性对待，这就会产生抽象冲突问题。

● 同一实体在不同分 E-R 图中的属性组成不一致。此类冲突是指所包含的属性个数和属性排列次序不完全相同。这类冲突是由于不同的局部应用所关心的实体的侧面不同而造成的。解决这类冲突的方法是，使该实体的属性取各个分 E-R 图中属性的并集，再适当调整属性的顺序，使之兼顾到各种应用。

● 实体之间的联系在不同的分 E-R 图中呈现不同的类型。此类冲突的解决方法是，根据应用的语义对实体联系的类型进行综合或调整。

假设有实体集 E1、E2 和 E3：在一个分 E-R 图中 E1 和 E2 是多对多联系，而在另一个分 E-R 图中 E1、E2 却是一对多联系，这是联系类型不同的情况；在某个分 E-R 图中，E1 与 E2 发生联系，而在另一个分 E-R 图中，E1、E2 和 E3 三者之间发生联系，这是联系涉及的对象不同的情况。

（3）消除不必要的冗余，设计基本 E-R 图

在初步 E-R 图中可能存在冗余的数据和实体间冗余的联系。冗余数据是指可由基本数据导出的数据，冗余的联系是指可由其他联系导出的联系。冗余的存在容易破坏数据库的完整性，给数据库维护增加困难，应当加以消除。消除了冗余的初步 E-R 图就称为基本 E-R 图。

① 用分析方法消除冗余。分析方法是消除冗余的主要方法。在实际应用中，并不是要将所有的冗余数据与冗余联系都消除。有时为了提高数据查询效率、减少数据存取次数，在数据库中需要设计一些数据冗余或联系冗余。因而，在设计数据库结构时，冗余数据的消除或存在要根据用户的整体需要来确定。如果希望存在某些冗余，应把保持冗余数据的一致作为完整性约束条件。

② 用规范化理论消除冗余。在关系数据库的规范化理论中，函数依赖的概念提供了消除冗余的形式化工具，有关内容将在规范化理论中介绍。

2.3 实训——学籍管理系统概念模型设计

本书以学籍管理数据库系统（简称学籍管理系统）为贯穿全书的讲解案例，该系统的主要功能见表 2-2。

表 2-2　学籍管理系统的主要功能

功能序号	功能名称	功能说明
1	学生管理	登记、修改学生的基本信息，并提供查询功能
2	课程管理	登记、修改课程的基本信息，并提供查询功能
3	教师管理	登记、修改教师的基本情况，并提供查询功能
4	成绩管理	登记学生各门课程的成绩，并提供查询、统计功能
5	授课管理	登记教师授课课程、授课地点、授课学期，并提供查询功能
6	系统维护	系统中使用编码的维护、数据的备份与恢复

【实训 2-1】学籍管理系统的概念模型设计。

设计过程如下。

1．选择学籍管理系统的局部应用

选择学生管理、课程管理、授课管理、教师管理等局部应用作为设计学籍管理系统分 E-R 图的出发点。

由于高层数据流图只能反映系统的概貌，低层数据流图所含的信息又太片面，而中层数据流图能较好地反映系统中的局部应用，因此在多层的数据流图中，经常选择一个适当的中层数据流图作为设计分 E-R 图的依据。

2．数据抽象、确定实体及其属性与码

在抽象实体及属性时要注意，实体和属性虽然没有本质区别，但是注意以下两点。

① 属性的性质。属性必须是不可分割的数据项，不能包含其他属性。

② 属性不能与其他实体具有联系。例如，班级可以是学生的属性，但是一方面，班级包含班级编号的属性，另一方面，班级与辅导员实体存在一定的联系（一个辅导员可以管理多个班级，而一个班级只能有一个辅导员），因此需要将班级抽象为一个独立实体，如图 2-12 所示。

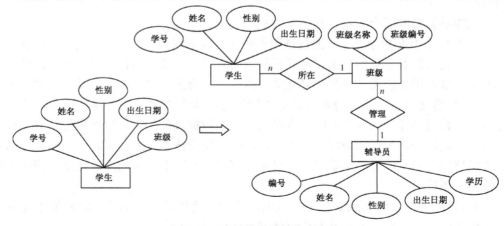

图 2-12　班级从属性转化为实体

同样的道理,系虽然可以作为班级的属性,但是该属性仍然含有系编号与系名称等属性,因此系也需要抽象为一个实体。

按照上面的方法,可以抽象出学籍管理系统中其他实体:课程、授课教师、职称、系、课程类型等。

3. 确定实体间关系和设计分 E-R 图

为了便于说明,使用如下约束:

① 一个教师只讲一门课程,一门课程可以由多个教师讲授。

② 一个辅导员可以管理多个班级,而一个班级只能有一个辅导员。

③ 一门课程只有一门先修课程。

根据学籍管理系统中的学生管理局部应用,设计出如图 2-13 所示的学生管理分 E-R 图。根据课程管理和成绩管理局部应用,设计出如图 2-14 所示的课程管理分 E-R 图。

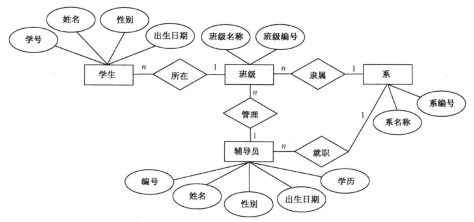

图 2-13 学生管理分 E-R 图

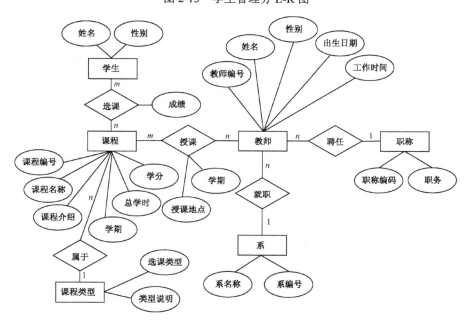

图 2-14 课程管理分 E-R 图

4. 合并分 E-R 图、消除冗余和设计基本 E-R 图

由于分 E-R 图是分开设计的，因此分 E-R 图之间可能存在冗余和冲突（如属性冲突、命名冲突、结构冲突）。在形成初步 E-R 图时，一定要解决冗余和冲突。如图 2-13 所示的 E-R 图中的班主任和如图 2-14 所示的 E-R 图中的教师是冗余实体，需要消除。如图 2-13 所示的 E-R 图中的学生实体属性和如图 2-14 所示的 E-R 图中的学生实体属性不一致，属于属性冲突，需要合并属性。

按照上述方法，解决冲突，消除冗余之后形成如图 2-15 所示的基本 E-R 图。

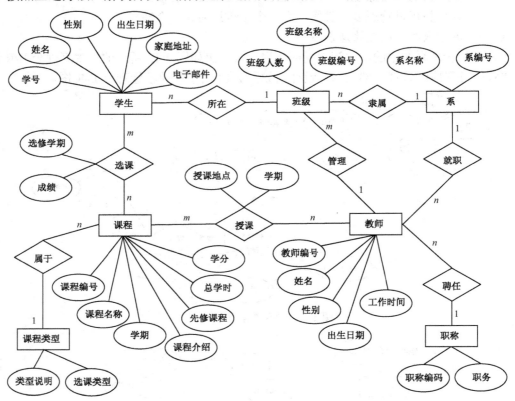

图 2-15　学籍管理系统的基本 E-R 图

习题 2

一、问答题

1. 定义并解释术语：

实体、实体型、实体集、属性、码、实体联系图（E-R 图）、数据模型

2. 试述数据模型的概念、数据模型的作用和数据模型的三要素。

3. 试述概念模型的作用。

4. 试给出三个实际部门的 E-R 图，要求实体型之间具有一对一，一对多，多对多各种不同的联系。

5．试述数据库概念结构设计的重要性和设计步骤。

6．什么是 E-R 图？构成 E-R 图的基本要素是什么？

二、选择题

1．下述哪一条不属于概念模型应具备的性质_____。

    A．有丰富的语义表达能力   B．易于交流和理解

    C．易于变动   D．在计算机中实现的效率高

2．用二维表结构表示实体及实体间联系的数据模型称为_____。

    A．网状模型   B．层次模型   C．关系模型   D．面向对象模型

3．一台机器可以加工多种零件，每一种零件可以在多台机器上加工，机器和零件之间为_____的联系。

    A．一对一   B．一对多   C．多对多   D．多对一

三、设计题

1．学校中有若干个系，每个系有若干个班级和教研室，每个教研室有若干个教师，其中一些教授和副教授每人各带若干个研究生。每个班有若干个学生，每个学生选修若干门课程，每门课可由若干个学生选修。用 E-R 图画出此学校的概念模型。

2．现有一个局部应用，包括两个实体："出版社"和"作者"，这两个实体是多对多的联系，请设计适当的属性，画出 E-R 图。

3．请设计一个图书馆数据库，此数据库中对每个借阅者保存记录，包括：读者号、姓名、地址、性别、年龄和单位。对每本书保存记录，包括：书号、书名、作者和出版社。对每本被借出的书保存记录，包括：读者号、借出日期和应还日期。要求：给出该图书馆数据库的 E-R 图。

4．设有一家百货商店，已知信息有：

① 每个职工的数据包括职工号、姓名、地址和他所在的商品部。

② 每个商品部的数据包括职工、经理及其经销的商品。

③ 每种经销的商品数据包括商品名、生产厂家、价格、型号（厂家定的）和内部商品代号（商店规定的）。

④ 每个生产厂家的数据包括厂名、地址、向商店提供的商品价格。

请设计该百货商店的概念模型。注意，某些信息可用属性表示，其他信息可用联系表示。

5．设某商业集团的数据库中有 4 个实体集：一是"商店"实体集，属性有商店编号、商店名、地址等；二是"商品"实体集，属性有商品号、商品名、规格、单价等；三是"职工"实体集，属性有职工编号、姓名、性别、业绩；四是"供应商"实体集，属性有供应商号、名称、地址、电话。

商店与商品间存在"销售"关系，每个商店可销售多种商品，每种商品可放在多个商店中销售，商店销售商品有月销售量；商店与职工之间存在着"聘用"联系，每个商店可以聘用多个职工，每个职工只能在一个商店工作，商店聘用职工有聘期和月薪；供应商、商店与商品之间存在"供应"联系，一个供应商可以供应多个商店的多种商品，一个商店可以使用多个供应商提供的多种商品，供应商供应商品有供应量。

根据语义设计 E-R 模型，并注明主码和外码。

第3章 逻辑模型设计

E-R 图表示的概念模型是用户数据要求的形式化。正如前面所述，E-R 图独立于任何一种数据模型，它也不为任何一个 DBMS 所支持。逻辑结构设计的任务就是把概念模型结构转换成某个具体的 DBMS 所支持的数据模型，并将其性能进行优化。

3.1 逻辑模型的基础知识

数据库快照是数据库（称为"源数据库"）的只读静态视图。在创建数据库快照时，源数据库中通常会有打开的事务。在数据库快照可以使用之前，打开的事务会回滚以使数据库快照在事务上取得一致。

3.1.1 关系模型概述

关系模型是三种模型中最重要的一种。关系数据库系统采用关系模型作为数据的组织方式，现在流行的数据库系统大都是关系数据库系统。关系模型是由美国 IBM 公司 San Jose 研究室的研究员 E.F.Codd 于 1970 年首次提出的。自 20 世纪 80 年代以来，计算机厂商新推出的数据库管理系统几乎都是支持关系模型的，非关系模型的产品也大都加上了关系接口。

1. 关系模型的数据结构

在关系模型中，数据的逻辑结构是一张二维表，它由行和列组成。

（1）关系模型中的主要术语

① 关系（Relation）。一个关系对应通常所说的一张二维表。表 2-1 就是一个关系。

② 元组（Tuple）。表中的一行称为一个元组，许多系统中把元组称为记录。

③ 属性（Attribute）。表中的一列称为一个属性。一张表中往往会有多个属性，为了区分属性，要给每列起一个属性名。同一张表中的属性应具有不同的属性名。

④ 码（Key）。表中的某个属性或属性组，它们的值可以唯一地确定一个元组，且属性组中不含多余的属性，这样的属性或属性组称为关系的码。

例如，在表 3-1 中，学号可以唯一地确定一个学生，因而学号是学生学籍表的码。

表 3-1　学生学籍表

学号	姓名	性别	年龄	所在系
00001	王平	男	20	计算机系
00002	李丽	女	20	计算机系
00010	张晓刚	男	19	数学系
...	...	...	...	...

⑤ 域（Domain）。属性的取值范围称为域。例如，大学生年龄属性的域是（16～35），性别的域是（男，女）。

⑥ 分量（Element）。元组中的一个属性值称为分量。

⑦ 关系模式（Relation Mode）。关系的型称为关系模式，关系模式是对关系的描述。关系模式一般的表示是：

关系名（属性 1，属性 2，…，属性 *n*）

例如，学生学籍表关系可描述为：

学生学籍（学号，姓名，性别，年龄，所在系）

（2）关系模型中的数据全部用关系表示

在关系模型中，实体集及实体间的联系都用关系来表示。

例如，在关系模型中，学生、课程、学生与课程之间的联系表示为：

学生（学号，姓名，性别，年龄，所在系）

课程（课程号，课程名，先行课）

选修（学号，课程号，成绩）

关系模型要求关系必须是规范化的。所谓关系规范化，是指关系模式要满足一定的规范条件。关系的规范条件很多，但首要条件是关系的每个分量必须是不可分的数据项。

2．关系操作和关系的完整性约束条件

关系操作主要包括数据查询和插入、删除、修改数据。关系中的数据操作是集合操作，无论操作的原始数据、中间数据或结果数据，都是若干个元组的集合，而不是单记录的操作方式。此外，关系操作语言都是高度非过程的语言。用户在操作时，只要指出"干什么"或"找什么"，而不必详细说明"怎么干"或"怎么找"。由于关系模型把存取路径向用户隐蔽起来，使得数据的独立性大大提高；由于关系语言的高度非过程化，使得用户对关系的操作变得容易，提高了系统的效率。

关系的完整性约束条件包括三类：实体完整性、参照完整性和用户定义的完整性。

3．关系模型的存储结构

在关系数据库的物理组织中，关系以文件形式存储。一些小型的关系数据库管理系统（RDBMS）采用直接利用操作系统文件的方式实现关系存储，一个关系对应一个数据文件。为了提高系统性能，许多 RDBMS 采用自己设计的文件结构、文件格式和数据存取机制进行关系存储，以保证数据的物理独立性和逻辑独立性，更有效地保证数据的安全性和完整性。

3.1.2　关系数据库的基本概念

关系数据库是目前应用最广泛的数据库，著名的关系数据库系统有 DB2、Oracle、Ingres、Sybase、Informix、SQL Server 等。关系数据库被广泛地应用于各个领域，成为主流数据库。

1．关系数据结构

在关系模型中，无论是实体集，还是实体集之间的联系，均由单一的关系表示。由于关系模型是建立在集合代数基础上的，因而一般从集合论角度对关系数据结构进行定义。

（1）关系的数学定义

① 域（Domain）的定义。域（Domain）是一组具有相同数据类型的值的集合。

例如，整数、正数、负数、{0，1}、{男，女}、{计算机专业，物理专业，外语专业}、计算机系所有学生的姓名等，都可以作为域。

② 笛卡儿积（Cartesian Product）的定义。给定一组域 $D_1, D_2, \cdots, D_n$，这些域中可以有相同的部分，则 $D_1, D_2, \cdots, D_n$ 的笛卡儿积（Cartesian Product）为：

$$D_1 \times D_2 \times \cdots \times D_n = \{(d_1, d_2, \cdots, d_n) \mid d_i \in D_i, i=1, 2, \cdots, n\}$$

其中，每个元素 $(d_1, d_2, \cdots, d_n)$ 称为一个 n 元组（n-Tuple），简称为元组（Tuple）。元素中的每个值 d_i 称为一个分量（Component）。

若 D_i（$i=1, 2, \cdots, n$）为有限集，其基数（Cardinal number）为 m_i（$i=1, 2, \cdots, n$），则 $D_1 \times D_2 \times \cdots \times D_n$ 的基数为：

$$M = \prod_{i=1}^{n} m_i$$

笛卡儿积可以表示成一张二维表。表中的每行对应一个元组，表中的每列对应一个域。例如，给出三个域：

$D_1 =$ 姓名 $= \{$王平，李丽，张晓刚$\}$

$D_2 =$ 性别 $= \{$男，女$\}$

$D_3 =$ 年龄 $= \{19, 20\}$

则 D_1，D_2，D_3 的笛卡儿积为：

$D_1 \times D_2 \times D_3 = \{$（王平，男，19），（王平，男，20），（王平，女，19），（王平，女，20），（李丽，男，19），（李丽，男，20），（李丽，女，19），（李丽，女，20），（张晓刚，男，19），（张晓刚，男，20），（张晓刚，女，19），（张晓刚，女，20）$\}$

其中，（王平，男，19）、（王平，男，20）等是元组。"王平"、"男"、"19"等是分量。该笛卡儿积的基数为 $D_1 \times D_2 \times D_3 = 3 \times 2 \times 2 = 12$，即一共有 12 个元组，这 12 个元组可列成一张二维表，见表 3-2。

表 3-2　D_1，D_2，D_3 的笛卡儿积

姓名	性别	年龄
王平	男	19
王平	男	20
王平	女	19
王平	女	20
李丽	男	19
李丽	男	20
李丽	女	19
李丽	女	20
张晓刚	男	19
张晓刚	男	20
张晓刚	女	19
张晓刚	女	20

③ 关系（Relation）的定义。$D_1 \times D_2 \times \cdots \times D_n$ 的子集称做在域 $D_1, D_2, \cdots, D_n$ 上的关系，表示为：

$$R(D_1, D_2, \cdots, D_n)$$

其中，R 是关系的名字，n 是关系的目或度（Degree）。

当 $n=1$ 时，称该关系为单元关系（Unary Relation）；当 $n=2$ 时，称该关系为二元关系（Binary Relation）。关系是笛卡儿积的有限子集，所以关系也是一个二维表。

可以在表 3-2 的笛卡儿积中取出一个子集构造一个学生关系。由于一个学生只有一个性别和年龄取值，因此笛卡儿积中的许多元组是无实际意义的。从 $D_1 \times D_2 \times D_3$ 中取出认为有用的元组，所构造的学生关系见表 3-3。

表 3-3　学生关系

姓名	性别	年龄
王平	男	20
李丽	女	20
张晓刚	男	19

（2）关系中的基本名词

① 元组（Tuple）。关系表中的一行称做一个元组，组成元组的元素为分量。数据库中的一个实体或实体间的一个联系均使用一个元组表示。例如，表 3-3 中有 3 个元组，它们分别对应 3 个学生。"王平，男，20"是一个元组，它由 3 个分量构成。

② 属性（Attribute）。关系表中的一列称为一个属性。属性具有型和值两层含义：属性的型指属性名和属性取值域；属性值指属性具体的取值。由于关系中的属性名具有标识列的作用，因而同一关系中的属性名（即列名）不能相同。关系中往往有多个属性，属性用于表示实体的特征。例如，表 3-3 中有 3 个属性，它们分别为"姓名"、"性别"和"年龄"。

③ 候选码（Candidate Key）和主码（Primary Key）。若关系中的某一属性组（或单个属性）的值能唯一地标识一个元组，则称该属性组（或属性）为候选码。为数据管理方便，当一个关系有多个候选码时，应选定其中的一个候选码为主码。当然，如果关系中只有一个候选码，这个唯一的候选码就是主码。

例如，假设表 3-3 中没有重名的学生，则学生的"姓名"就是该学生关系的主码；若在学生关系中增加"学号"属性，则关系的候选码为"学号"和"姓名"两个，应当选择"学号"属性为主码。

④ 全码（All-Key）。若关系的候选码中只包含一个属性，则称它为单属性码；若候选码是由多个属性构成的，则称它为多属性码。若关系中只有一个候选码，且这个候选码中包括全部属性，则这种候选码为全码。全码是候选码的特例，它说明该关系中不存在属性之间相互决定的情况。也就是说，每个关系必定有码（指主码），当关系中没有属性之间相互决定的情况时，它的码就是全码。

例如，设有以下关系：

学生（学号，姓名，性别，年龄）

借书（学号，书号，日期）

学生选课（学号，课程）

其中，学生关系的码为"学号"，它为单属性码；借书关系中"学号"和"书号"合在一起是码，它为多属性码；学生选课表中的学号和课程相互独立，属性间不存在依赖关系，它的码为全码。

⑤ 主属性（Prime Attribute）和非主属性（Non-Key Attribute）。关系中，候选码中的属性称为主属性，不包含在任何候选码中的属性称为非主属性。

（3）数据库中关系的类型

关系数据库中的关系可以分为基本表、视图表和查询表 3 种类型。这 3 种类型的关系以不同的身份保存在数据库中，其作用和处理方法也各不相同。

① 基本表。基本表是关系数据库中实际存在的表，是实际存储数据的逻辑表示。

② 视图表。视图表是由基本表或其他视图表导出的表。视图表是为数据查询方便、数据处理简便及数据安全要求而设计的数据虚表，它不对应实际存储的数据。由于视图表依附于基本表，因此可以利用视图表进行数据查询，或利用视图表对基本表进行数据维护，但视图本身不需要进行数据维护。

③ 查询表。查询表是指查询结果表或查询中生成的临时表。由于关系运算是集合运算，在关系操作过程中会产生一些临时表，称为查询表。尽管这些查询表是实际存在的表，但其数据可以从基本表中再抽取，且一般不再重复使用，所以查询表具有冗余性和一次性，可以认为它们是关系数据库的派生表。

（4）数据库中基本关系的性质

关系数据库中的基本表具有以下 6 个性质。

① 同一属性的数据具有同质性。这是指同一属性的数据应当是同质的数据，即同一列中的分量是同一类型的数据，它们来自同一个域。

例如，学生选课表的结构为：选课（学号，课号，成绩），其成绩的属性值不能有百分制、5 分制或"及格"、"不及格"等多种取值法，同一关系中的成绩必须统一语义（例如都用百分制），否则会出现存储和数据操作错误。

② 同一关系的属性名具有不能重复性。这是指同一关系中不同属性的数据可出自同一个域，但不同的属性要给予不同的属性名。这是因为，关系中的属性名是标识列的，如果在关系中有属性名重复的情况，则会产生列标识混乱问题。在关系数据库中因为关系名也具有标识作用，所以允许不同关系中有相同属性名的情况。

例如，要设计一个能存储两科成绩的学生成绩表，其表结构不能为：学生成绩（学号，成绩，成绩），表结构可以设计为：学生成绩（学号，成绩 1，成绩 2）。

③ 关系中的列位置具有顺序无关性。这说明关系中的列的次序可以任意交换、重新组织，属性顺序不影响使用。对于两个关系，如果属性个数和性质一样，只有属性排列顺序不同，则这两个关系的结构应该是等效的，关系的内容应该是相同的。由于关系的列顺序对于使用来说是无关紧要的，因此在许多实际的关系数据库产品提供的增加新属性中，只提供了插至最后一列的功能。

④ 关系具有元组无冗余性。这是指关系中的任意两个元组不能完全相同。由于关系中的一个元组表示现实世界中的一个实体或一个具体联系，元组重复则说明实体重复存储。实体重复不仅会增加数据量，还会造成数据查询和统计的错误，产生数据不一致问题，所以数据库中应当绝对避免元组重复现象，确保实体的唯一性和完整性。

⑤ 关系中的元组位置具有顺序无关性。这是指关系元组的顺序可以任意交换。在使用中可以按各种排序要求对元组的次序重新排列，例如，对学生表的数据可以按学号升序、按年龄降序、按所在系或按姓名笔画多少重新调整，由一个关系可以派生出多种排序表形式。由于关系数据库技术可以使这些排序表在关系操作时完全等效，而且数据排序操作比较容易实现，因此用户不必担心关系中元组排列的顺序会影响数据操作或影响数据输出形式。基本表的元组顺序无关性保证了数据库中的关系无冗余性，减少了不必要的重复关系。

⑥ 关系中每一个分量都必须是不可分的数据项。关系模型要求关系必须是规范化的，即要求关系模式必须满足一定的规范条件。关系规范条件中最基本的一条就是关系的每个分

量必须是不可分的数据项，即分量是原子量。

例如，表 3-4 中的成绩分为 C 语言和 VB 语言两门课的成绩，这种组合数据项不符合关系规范化的要求，这样的关系在数据库中是不允许存在的。

该表正确的设计格式见表 3-5。

表 3-4 非规范化的关系结构

姓名	所在系	成绩	
		C 语言	VB 语言
李明	计算机	63	80
刘兵	信息管理	72	65

表 3-5 修改后的关系结构

姓名	所在系	C 语言成绩	VB 语言成绩
李明	计算机	63	80
刘兵	信息管理	72	65

（5）关系模式（Relation Schema）的定义

关系的描述称为关系模式。关系模式可以形式化地表示为：

$$R（U, D, \text{Dom}, F）$$

其中，R 为关系名，它是关系的形式化表示；U 为组成该关系的属性集合；D 为属性组 U 中属性所来自的域；Dom 为属性到域的映射的集合；F 为属性集 U 的数据依赖集。

有关属性间的数据依赖问题将在 3.2 节中专门讨论，本节中的关系模式仅涉及关系名、各属性名、域名和属性到域的映射 4 部分。

关系模式通常可以简单记为：

$$R（U）\text{ 或 } R（A_1, A_2, \cdots, A_n）$$

其中，R 为关系名，$A_1, A_2, \cdots, A_n$ 为属性名，域名及属性到域的映射通常直接说明为属性的类型、长度。

关系模式是关系的框架或结构。关系是按关系模式组织的表格，关系既包括结构也包括其数据（关系的数据是元组，也称为关系的内容）。一般来讲，关系模式是静态的，关系数据库一旦定义后其结构不能随意改动；而关系的数据是动态的，关系内容的更新属于正常的数据操作，随时间的变化，关系数据库中的数据需要不断增加、修改或删除。

（6）关系数据库（Relation Database）

在关系数据库中，实体集以及实体间的联系都是用关系来表示的。在某一应用领域中，所有实体集及实体之间的联系所形成的关系集合就构成了一个关系数据库。关系数据库也有型和值的区别。关系数据库的型称为关系数据库模式，它是对关系数据库的描述，包括若干域的定义以及在这些域上定义的若干关系模式。关系数据库的值是这些关系模式在某一时刻对应关系的集合，也就是所说的关系数据库的数据。

2. 关系操作概述

关系模型与其他数据模型相比，最具有特色的是关系数据操作语言。关系操作语言灵活方便，表达能力和功能都非常强大。

（1）关系操作的基本内容

关系操作包括数据查询、数据维护和数据控制三大功能。数据查询是指数据检索、统计、排序、分组以及用户对信息的需求等功能；数据维护是指数据增加、删除、修改等数据自身更新的功能；数据控制是指为了保证数据的安全性和完整性而采用的数据存取控制及并发控制等功能。关系操作的数据查询和数据维护功能使用关系代数中的选择（Select）、投影（Project）、连接（Join）、除（Divide）、并（Union）、交（Intersection）、差（Difference）和广义笛卡儿积（Extended Cartesian Product）8 种操作表示，其中前 4 种为专门的关系运算，而后 4 种为传统的集合运算。

（2）关系操作的特点

关系操作具有以下 3 个明显的特点。

① 关系操作语言操作一体化。关系语言具有数据定义、查询、更新和控制一体化的特点。关系操作语言既可以作为宿主语言嵌入到主语言中，又可以作为独立语言交互使用。关系操作的这一特点使得关系数据库语言容易学习，使用方便。

② 关系操作的方式是"一次一集合"方式。其他系统的操作是"一次一记录"（record-at-a-time）方式，而关系操作的方式则是"一次一集合"（set-at-a-time）方式，即关系操作的初始数据、中间数据和结果数据都是集合。关系操作数据结构单一的特点，虽然能够使其利用集合运算和关系规范化等数学理论优化和处理关系操作，但同时又使得关系操作与其他系统配合时产生了方式不一致的问题，即需要解决关系操作的"一次一集合"与主语言"一次一记录"处理方式的矛盾。

③ 关系操作语言是高度非过程化的语言。关系操作语言具有强大的表达能力。例如，关系查询语言集检索、统计、排序等多项功能为一条语句，它等效于其他语言的一大段程序。用户使用关系语言时，只需要指出做什么，而不需要指出怎么做，数据存取路径的选择、数据操作方法的选择和优化都由 DBMS 自动完成。关系语言的这种高度非过程化的特点使得关系数据库的使用非常简单，关系系统的设计也比较容易，这种优势是关系数据库能够被用户广泛接受和使用的主要原因。

关系操作能够具有高度非过程化特点的原因有两个：

● 关系模型采用了最简单的、规范的数据结构。
● 它运用了先进的数学工具——集合运算和谓词运算，同时又创造了几种特殊关系运算——投影、选择和连接运算。

关系运算可以对二维表（关系）进行任意的分割和组装，并且可以随机地构造出各式各样用户所需要的表格。当然，用户并不需要知道系统在里面是怎样分割和组装的，只需要指出所用到的数据及限制条件。

（3）关系操作语言的种类

关系操作语言可以分为以下 3 类。

① 关系代数语言。关系代数语言是指用对关系的运算来表达查询要求的语言。ISBL（Information System Base Language）为关系代数语言的代表。

② 关系演算语言。关系演算语言是指用查询得到的元组应满足的谓词条件来表达查询要求的语言。关系演算语言又可以分为元组演算语言和域演算语言两种：元组演算语言的谓词变元的基本对象是元组变量，如 Aplha 语言；域演算语言的谓词变元的基本对象是域变量，QBE（Query By Example）是典型的域演算语言。

③ 基于映像的语言。基于映像的语言是具有关系代数和关系演算双重特点的语言。SQL（Structure Query Language）是基于映像的语言。SQL 包括数据定义、数据操作和数据控制 3 种功能，具有语言简洁，易学易用的特点，它是关系数据库的标准语言和主流语言。

3. 关系的完整性

关系模型的完整性规则是对关系的某种约束条件。关系模型中有 3 类完整性约束：实体完整性、参照完整性和用户定义的完整性。其中，实体完整性和参照完整性是关系模型必须满足的完整性约束条件，应该由关系系统自动支持。

（1）关系模型的实体完整性（Entity Integrity）

关系的实体完整性规则为：若属性 A 是基本关系 R 的主属性，则属性 A 的值不能为空值。

实体完整性规则规定，基本关系的所有主属性都不能取空值，而不仅仅是主码不能取空值。对于实体完整性规则，说明如下。

① 实体完整性能够保证实体的唯一性

实体完整性规则是针对基本表而言的，由于一个基本表通常对应现实世界的一个实体集（或联系集），而现实世界中的一个实体（或一个联系）是可区分的，它在关系中以码作为实体（或联系）的标识，因此，主属性不能取空值就能够保证实体（或联系）的唯一性。

② 实体完整性能够保证实体的可区分性

空值不是空格值，它是跳过或不输入的属性值，用 Null 表示。空值说明"不知道"或"无意义"。如果主属性取空值，就说明存在某个不可标识的实体，即存在不可区分的实体，这不符合现实世界的情况。

例如，在学生表中，由于"学号"属性是码，因此"学号"值不能为空值；学生的其他属性可以是空值，"年龄"值或"性别"值如果为空，则表明不清楚该学生的这些特征值。

（2）关系模型的参照完整性（Reference Integrity）

① 外码（Foreign Key）和参照关系（Referencing Relation）

设 F 是基本关系 R 的一个或一组属性，但不是关系 R 的主码（或候选码）。如果 F 与基本关系 S 的主码 Ks 相对应，则称 F 是基本关系 R 的外码（Foreign Key），并称基本关系 R 为参照关系（Referencing Relation），基本关系 S 为被参照关系（Referenced Relation）或目标关系（Target Relation）。

需要指出的是，外码并不一定要与相应的主码同名。不过，在实际应用中，为了便于识别，当外码与相应的主码属于不同关系时，往往给它们取相同的名字。

例如，"基层单位数据库"中有"职工"和"部门"两个关系，其关系模式如下：

    职工（<u>职工号</u>，姓名，工资，性别，部门号）

    部门（<u>部门号</u>，名称，领导人号）

其中，主码用下画线标出，外码用波浪线标出。

在职工表中，部门号不是主码，但部门表中部门号为主码，则职工表中的部门号为外码。对于职工表来说，部门表为参照表。同理，在部门表中领导人号（实际为领导人的职工号）不是主码，它是非主属性，而在职工表中职工号为主码，则部门表中的领导人号为外码，职工表为部门表的参照表。

再如，在学生课程库中，有学生、课程和选修三个关系，其关系模式表示为：

    学生（<u>学号</u>，姓名，性别，专业号，年龄）

    课程（<u>课程号</u>，课程名，学分）

    选修（<u>学号，课程号</u>，成绩）

其中，主码用下画线标出。

在选修关系中，学号和课程号合在一起为主码。单独的学号或课程号仅为关系的主属性，而不是关系的主码。由于在学生表中学号是主码，在课程表中课程号也是主码，因此，学号和课程号为选修关系中的外码，而学生表和课程表为选修表的参照表，它们之间要满足参照完整性规则。

② 参照完整性规则

关系的参照完整性规则是：若属性（或属性组）F 是基本关系 R 的外码，它与基本关系 S 的主码 Ks 相对应（基本关系 R 和 S 不一定是不同的关系），则对于 R 中每个元组在 F 上的值必须取空值（F 的每个属性值均为空值）或者等于 S 中某个元组的主码值。

例如，上述职工表中，"部门号"属性只能取下面两类值：空值，表示尚未给该职工分配部门；非空值，该值必须是部门关系中某个元组的"部门号"值。一个职工不可能被分配到一个不存在的部门中，即被参照关系"部门"中一定存在一个元组，它的主码值等于该参照关系"职工"中的外码值。

（3）用户定义的完整性（User-Defined Integrity）

任何关系数据库系统都应当具备实体完整性和参照完整性。另外，因为不同的关系数据库系统有着不同的应用环境，所以它们要有不同的约束条件。用户定义的完整性就是针对某一具体关系数据库的约束条件，它反映某一具体应用所涉及的数据必须满足的语义要求。关系数据库管理系统应提供定义和检验这类完整性的机制，以便能用统一的方法处理它们，而不是由应用程序承担这一功能。

例如，学生考试的成绩必须在 0～100 分之间，在职职工的年龄不能大于 60 岁等，都是针对具体关系提出的完整性条件。

3.2　关系数据库理论

关系数据库是以数学理论为基础的。基于这种理论上的优势，关系模型可以设计得更加科学，关系操作可以更好地优化，关系数据库中出现的种种技术问题也可以更好地解决。关系数据理论包括两方面的内容：一是关系数据库设计的理论——关系规范化理论和关系模式分解方法；二是关系数据库操作的理论——关系数据的查询和优化的理论。这两方面的内容，构成了数据库设计和应用的最主要的理论基础。

通过本节的讲解，将使读者了解关系模式设计中存在的问题；理解关系模式规范化的意义；掌握函数依赖、范式的定义；熟练掌握关系模式分解的原则和方法；掌握判断关系模式达到第几范式，判断分解后的关系模式是否既无损连接又保持函数依赖。

3.2.1　关系模式设计中的问题

关系数据库的设计主要是关系模式的设计。关系模式设计的好坏将直接影响数据库设计的成败。将关系模式规范化，使之达到较高的范式是设计好关系模式的唯一途径。否则，所设计的关系数据库会产生一系列的问题。

如果一个关系没有经过规范化，可能会导致上述谈到的数据冗余量大、数据更新造成不一致、数据插入异常和删除异常问题。下面的例子说明了上述问题。

例如，要求设计一个教学管理数据库，希望从该数据库中得到学生学号、学生姓名、年龄、性别、系别、系主任姓名、学生学习的课程和该课程的成绩信息。如果将此信息要求设计为一个关系，则关系模式为：

教学(学号，姓名，年龄，性别，系名，系主任，课程名，成绩)

可以推出此关系模式的码为（学号，课程名）。仅从关系模式上看，该关系已经包括了需要的信息，见表 3-6。如果按此关系模式建立关系，并对它进行深入分析，就会发现其中的问题所在。

表 3-6 不规范关系的实例——教学关系

学号	姓名	年龄	性别	系名	系主任	课程名	成绩
98001	李华	20	男	计算机系	王民	程序设计	88
98001	李华	20	男	计算机系	王民	数据结构	74
98001	李华	20	男	计算机系	王民	数据库	82
98001	李华	20	男	计算机系	王民	电路	65
98002	张平	21	女	计算机系	王民	程序设计	92
98002	张平	21	女	计算机系	王民	数据结构	82
98002	张平	21	女	计算机系	王民	数据库	78
98002	张平	21	女	计算机系	王民	电路	83
98003	陈兵	20	男	数学系	赵敏	高等数学	72
98003	陈兵	20	男	数学系	赵敏	数据结构	94
98003	陈兵	20	男	数学系	赵敏	数据库	83
98003	陈兵	20	男	数学系	赵敏	离散数学	87

从表 3-6 中的数据情况可以看出，该关系中存在着如下问题。

① 数据冗余量大

每个"系名"和"系主任"存储的次数等于该系的学生人数乘以每个学生选修的课程门数，"系名"和"系主任"的数据重复量太大。

② 插入异常

一个新系没有招生时，"系名"和"系主任"无法插入到数据库中，因为在这个关系模式中，主码是（学号，课程名），而这时因为没有学生而使得学号无值，所以没有主属性值，关系数据库无法操作，因此引起插入异常。

③ 删除异常

当一个系的学生都毕业了而又没招新生时，将删除全部学生记录，随之也删除了"系名"和"系主任"。这个系依然存在，而在数据库中却无法找到该系的信息，即出现了删除异常。

④ 更新异常

若某系更换系主任，则数据库中该系的学生记录应全部修改。若有不慎，漏改了某些记录，则会造成数据的不一致问题，即出现了更新异常。

由上述 4 条可见，教学关系尽管看起来很简单，但存在的问题比较多，它不是一个合理的关系模式。对于有问题的关系模式，可以通过模式分解的方法使之规范化。

例如，上述的关系模式"教学"，可以按"一事一地"的原则分解成"学生"、"教学系"和"选课" 3 个关系，其关系模式分别为：

学生(学号，姓名，年龄，性别，系名称)

教学系(系名，系主任)

选课(学号，课程名，成绩)

表 3-6 中的数据按分解后的关系模式重新组织，得到表 3-7。对照表 3-6 和表 3-7 会发现，分解后的关系模式克服了"教学"关系中的 4 个不足之处，更加合理和实用。

表 3-7　教学关系分解后形成的三个关系

学生

学号	姓名	年龄	性别	系名
98001	李华	20	男	计算机系
98002	张平	21	女	计算机系
98003	陈兵	20	男	数学系

选课

学号	课程名	成绩
98001	程序设计	88
98001	数据结构	74
98001	数据库	82
98001	电路	65
98002	程序设计	92
98002	数据结构	82
98002	数据库	78
98003	高等数学	72
98003	数据结构	94
98003	数据库	83
98003	离散数学	87

教学系

系名	系主任
计算机系	王民
数学系	赵敏

3.2.2　函数依赖

关系模式中各属性之间相互依赖、相互制约的联系称为数据依赖。函数依赖是数据依赖的一种，也是最重要的数据依赖，它反映了同一关系中属性间一一对应的约束。函数依赖理论是关系范式的基础理论。

1. 关系模式的简化表示法

关系模式的完整表示是一个五元组：

$$R（U, D, \text{Dom}, F）$$

其中，R 为关系名；U 为关系的属性集合；D 为属性集 U 中属性所来自的域；Dom 为属性到域的映射；F 为属性集 U 的数据依赖集。

由于 D 和 Dom 对设计关系模式的作用不大，在讨论关系规范化理论时可以把它们简化掉，从而关系模式可以用三元组来为：

$$R（U, F）$$

从上式可以看出，数据依赖是关系模式的重要因素。数据依赖（Data Dependency）是同一关系中属性间的相互依赖和相互制约。数据依赖包括函数依赖（Functional Dependency，简称 FD）、多值依赖（Multivalued Dependency，简称 MVD）和连接依赖（Join Dependency）。数据依赖是关系规范化的理论基础。

2. 函数依赖的概念

【定义 3-1】设 $R(U)$ 是属性集 U 上的关系模式，X、Y 是 U 的子集。若对于 $R(U)$ 的任意一个可能的关系 r，r 中不可能存在两个元组在 X 上的属性值相等，而 Y 上的属性值不等，则称 X 函数确定 Y 函数，或 Y 函数依赖于 X 函数，记做 $X \rightarrow Y$。

例如，教学关系模式：

教学(U, F)；

$U=\{$学号，姓名，年龄，性别，系名，系主任，课程名，成绩$\}$；

$F=\{$学号→姓名，学号→年龄，学号→性别，学号→系名，系名→系主任，(学号，课程名)→成绩$\}$

函数依赖是属性或属性之间一一对应的关系，它要求按此关系模式建立的任何关系都应满足 F 中的约束条件。在理解函数依赖概念时，应当注意以下相关概念及表示。

① 若 $X{\rightarrow}Y$，但 $Y{\not\subseteq}X$，则称 $X{\rightarrow}Y$ 是非平凡的函数依赖。如果不特别声明，总是讨论非平凡的函数依赖。

② 若 $X{\rightarrow}Y$，但 $Y{\subseteq}X$，则称 $X{\rightarrow}Y$ 是平凡的函数依赖。

③ 若 $X{\rightarrow}Y$，则 X 叫做决定因素（Determinant），Y 叫做依赖因素（Dependent）。

④ 若 $X{\rightarrow}Y$，$Y{\rightarrow}X$，则记做 $X{\leftrightarrow}Y$。

⑤ 若 Y 不函数依赖于 X，则记做 $X{\nrightarrow}Y$。

【定义 3-2】在 $R(U)$ 中，如果 $X{\rightarrow}Y$，并且对于 X 的任何一个真子集 X'，都有 $X'{\nrightarrow}Y$，则称 Y 对 X 完全函数依赖，记做：$X\xrightarrow{F}Y$；如果 $X{\rightarrow}Y$，但 Y 不完全函数依赖于 X，则称 Y 对 X 部分函数依赖，记做：$X\xrightarrow{P}Y$。

例如，在教学关系模式中，学号和课程名为主码。模式中，有些非主属性完全依赖于主码，另一些非主属性部分依赖于码，如：(学号，课程名)$\xrightarrow{F}$成绩 ，(学号，课程名)$\xrightarrow{P}$姓名 。

【定义 3-3】在 $R(U)$ 中，如果 $X{\rightarrow}Y$，$Y{\not\subseteq}X$，$Y{\nrightarrow}X$，$Y{\rightarrow}Z$，则称 Z 对 X 传递函数依赖。传递函数依赖记做 $X\xrightarrow{传递}Z$。

例如，在教学模式中，因为存在：学号 $\rightarrow$ 系名，系名 $\rightarrow$ 系主任，所以也存在：学号 $\xrightarrow{传递}$ 系主任 。

3.2.3 范式

从 1971 年起，E.F.Codd 相继提出了第一范式、第二范式、第三范式，之后，Codd 与 Boyce 合作提出了 Boyce-Codd（BC）范式。在 1976—1978 年间，Fagin、Delobe 和 Zaniolo 又定义了第四范式。到目前为止，已经提出了第五范式。

所谓范式（Normal Form）是指规范化的关系模式。由于规范化程度不同，就产生了不同的范式。满足最基本规范化的关系模式称为第一范式，第一范式的关系模式再满足另外一些约束条件就产生了第二范式、第三范式、BC 范式等。每种范式都规定了一些限制约束条件。

1. 第一范式的定义

关系的第一范式是关系要遵循的最基本的范式。

【定义 3-4】若关系模式 R，其所有的属性均为简单属性，即每个属性都是不可再分的，则称 R 属于第一范式（First Normal Form，简称 1NF），记做 $R{\in}1\text{NF}$。

例如，教学模式中所有的属性都是不可再分的简单属性，即：教学${\in}1\text{NF}$。

不满足第一范式条件的关系称为非规范化关系。在关系数据库中，凡非规范化的关系必须转化成规范化的关系。关系模式仅仅满足第一范式是不够的，尽管教学关系服从 1NF，但它仍然会出现插入异常、删除异常、修改复杂及数据冗余量大等问题。只有对关系模式继续规范，使之服从更高的范式，才能得到高性能的关系模式。

2. 第二范式的定义

【定义 3-5】若关系模式 $R{\in}1\text{NF}$，且每一个非主属性都完全函数依赖于码，则称 R 属于第二范式（Second Normal Form，简称 2NF），记做 $R{\in}2\text{NF}$。

下面分析关系模式"教学"的函数依赖,看它是否服从 2NF。如果"教学"模式不服从 2NF,则可以根据 2NF 的定义对它进行分解,使之服从 2NF。

在"教学"模式中:

    属性集={学号,姓名,年龄,系名,系主任,课程名,成绩}

    函数依赖集={学号→姓名,学号→年龄,学号→性别,学号→系名,
                系名→系主任,(学号,课程名)→成绩}

    主码 = (学号,课程名)

    非主属性= (姓名,年龄,系名,系主任,成绩)

    非主属性对码的函数依赖={(学号,课程名)→姓名,(学号,课程名)→年龄,
                      (学号,课程号)→性别,(学号,课程名)→系名,
                      (学号,课程名)→系主任;(学号,课程名)→成绩}

显然,教学模式不服从 2NF,即:教学∉2NF。

根据 2NF 的定义,将"教学"模式分解为:

    学生_系(学号,姓名,年龄,性别,系名,系主任)

    选课(学号,课程名,成绩)

再用 2NF 的标准衡量"学生_系"和"选课"模式,会发现它们都服从 2NF,即:

    学生_系∈2NF;选课∈2NF

3. 第三范式的定义

【定义 3-6】若关系模式 $R \in$ 2NF,且每一个非主属性都不传递依赖于 R 的码,则称 R 属于第三范式(Third Normal Form,简称 3NF),记做 $R \in$ 3NF。

3NF 是一个可用的关系模式应满足的最低范式,也就是说,一个关系模式如果不服从 3NF,实际上它是不能使用的。

考查"学生_系"关系,会发现由于"学生_系"关系模式中存在:学号→系名,系名→系主任,则: 学号 $\xrightarrow{\text{传递}}$ 系主任 。由于主码"学号"与非主属性"系主任"之间存在传递函数依赖,因此,学生_系∉3NF。如果对"学生_系"关系按 3NF 的要求进行分解,分解后的关系模式为:

    学生(学号,姓名,年龄,性别,系名)

    教学系(系名,系主任)

显然,分解后的各子模式均属于 3NF。

3.2.4 关系模式的规范化

一个低一级的关系范式通过模式分解可以转换成若干个高一级范式的关系模式的集合,这种过程叫关系模式的规范化(Normalization)。

1. 关系模式规范化的原则

一个关系模式只要其分量都是一个不可再分割的基本数据项,就可称它为规范化的关系,但这只是最基本的规范化。规范化的目的是结构合理,消除存储异常,使数据冗余尽量小,便于插入、删除和更新。

规范化要遵循"一事一地"的基本原则,即一个关系只描述一个实体或者实体间的一种

联系。若多于一个实体，就把它"分离"出来。因此，所谓规范化，实质上就是概念的单一化，即一个关系表示一个实体或一种关系。

2. 关系模式规范化的步骤

规范化步骤如图 3-1 所示。

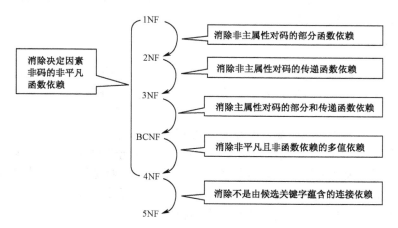

图 3-1　各种范式及规范化过程

在一般情况下，没有异常弊病的数据库设计是好的数据库设计，一个不好的关系模式也可以通过分解转换成好的关系模式的集合。但是，在分解时要全面衡量，综合考虑，视实际情况而定。对与那些只要求查询而不要求插入、删除等操作的系统，几种异常现象的存在并不会影响数据库的操作，这时不宜过度分解，否则，如果要对系统进行整体查询，将需要更多的多表连接操作，这有可能得不偿失。在实际应用中，通常分解到 3NF 就足够了。

3. 关系模式规范化的要求

关系模式的规范化过程是通过对关系模式的投影分解来实现的，但是投影分解方法不是唯一的，不同的投影分解会得到不同的结果。在这些分解方法中，只有能够保证分解后的关系模式与原关系模式等价的方法才是有意义的。因此，有必要讨论分解后的关系模式与原关系模式"等价"的问题。

【定义 3-7】无损连接性（Lossless Join）：设关系模式 $R(U, F)$ 被分解为若干个关系模式 $R_1(U_1, F_1)$, $R_2(U_2, F_2)$, $\cdots$, $R_K(U_K, F_K)$，其中 $U = U_1 \cup U_2 \cup \cdots \cup U_K$，且不存在 $U_i \subseteq U_j$，F_i 为 F 在 U_i 上的投影，如果 R 与 R_1, R_2, $\cdots$, R_K 自然连接的结果相等，则称关系模式 R 的分解具有无损连接性。

【定义 3-8】函数依赖保持性（Preserve Dependency）：设关系模式 $R(U, F)$ 被分解为若干个关系模式 $R_1(U_1, F_1)$, $R_2(U_2, F_2)$, $\cdots$, $R_K(U_K, F_K)$，其中 $U = U_1 \cup U_2 \cup \cdots \cup U_K$，且不存在 $U_i \subseteq U_j$，F_i 为 F 在 U_i 上的投影，如果 F 所蕴含的函数依赖一定也由分解到的某个关系模式中的函数依赖 F_i 所蕴，则称关系模式 R 的分解具有函数依赖保持性。

无损连接性和函数依赖保持性是两个相互独立的标准。具有无损连接性的分解不一定具有函数依赖保持性。同样，具有函数依赖保持性的分解不一定具有无损连接性。

规范化理论提供了一套完整的模式分解方法，按照这套算法可以做到：

- 若要求分解具有无损连接性，则分解一定可以达到 BCNF；
- 若要求分解既保持函数依赖，又具有无损连接性，那么模式分解一定可以达到 3NF，但不一定达到 BCNF。

所以在 3NF 的规范化中，既要检查分解是否具有无损连接性，又要检查分解是否具有函数依赖保持性。只有这两条都满足，才能保证分解的准确性和有效性，既不会发生信息丢失，又保证关系中数据满足完整性约束。

4．分解的方法

关系模式分解的基础是键码和函数依赖。对关系模式中属性之间的内在联系做了深入、准确的分析，确定了键码和函数依赖后，采用下述方法进行分解。

（1）方法一

方法一采用"部分依赖归子集、完全依赖随键码"的方法。

要使不属于 2NF 的关系模式"升级"，就要消除非主属性对键码的部分函数依赖。其解决的方法就是对原有模式进行分解。分解的关键在于：找出对键码部分依赖的非主属性所依赖的键码的真子集，然后把这个真子集与所有相应的非主属性组合成一个新模式；对键码完全依赖的所有非主属性则与键码组合成另一个新模式。

例如，对于表 3-6 的教学关系模式：

U={学号，姓名，年龄，性别，系名，系主任，课程名，成绩}；

F={学号→姓名，学号→年龄，学号→性别，学号→系名，系名→系主任，
　　（学号，课程名）→成绩}

按照完全函数依赖和部分函数依赖的概念，可以看出成绩完全依赖（学号，课程名）；姓名，年龄，性别，系名，系主任函数依赖学号，而对（学号，课程名）只是部分依赖。找出部分依赖及所依赖的真子集后，对模式的分解就会水到渠成。本例中有一个部分依赖，一个完全依赖，结果原关系模式一分为二：

学生-系（学号，姓名，年龄，性别，系名，系主任）

选课（学号，课程名，成绩）。

（2）方法二

方法二采用"基本依赖为基础、中间属性作桥梁"的方法。

要使不属于 3NF 的关系模式"升级"，就要消除非主属性对键码的传递函数依赖。解决的方法非常简单：以构成传递链的两个基本依赖为基础形成两个新的模式，这样既切断了传递链，又保持了两个基本依赖，同时又有中间属性作为桥梁，跨接两个新的模式，从而实现无损的自然连接。

例如，方法一中分解后得到的关系模式"学生-系"中：

U={学号，姓名，年龄，性别，系名，系主任}

F={学号→姓名，学号→年龄，学号→性别，学号→系名，系名→系主任}

考查"学生_系"关系，会发现由于"学生_系"关系模式中存在：学号→系名，系名→系主任。则：学号 $\xrightarrow{\text{传递}}$ 系主任。由于键码"学号"与非主属性"系主任"之间存在传递函数依赖，所以学生_系∉3NF。如果对学生_系关系按方法二的要求进行分解，则分解后的关系模式为：

学生(学号，姓名，年龄，性别，系名)

教学系(系名，系主任)

显然，分解后的各子模式均属于 3NF。

在这里强调一点：上面介绍的解决部分函数依赖和传递函数依赖的模式分解方法均为既具有无损连接性，又具有函数依赖保持性的规范化方法。

3.3 数据库逻辑模型设计

E-R 图表示的概念模型是用户数据要求的形式化。正如前面所述，E-R 图独立于任何一种数据模型，它也不为任何一个 DBMS 所支持。逻辑结构设计的任务就是把概念模型结构转换成某个具体的 DBMS 所支持的数据模型。

从理论上讲，设计数据库逻辑模型的步骤应该是：首先选择最适合的数据模型，并按转换规则将概念模型转换为选定的数据模型；然后要从支持这种数据模型的各个 DBMS 中选出最佳的 DBMS，根据选定的 DBMS 的特点和限制对数据模型做适当修正。但实际情况常常是先给定了计算机和 DBMS，再进行数据库逻辑模型设计。因为设计人员并无选择 DBMS 的余地，所以在概念模型向逻辑模型设计时就要考虑适合给定的 DBMS 的问题。

现行的 DBMS 一般只支持关系、网状或层次模型中的一种，既使是同一种数据模型，不同的 DBMS 也有其不同的限制，提供不同的环境和工具。

通常，把概念模型向逻辑模型的转换过程分为 3 步进行：

① 把概念模型转换成一般的数据模型。

② 将一般的数据模型转换成特定的 DBMS 所支持的数据模型。

③ 通过优化方法将其转化为优化的数据模型。

概念模型向逻辑模型的转换步骤，如图 3-2 所示。

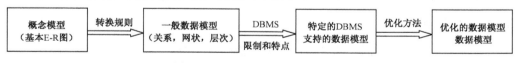

图 3-2 逻辑模型设计的三个步骤

3.3.1 概念模型向关系模型的转换

将 E-R 图转换成关系模型要解决两个问题：一是如何将实体集和实体间的联系转换为关系模式；二是如何确定这些关系模式的属性和码。关系模型的逻辑结构是一组关系模式的集合，而 E-R 图则是由实体集、属性和联系三个要素组成的，将 E-R 图转换为关系模型实际上就是要将实体集、属性和联系转换为相应的关系模式。这些转换一般遵循如下的原则。

1. 实体集的转换规则

概念模型中的一个实体集转换为关系模型中的一个关系，实体的属性就是关系的属性，实体的码就是关系的码，关系的结构是关系模式。

2. 实体集间联系的转换规则

在向关系模型的转换时，实体集间的联系可按以下规则转换。

（1）1:1 联系的转换方法

一个 1:1 联系可以转换为一个独立的关系，也可以与任意一端实体集所对应的关系合并。如果将 1:1 联系转换为一个独立的关系，则与该联系相连的各实体的码以及联系本身的属性均转换为关系的属性，且每个实体的码均是该关系的候选码。如果将 1:1 联系与某一端实体集所对应的关系合并，则需要在被合并关系中增加属性，其新增的属性为联系本身的属性和与联系相关的另一个实体集的码。

（2）1:n 联系的转换方法

在向关系模型转换时，实体间的 1:n 联系可以有两种转换方法：一种方法是将联系转换为一个独立的关系，其关系的属性由与该联系相连的各实体集的码，以及联系本身的属性组成，而该关系的码为 n 端实体集的码；另一种方法是在 n 端实体集中增加新属性，新属性由联系对应的 1 端实体集的码和联系自身的属性构成，新增属性后原关系的码不变。

（3）$m:n$ 联系的转换方法

在向关系模型转换时，一个 $m:n$ 联系转换为一个关系。转换方法为：与该联系相连的各实体集的码以及联系本身的属性均转换为关系的属性，新关系的码为两个相连实体码的组合（该码为多属性构成的组合码）。

（4）三个或三个以上实体集间的多元联系的转换方法

要将三个或三个以上实体集间的多元联系转换为关系模式，可根据以下两种情况采用不同的方法处理：

① 对于一对多的多元联系，转换为关系模型的方法是修改 n 端实体集对应的关系，即将与联系相关的 1 端实体集的码和联系自身的属性作为新属性加入到 n 端实体集中。

② 对于多对多的多元联系，转换为关系模型的方法是新建一个独立的关系，该关系的属性为多元联系相连的各实体的码，以及联系本身的属性，码为各实体码的组合。

3．关系合并规则

在关系模型中，具有相同码的关系，可根据情况合并为一个关系。

3.3.2　数据模型的优化

3.3.1 节介绍了 E-R 模型向关系数据模型转换的规则，转换后的关系模式应该使用关系规范化理论进一步进行优化处理（即应该将所有的关系模式至少转换为属于 3NF 的关系模式，这样才能做到至少消除插入异常和删除异常，以及尽可能消除冗余异常），修改、调整数据模型的结构，提高数据库的性能。

关系数据模型的优化通常以规范化理论为指导，方法如下：

① 确定数据依赖。即按照需求分析阶段所得到的语义，分别写出每个关系模式内部各属性之间的数据依赖，以及不同关系模式属性之间的数据依赖。

② 对各个关系模式之间的数据依赖进行极小化处理，消除冗余的联系。

③ 按照数据依赖的理论对关系模式逐一进行分析，考查是否存在部分函数依赖、传递函数依赖等，确定各关系模式分别属于第几范式。

④ 按照需求分析阶段得到的各种应用对数据处理的要求，分析对与这样的应用环境这些模式是否合适，确定是否需要对它们进行合并或分解。

⑤ 对关系模式进行必要的分解。

3.3.3　设计用户子模式

用户子模式也称外模式。关系数据库管理系统中提供的视图是根据用户子模式设计的。设计用户子模式时只考虑用户对数据的使用要求、习惯及安全性要求，而不用考虑系统的时间效率、空间效率、易维护等问题。用户子模式设计时应注意以下问题。

1．使用更符合用户习惯的别名

在合并各分 E-R 图时应消除命名的冲突，这在设计数据库整体结构时是非常必要的。可能命名统一后会使某些用户感到别扭，用定义子模式的方法可以有效地解决该问题。必要时，可以对子模式中的关系和属性名重新命名，使其与用户习惯一致，以方便用户使用。

2．针对不同级别的用户定义不同的子模式

由于视图能够对表中的行和列进行限制，因此它还具有保证系统安全性的作用。对不同级别的用户定义不同的子模式，可以保证系统的安全性。

3．简化用户对系统的使用

利用子模式可以简化使用，方便查询。实际中经常要使用某些很复杂的查询，这些查询包括多表连接、限制、分组、统计等。为了方便用户，可以将这些复杂查询定义为视图，用户每次只对定义好的视图进行查询，避免了每次查询都要对其进行重复描述，大大简化了用户的使用。

3.4　实训——学籍管理系统逻辑模型设计

【实训 3-1】在如图 2-15 所示的学籍管理系统的基本 E-R 图基础上，按照逻辑模型设计的步骤，逐步设计学籍管理系统的逻辑结构。

设计过程如下。

1．将实体转化为关系模式

根据如图 2-15 所示的学籍管理系统的基本 E-R 图，将其中的实体转化为如下的关系（关系的码用下画线标出）：

（1）将学生实体转化为学生关系

学生（<u>学号</u>，姓名，性别，出生日期，家庭住址，邮箱）

（2）将班级实体转化为班级关系

班级（<u>班级编号</u>，班级名称，人数）

（3）将系实体转化为系关系

系（<u>系编号</u>，系名称，电话）

（4）将课程实体转化为课程关系

课程（<u>课程编号</u>，课程名称，学分，学期，总学时，先修课程，课程介绍）

（5）将教师实体转换为教师关系

教师（<u>教师编号</u>，姓名，性别，参加工作日期，出生日期）

（6）将职称实体转化为职称关系

　　　　职称（<u>职称编号</u>，职称）

（7）将课程类型实体转化为课程类型关系

　　　　课程类型（<u>课程类型码</u>，类型说明）

2．将联系转化为关系模式

　　根据如图 2-15 所示的学籍管理系统的基本 E-R 图，将其中的联系转化为如下的关系（关系的码用下画线标出）：

　　（1）将 1:n 的联系转化为关系模式

　　1:n 的联系转化为关系模式有两种方法：一种方法是使其转化为一个独立的关系模式，另一种方法是与 n 端合并。后一种方法是最常用的方法，所以这里选用合并的方法。

　　① 系与班级的"隶属"联系。将系与班级的"隶属"联系与班级关系模式合并，班级关系模式修改为：

　　　　班级（<u>班级编号</u>，班级名称，人数，系编号）

　　② 教师与班级的"管理"联系。将教师与班级的"管理"联系与班级关系模式合并，班级关系模式变为：

　　　　班级（<u>班级编号</u>，班级名称，人数，系编号，教师编号）

　　③ 教师与系的"就职"的联系。将教师与系的"就职"的联系与教师关系模式合并，教师关系模式变为：

　　　　教师（<u>教师编号</u>，姓名，性别，参加工作日期，出生日期，系编号）

　　④ 教师与职称的"聘任"联系。将教师与职称的"聘任"联系与教师关系模式合并，教师关系模式变为：

　　　　教师（<u>教师编号</u>，姓名，性别，参加工作日期，出生日期，系编号，职称编号）

　　⑤ 课程与课程类型的"属于"联系。将课程与课程类型的"属于"联系与课程关系模式合并，课程关系模式变为：

　　　　课程（<u>课程编号</u>，课程名称，学分，学期，总学时，先修课程，课程介绍，课程类型编号）

　　⑥ 学生与班级的"所在"联系。将学生与班级的"所在"联系与学生关系模式合并，学生关系模式变为：

　　　　学生（<u>学号</u>，姓名，性别，出生日期，家庭住址，邮箱，班级编号）

　　（2）将 $m:n$ 的联系转化为关系模式

　　① 学生与课程的"选课"联系。将"选课"转化为一个关系模式：

　　　　选课（<u>学号，课程编号</u>，成绩）

　　② 教师与课程的"授课"联系。将"授课"转化为一个关系模式：

　　　　授课（<u>教师编号，课程编号</u>，授课学期，授课地点）

　　将实体和联系系转化为关系模式后，学籍管理系统的关系模型信息见表 3-8。

表 3-8　学籍管理系统的关系模型信息

数据性质	关系名	属性	说明
实体	学生	<u>学号</u>，姓名，性别，出生日期，家庭住址，邮箱，班级编号	班级编号为合并后关系新增属性
实体	教师	<u>教师编号</u>，姓名，性别，参加工作日期，出生日期，系编号，职称编号	系编号、职称编号为合并后关系新增属性

数据性质	关 系 名	属 性	说 明
实体	课程	课程编号，课程名称，学分，学期，总学时，先修课程，课程介绍，课程类型编号	课程类型编号为合并后关系新增属性
实体	班级	班级编号，班级名称，人数，系编号，教师编号	系编号、教师编号为合并后关系新增属性
实体	系	系编号，系名称，电话	
实体	职称	职称编号，职称	
实体	课程类型	课程类型码，类型说明	
m:n 联系	选课	学号，课程编号，成绩	
m:n 联系	授课	教师编号，课程编号，授课学期，授课地点	

3．学籍管理系统用户子模式设计

为了方便不同用户使用，需要使用更符合用户习惯的别名，并且针对不同级别的用户定义不同视图，以满足系统对安全性的要求。

（1）建立查询教师教学情况的用户子模式

教师基本信息（教师编号，姓名，性别，学历，职称）

课程开设情况（课程编号，课程名称，课程简介，教师编号，历届成绩，及格率）

（2）建立学籍管理人员用户子模式

学生基本情况（学号，姓名，性别，籍贯，班级，系，获取总学分）

授课效果（课程编号，选修学期，平均成绩）

（3）建立学生用户子模式

考试通过基本情况（学号，姓名，班级，课程名称，成绩）

（4）建立教师用户子模式

选修学生情况（课程编号，学号，姓名，班级，系，平均成绩）

授课效果（课程编号，选修学期，平均成绩）

习题 3

一、填空题

1．关系数据库是以（　　　　　）为基础的数据库，利用（　　　　　）描述现实世界。一个关系既可以描述（　　　　　），也可以描述（　　　　　）。

2．在关系数据库中，二维表称为一个（　　　　），表的一行称为（　　　　），表的一列称为（　　　　）。

3．数据完整性约束分为（　　　）、（　　　）和（　　　）。

二、选择题

1．设属性 A 是关系 R 的主属性，则属性 A 不能取空值（Null），这是_____。

A. 实体完整性规则　　　　　　　　B. 参照完整性规则

C. 用户定义完整性规则   D. 域完整性规则

2. 下面对于关系的叙述中，不正确的是_____。
   A. 关系中的每个属性是不可分解的   B. 在关系中元组的顺序是无关紧要的
   C. 任意的一张二维表都是一个关系   D. 每个关系只有一种记录类型

3. 一台机器可以加工多种零件，每种零件可以在多台机器上加工，机器和零件之间为_____的联系。
   A. 1 对 1   B. 1 对多   C. 多对多   D. 多对 1

4. 下面有关 E-R 模型向关系模型转换的叙述中，不正确的是_____。
   A. 一个实体类型转换为一个关系模式
   B. 一个 1:1 联系可以转换为一个独立的关系模式，也可以与联系的任意一端实体所对应的关系模式合并
   C. 一个 1:n 联系可以转换为一个独立的关系模式，也可以与联系的任意一端实体所对应的关系模式合并
   D. 一个 m:n 联系转换为一个关系模式

三、问答题

1. 定义并解释下列术语，说明它们之间的联系与区别：
   ① 主码、候选码、外码。
   ② 笛卡儿积、关系、元组、属性、域。
   ③ 关系、关系模式、关系数据库。

2. 试述关系模型的完整性规则。在参照完整性中，为什么外码属性的值也可以为空？在什么情况下才可以为空？

3. 仅满足 1NF 的关系存在哪些操作异常？是什么原因引起的？

四、设计题

1. 某学校由系、教师、学生和课程等基本对象组成，每个系有一位系主任和多位教师，一个教师仅在一个系任职；每个系需要开设多门不同的课程，一门课程也可在不同的系中开设；一门课程由一位到多位教师授课，一个教师可以授零到多门课程；一个学生可以在不同的系选修多门课程，一门课程可以被多个学生选修。假定系的基本数据项有系编号、系名、位置；课程的基本数据项有课程号、课程名称、开课学期、学分；学生的基本数据项有学号、姓名、性别；教师有教师编号、教师姓名、职称等数据项。请设计该学校的概念模型并用 E-R 图表示，并将此 E-R 图转换为相应的关系模型。

2. 某超市公司下属有若干个连锁商店，每个商店经营若干种商品，每个商店有若干个职工，但每个职工只能在一个商店中工作。设实体"商店"的属性有：商店编号、店名、店址、店经理。实体"商品"的属性有：商品编号、商品名、单价、产地。实体"职工"的属性有：职工编号、职工名、性别、工资。试画出反映商店、商品、职工实体及其联系类型的 E-R 图，要求在联系中应反映出职工参加某个商店工作的起止时间，以及商店销售商品的月销售量，并将此 E-R 图转换为相应的关系模型。

3. 设某网站开设虚拟主机业务，需要设计一个关系数据库进行管理。网站有多个职工，参与主机的管理、维护与销售。一个职工（销售员）可销售多台主机，一台主机只能被一个

销售员销售。一个职工（维护员）可以维护多台主机，一台主机可以被多个维护员维护；一个管理员可管理多台主机，一台主机只能由一个管理员管理。主机与客户单位及销售员之间存在租用关系，其中主机与个客户单位是多对多联系，即一台主机可分配给多个客户单位，一个客户单位可租用多台主机。每次租用由一个销售员经手。假设职工有职工号、姓名、性别、出生年月、职称、密码等属性，主机有主机序号、操作系统、生产厂商、状态、空间数量、备注等属性，客户单位有单位名称、联系人姓名、联系电话等属性。试画出 E-R 图并将此 E-R 图转换为相应的关系模型。

4．请设计一个图书馆数据库，此数据库中对每个借阅者保存记录，包括：读者号、姓名、地址、性别、年龄、单位。对每本书保存记录，包括：书号，书名，作者，出版社。对每本被借出的书保存记录，包括：借出日期和应还日期。要求：给出该图书馆数据库的 E-R 图，再将其转换为关系模型。

5．如图 3-3 所示是某个教务管理数据库的 E-R 图，将其转换为关系模型（图中关系、属性和联系的含义，已在旁边用汉字标出）。

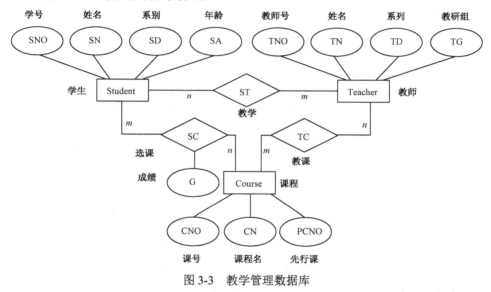

图 3-3　教学管理数据库

第4章　SQL Server 2008 的使用环境

SQL Server 是美国微软公司的旗舰产品，是一种典型的关系型数据库解决方案，最新版本为 SQL Server 2008，于 2008 年 8 月 6 日推出。SQL Server 向用户提供了数据的定义、控制、操纵等基本功能，还提供了数据的完整性、安全性、并发性、集成性等复杂功能。

4.1　SQL Server 2008 简介

信息和数据是信息技术中的两个基本概念，它们有着不同的含义，彼此又紧密相连。对用户来说，"信息"和"数据"是两种非常重要的东西："信息"可以告诉用户有用的事实和知识，"数据"可以更有效地表示、存储和抽取信息。

4.1.1　SQL Server 的发展历史

SQL Server 是世界上影响最大的三大数据库管理系统之一，也是微软公司在数据库市场的主打产品。但该系统一开始并不是微软公司的产品，它起源于 1989 年由 Sybase 公司和 Ashton-Tate 公司合作开发的 SQL Server 1.0 数据库产品。为了与 Oracle 公司及 IBM 公司在关系数据库市场上相抗衡，微软公司在 1992 年与 Sybase 公司开始了为期 5 年的数据库产品研发合作，并最终推出了应用于 Windows NT 3.1 平台的 Microsoft SQL Server 4.21 版本，从此标志着 SQL Server 的正式诞生。后来微软公司又自主开发出 SQL Server 6.0，从此以后，SQL Server 便成为微软公司的重要产品。

SQL Server 早期的版本适用于中小企业的数据库管理，后来随着版本的升级，系统性能不断提高，可靠性与安全性不断增强，应用范围也扩展到大型企业及跨国公司的数据管理领域。SQL Server 2008 是微软公司在 2008 年正式发布的一个 SQL Server 版本，是目前最新的 SQL Server 版本。SQL Server 2008 是一个重大的产品版本，它推出了许多新的特性和关键的改进，使其成为至今为止最强大、最全面的 SQL Server 版本。

SQL Server 2008 在 SQL Server 2005 的基础之上进行开发，不仅对原有的功能进行了改进，而且还增加了许多新的特性，如新添了数据集成功能，改进了分析服务、报告服务及 Office 集成等。SQL Server 2008 将提供更安全、更具延展性、更高的管理能力，从而成为一个全方位企业资料、数据的管理平台。

4.1.2　SQL Server 2008 的版本类型

根据数据库应用环境的不同，SQL Server 2008 分别发行了企业版、标准版、开发版、工作组版、Web 版、移动版及精简版等多种版本，以满足企业和个人不同的性能、运行效率、价格等需求。下面对 SQL Server 2008 的各个版本的特性进行简单介绍。

1．企业版

企业版（Enterprise Edition）是一个全面的数据管理和分析智能平台，为业务应用提供了企业级的数据仓库、集成服务（Integration Services）、分析服务（Analysis Services）和报表服务（Reporting Services）等技术支持。企业版消除了大部分可伸缩性限制，能够支持任意数量的处理器、任意尺寸的数据库及数据库分区，是最全面的 SQL Server 2008 版本，是超大型企业的理想选择，能够满足最复杂的需求。

2．标准版

标准版（Standard Edition）是一个完整的数据管理和分析智能平台，包含电子商务、数据仓库和业务流解决方案所需的基本功能，是中小型企业的理想选择。标准版还包括分析服务和报表服务，但不具有在企业版中可用的高级可伸缩性等性能特性。

3．开发版

开发版（Developer Edition）允许开发人员构建和测试基于 SQL Server 的任意类型应用。该版本拥有所有企业版的特性，但只限于在开发、测试及演示场合使用。基于该版本开发的应用系统和数据库，可以很容易地升级到企业版。

4．工作组版

工作组版（Workgroup Edition）是一个值得信赖的数据管理和报表平台，用以实现对安全发布、远程同步等的管理功能，具有可靠、功能强大、易于管理的特点。该版本拥有核心的数据库特性，能够轻松地升级到标准版或企业版，是那些对数据库大小和用户数量没有限制的小型企业的理想选择。

5．Web 版

Web 版（Web Edition）主要适用于那些运行在 Windows 服务器之上并要求高可用、面向 Internet Web 环境的应用。Web 版为实现低成本、大规模、高可用性的 Web 应用或客户托管解决方案提供了必要的支持工具。

6．移动版

移动版（Compact Edition）是为开发人员设计的免费嵌入式数据库系统，该版本主要用于构建仅有少量连接需求的独立移动设备、桌面或 Web 客户端应用。移动版可以运行于 Pocket PC、Smart Phone 等移动设备之上。

7．精简版

精简版（Express Edition）是一个免费版本，也是一个微缩版本。该版本拥有核心数据库功能，支持 SQL Server 2008 最新的数据类型，但缺少管理工具、高级服务及可用性功能（如故障转移）。对于低端服务器用户、创建 Web 应用的非专业开发人员以及开发客户端应用程序的编程爱好者而言，精简版是他们理想的选择。

4.2 启动 SQL Server 2008 服务

SQL Server 2008 的每次成功安装都将产生一个 SQL Server 实例。允许在同一台计算机上安装多个 SQL Server 实例，本书的安装实例命名为 SQL2008。

安装 SQL Server 2008 后，需要启动 SQL Server 2008 服务，才能够使用 SQL Server 2008 实现数据管理操作。用户可以通过 SQL Server 配置管理器（SQL Server Configuration Manager）启动 SQL Server 2008 服务，来确定系统所有安装的服务组件都可用。

SQL Server 2008 包含 7 类服务组件，详见表 4-1。

表 4-1　SQL Server 2008 服务组件说明

服务组件	说明
SQL Server Services	SQL Server 服务：包括数据库引擎（用于存储、处理和保护数据等核心服务）、复制、全文搜索及用于管理关系数据和 XML 数据的工具
Integration Services	集成服务：是一组图形工具和可编程对象，用于移动、复制和转换数据
Full Text Search Services	全文搜索服务：能够生成和维护全文索引，提高对字符型数据的查询效率
Analysis Services	分析服务：包括用于创建和管理联机分析处理（OLAP）及数据挖掘应用程序的工具
Reporting Services	报表服务：包括用于创建、管理和部署表格报表、矩阵报表、图形报表以及自由格式报表的服务器和客户端组件；报表服务同时还是一个可用于开发报表应用程序的可扩展平台
Browser Services	浏览服务：向客户机提供 SQL Server 连接信息的名称解析服务。多个 SQL Server 实例和集成服务实例共享此服务
Agent Services	代理服务：依赖于 SQL Server 服务，通过创建操作员作业、警报来执行和管理可调度的任务、监视 SQL Server、激发警报等常规管理工作

启动 SQL Server 2008 服务的方法是：单击"开始"→"所有程序"→"Microsoft SQL Server 2008"→"配置工具"→"SQL Server 配置管理器"，在窗口的左边窗格中选择"SQL Server 服务"项，在右边窗格中查看"名称"服务列表中各服务的运行状态，如图 4-1 所示。如果需要启动某项服务，右击（右键单击）该服务选项名称，从快捷菜单中选择"启动"命令即可。

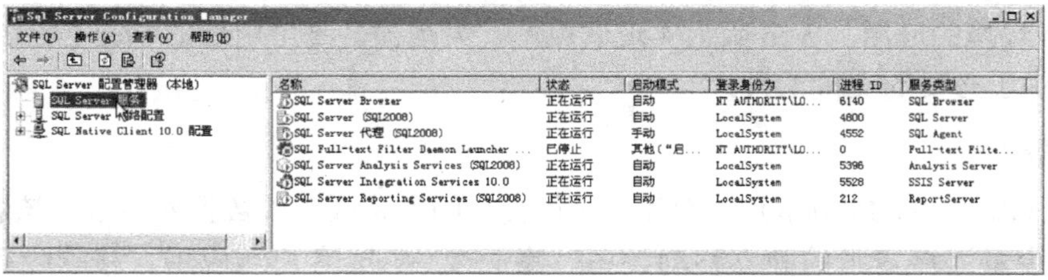

图 4-1　SQL Server 配置管理器的运行界面

4.3　SQL Server 2008 的体系结构

SQL Server 2008 系统的体系结构是对 SQL Server 2008 的主要组成部分和这些组成部分之间关系的描述。

SQL Server 2008 系统由 4 个主要部分组成，这 4 个部分被称为 4 种服务，它们分别是数据库引擎、分析服务、报表服务和集成服务。其中的数据库引擎、分析服务与报表服务 3 种服务相互独立，它们通过集成服务关联在一起。4 种服务之间的关系如图 4-2 所示。

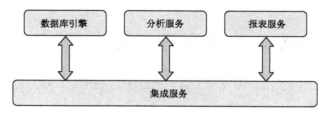

图 4-2　SQL Server 2008 系统的体系结构

1．数据库引擎

数据库引擎（SQL Server Database Engine，SSDE）是 Microsoft SQL Server 2008 系统的核心服务，负责完成业务数据的存储、处理、查询和安全管理。创建数据库、创建表、执行各种数据查询、访问数据库等操作，都是由数据库引擎完成的。在通常情况下，使用数据库实际上就是在使用数据库引擎。数据库引擎自身也是一个复杂的系统，包含许多功能组件，如复制、Service Broker、通知服务、全文搜索等。

2．分析服务

分析服务（SQL Server Analysis Services，SSAS）的主要作用是通过服务器和客户端技术的组合，提供联机分析处理（On-Line Analytical Processing，OLAP）和数据挖掘功能，支持用户建立数据仓库。使用分析服务，用户可以设计、创建和管理包含来自其他数据源的多维结构；通过对多维数据进行多角度的分析，可以使管理人员对业务数据有更全面的理解。另外，通过分析服务，用户能够完成数据挖掘模型的构造和应用，实现知识的发现、表达和管理。

3．报表服务

报表服务（SQL Server Reporting Services，SSRS）是一种基于服务器的解决方案，用于生成从多种关系数据源和多维数据源提取内容的企业报表，发布能以各种格式查看的报表，以及集中管理安全性和订阅。创建的报表可以通过基于 Web 的连接进行查看，并可以作为 Microsoft Windows 应用程序的一部分进行查看。报表服务极大地便利了企业的管理工作，满足了管理人员高效、规范的管理需求。SQL Server 2008 的报表服务包含用于创建和发布报表及报表模型的图形工具及向导、用于管理报表服务的管理工具和用于对报表服务对象模型进行编程和扩展的应用程序编程接口（API）。

4．集成服务

集成服务（SQL Server Integration Services，SSIS）是一个数据集成平台，负责完成有关数据的提取、转换和加载等操作。数据库引擎是分析服务的一个重要数据源，而如何将数据源中的数据经过适当的处理并加载到分析服务中，以便进行各种分析处理，则是集成服务所要解决的问题。集成服务能够高效地处理各种各样的数据源，除了 SQL Server 数据之外，还可以处理 Oracle、Excel、XML 文档、文本文件等其他数据源中的数据。SQL Server 2008 系统的集成服务包含生成并调试包的图形工具和向导，可用于提取和加载数据的数据源和目标，也可用于清理、聚合、合并和复制数据的转换，以及用于对集成服务对象模型编程的 API 等对象。

4.4　SQL Server 2008 管理工具

SQL Server 2008 提供了丰富的管理工具，借助于这些工具，用户能够快速、高效地对系统实施各种配置与管理。

4.4.1　SQL Server 2008 管理工具简介

SQL Server 2008 管理工具包括 SQL Server Management Studio、SQL Server 配置管理器、SQL Server Profiler、数据库引擎优化顾问等，这些工具的作用见表 4-2。

表 4-2　SQL Server 2008 管理工具

管 理 工 具	说　　明
SQL Server Management Studio	用于编辑和执行查询，以及启动标准向导任务
SQL Server Profiler	提供用于监视 SQL Server 数据库引擎实例或 Analysis Services 实例的图形用户界面
数据库引擎优化顾问	可以协助创建索引、索引视图和分区的最佳组合
SQL Server Business Intelligence Development Studio	用于包括 Analysis Services、Integration Services 和 Reporting Services 项目在内的商业解决方案的集成开发环境
Reporting Services 配置管理器	提供报表服务器配置的统一的查看、设置和管理方式
SQL Server 配置管理器	管理服务器和客户端网络配置设置
SQL Server 安装中心	安装、升级到或更改 SQL Server 2008 实例中的组件

4.4.2　SQL Server Management Studio 集成环境

SQL Server 2008 使用的图形界面管理工具是 SQL Server Management Studio（简称 SSMS）。这是一个集成的统一的管理工具组，在 SQL Server 2005 版本之后已经开始使用这个工具组开发、配置 SQL Server 数据库，发现并解决其中的故障。SQL Server 2008 将继续使用这个工具组，并对其进行一些改进。下面通过案例来说明 SSMS 的使用。

1. 启动 SSMS

【演练 4-1】用登录用户 SQL2008 的身份启动 SSMS。操作步骤如下。

① 在 Windows 桌面上单击"开始"→"所有程序"→"Microsoft SQL Server 2008"→"SQL Server Management Studio"，打开如图 4-3 所示的"连接到服务器"对话框。

② 在"身份验证"下拉列表框中选择身份验证模式，在"服务器名称"组合框中输入或选择服务器用户名称。

服务器用户与选择的身份验证模式有关：如果选择的是"Windows 身份验证"模式，服务器用户只能为本地用户或合法的域用户，如图 4-4 所示。如果选择的是"SQL Server 身份验证"模式，则还需要为服务器用户输入登录名与密码。

③ 本案例中选择"Windows 身份验证"模式，在"服务器名称"组合框中输入或选择用户名 SQL2008。单击"连接"按钮，进入 SSMS 的集成环境。

在 SSMS 集成环境中包含已注册的服务器、对象资源管理器、查询编辑器、属性、工具箱等多个窗口对象，如图 4-5 所示。

图 4-3　"连接到服务器"对话框　　　　图 4-4　选择 SQL Server 身份验证模式

图 4-5　SSMS 集成环境

这些窗口对象都是具有一定的管理与开发功能的工具。在默认情况下，SSMS 启动后将自动打开已注册的服务器、对象资源管理器及文档窗口 3 个窗口对象。如果某些窗口被关闭，可以通过选择"视图"菜单中的相应命令来打开对应的窗口。

2．已注册的服务器

SSMS 集成环境中有一个单独的可以同时处理多台服务器的注册服务器窗口。用户可以用 IP 地址来注册数据库服务器，也可以用比较容易分辨的名称为服务器命名，甚至还可以为服务器添加描述，名称和描述会在注册服务器窗口中显示。通过注册服务器，可以保存实例连接信息、连接和分组实例，查看实例运行状态。

在 SSMS 集成环境中执行"视图"→"已注册的服务器"命令打开"已注册的服务器"窗格，如图 4-6 所示。窗格中显示了所有已注册到当前 SSMS 中的 SQL Server 服务器。工具栏中提供了 5 个切换按钮，分别对应于数据库引擎、Analysis Services、Reporting Services、SQL Server Compact 和 Integration Services 这 5 类服务，可以通过这些按钮注册不同类型的服务。

【演练 4-2】使用"已注册的服务器"窗格注册一个新的服务器对象。操作步骤如下。

① 打开"已注册的服务器"窗格，右键单击数据库引擎下的 Local Server Groups 节点，弹出如图 4-7 所示的快捷菜单，选择"新建服务器注册"命令，打开"新建服务器注册"对

话框。

② 选择"常规"选项卡，输入或选择要注册的服务器名称，并为其选择一种身份验证方式。可以用用户容易理解的新名称来替换注册服务器原有的名称，并可为已有的注册服务器添加描述信息，如图 4-8 所示。

图 4-6　已注册的服务器窗格　　　　　图 4-7　Local Server Groups 节点的快捷菜单

③ 选择"连接属性"选项卡，如图 4-9 所示，能够对网络连接的各种属性进行相应的设置。

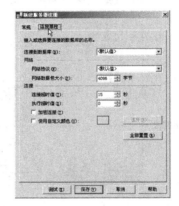

图 4-8　"常规"选项卡　　　　　　　　图 4-9　"连接属性"选项卡

④ 对服务器注册对象设置完毕后，单击"测试"按钮进行合法性验证测试。测试通过后，可单击"保存"按钮将服务器注册对象予以保存。

3. 对象资源管理器

用户可以通过"对象资源管理器"窗格连接到数据库引擎、Analysis、Services、Integration Services、Reporting Services、SQL Server Compact 服务与集成服务 5 种类型的服务器，并以树状结构显示和管理服务器中的所有对象节点。查看各个资源对象节点详细信息的步骤如下。

① 在对象资源管理器中单击工具栏中的"连接"按钮，从弹出的下拉列表中选择连接的服务器类型，如图 4-10 所示。

② 将弹出如图 4-3 所示的"连接到服务器"对话框，选择身份验证模式，输入或选择服务器名称。单击"连接"按钮，即可连接到指定的服务器。

③ 在对象资源管理器中，通过单击某资源对象节点前的"+"号或"-"号，可以展开或折叠该资源的下级节点列表，层次化管理资源对象。

④ 对象资源管理器所显示的一级资源节点是已连接的服务器名称，展开该节点，可以看到其下的所有二级资源节点，如图 4-11 所示。这些二级资源节点所代表的对象及其意义说明如下。

图 4-10 选择连接的服务器类型　　　　图 4-11　服务器的二级资源

【演练 4-3】使用对象资源管理器查看数据库对象。操作步骤如下。

① 以 Windows 身份验证模式登录到 SSMS。

② 在对象资源管理器中展开"数据库"节点，选择系统数据库中的 master 数据库并展开，将列出该数据库中所包含的所有对象，如表、视图、存储过程等，如图 4-12 所示。

图 4-12　查看数据库对象

4. 查询编辑器

SSMS 提供了一个选项卡式的查询编辑器，能够在一个"文档"窗格中同时打开多个查询编辑器的视图。查询编辑器是一个自由格式的文本编辑器，主要用来编辑、调试与运行 Transact-SQL 命令。单击 SSMS 工具栏中的"新建查询"按钮启动查询编辑器，新建一个"查询编辑器"窗口，如图 4-13 所示，在其中输入一段 Transact-SQL 代码。

打开查询编辑器后，与查询编辑器相关的"SQL 编辑器"工具栏随之出现在 SSMS 环境中。"SQL 编辑器"工具栏中包含"连接"、"更改连接"、"可用数据库"、"执行"、"调试"、"取消执行查询"、"分析"等 20 个功能按钮或下拉列表框，如图 4-14 所示，分别用来实现 T-SQL 命令或代码的输入、格式设置、编辑、调试、运行、结果显示、处理等一系列的功能与操作。

图 4-13　查询编辑器窗口　　　　　　图 4-14　"SQL 编辑器"工具栏

SQL Server 2008 的查询编辑器具有智能感知（IntelliSense）的特性。在查询编辑器中，能够像 Visual Studio 一样自动列出对象成员、属性与方法等，还能够进行语法的拼写检查，即时显示出拼写错误的警告信息。

SQL Server 2008 的查询编辑器支持代码调试，提供断点设置、逐语句执行、逐过程执行、跟踪到存储过程或用户自定义函数内部执行等一系列强大的调试功能。

【演练 4-4】使用查询编辑器查询 master 数据库中表的数据。操作步骤如下。

① 单击 SSMS 工具栏中的"新建查询"按钮，新建一个"查询编辑器"窗口。

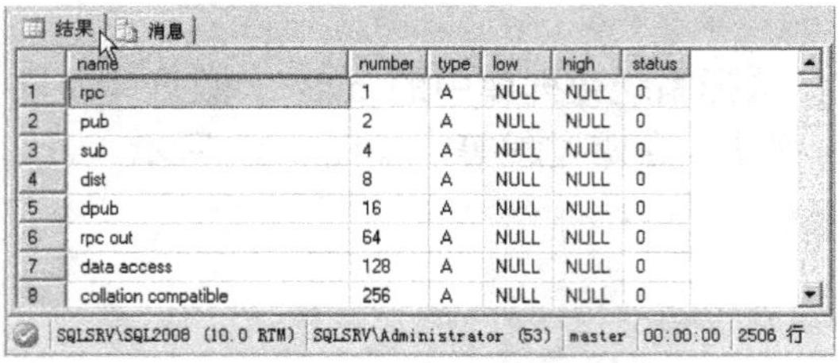

图 4-15　查询执行的结果

② 在查询窗口中输入以下命令：
```
USE master
GO
SELECT    *
FROM dbo.spt_values
GO
```
③ 单击"执行"按钮，该查询执行的结果如图 4-15 所示。

4.5　SQL Server 2008 数据库概念

在 SQL Server 2008 中，要访问并使用数据库，就需要正确了解数据库中的所有对象及其设置。为了更好地学习并理解数据库，首先要了解数据库的组成及其数据库中的数据文件、事务日志文件和文件组等基本概念。

4.5.1　SQL Server 2008 的数据库及数据库对象

在 SQL Server 2008 中，数据库是表、视图、存储过程、触发器等数据库对象的集合，是数据库管理系统的核心内容。

1．数据库

（1）页和区

SQL Server 2008 中有两个主要的数据存储单位：页和区。

页是 SQL Server 2008 中用于数据存储的最基本单位。每个页的大小是 8KB，也就是说，SQL Server 2008 中每 1MB 的数据文件可以容纳 128 页。每页的开头是 96bit 的标头，用于存储有关页的系统信息。紧接着标头存放的是数据行，数据行按顺序排列。数据库表中的每行数据都不能跨页存储，即表中的每行数据字节数不能超过 8192B。页的末尾是行偏移表，页中的每行在偏移表中都有一个对应的条目。每个条目记录着对应行的第一个字节与页首部的距离。

区是用于管理空间的基本单位。每 8 个连接的页组成一个区，大小为 64KB，即每 1MB 的数据库就有 16 个区。区用于控制表和索引的存储。

（2）数据库文件

SQL Server 2008 所使用的文件包括以下三类文件。

① 主数据文件。主数据文件简称主文件，正如其名字所示，该文件是数据库的关键文件，包含了数据库的启动信息，并且存储数据。每个数据库必须有且仅能有一个主文件，其默认扩展名为.mdf。

② 辅助数据文件。辅助数据文件简称辅（助）文件，用于存储未包括在主文件内的其他数据。辅助文件的默认扩展名为.ndf。辅助文件是可选的，根据具体情况，可以创建多个辅助文件，也可以不使用辅助文件。一般当数据库很大时，有可能需要创建多个辅助文件。而当数据库较小时，则只需要创建主文件而不需要创建辅助文件。

③ 日志文件。日志文件用于保存恢复数据库所需的事务日志信息。每个数据库至少有一个日志文件，也可以有多个，日志文件的默认扩展名为.ldf。日志文件的存储与数据文件不同，它包含一系列记录，这些记录的存储不以页为存储单位。

（3）文件组

使用文件组可以提高表中数据的查询性能。在 SQL Server 2008 中有两类文件组。

① 主文件组。主文件组包含主要数据文件和任何没有明确指派给其他文件组的文件。管理数据库的系统表的所有页均分配在主文件组中。

② 用户定义文件组。用户定义文件组是指在 CREATE DATABASE 或 ALTER DATABASE 语句中使用 FILEGROUP 关键字指定的文件组。

在 SQL Server 2008 中，数据库文件及其文件组存储数据的方法如图 4-16 所示。

在图 4-16 中，每个数据库中都有一个文件组作为默认文件组运行。在 SQL Server 2008 中创建表或索引时，如果没有为其指定文件组，那么将从默认文件组中进行存储页分配、查询等操作。用户可以指定默认文件组，如果没有指定默认文件组，则主文件组是默认文件组。

2. 数据库对象

数据库对象是指存储、管理和使用数据的不同结构形式，主要包括表、视图、索引、存储过程、触发器等，如图 4-17 所示。SQL Server 2008 中所包含的常用数据库对象如下。

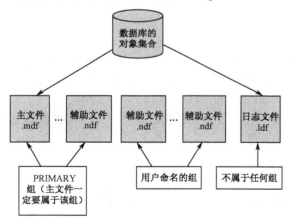

图 4-16　数据库文件及其文件组存储数据的方法

图 4-17　数据库对象

（1）表

表是 SQL Server 中最主要的数据库对象，它是用来存储和操作数据的一种逻辑结构。表由行和列组成，因此也称为二维表。表是在日常工作和生活中经常使用的一种表示数据及其关系的形式。

（2）视图

视图是从一个或多个基本表中引出的表。数据库中只存放视图的定义而不存放视图对应的数据，这些数据仍存放在导出视图的基本表中。

由于视图本身并不存储实际数据，因此也称为虚表。视图中的数据来自定义视图的查询所引用的基本表，并在引用时动态生成数据。当基本表中的数据发生变化时，从视图中查询出来的数据也随之改变。视图一经定义，就可以像基本表一样被查询、修改、删除和更新了。

（3）索引

索引是一种不用扫描整个数据表就可以对表中的数据实现快速访问的途径，它是对数据表中的一列或者多列数据进行排序的一种结构。

表中的记录通常按其输入的时间顺序存放，这种顺序称为记录的物理顺序。为了实现对表记录的快速查询，可以对表的记录按某个或某些属性进行排序，这种顺序称为逻辑顺序。

索引是根据索引表达式的值进行逻辑排序的一组指针，它可以实现对数据的快速访问，索引是关系数据库的内部实现技术，它被存放在存储文件中。

（4）存储过程

存储过程是一组为了完成特定功能的 SQL 语句集合。这个语句集合经过编译后存储在数据库中，存储过程具有接收参数、输出参数、返回单个或多个结果以及返回值的功能。存储过程独立于表存在。

（5）触发器

触发器与表紧密关联。它可以实现更加复杂的数据操作，更加有效地保障数据库系统中数据的完整性和一致性。触发器基于一个表创建，但可以对多个表进行操作。

4.5.2 SQL Server 2008 的系统数据库和用户数据库

1．系统数据库

系统数据库用于存储有关 SQL Server 的系统信息，它们是 SQL Server 2008 管理数据库的依据。如果系统数据库遭到破坏，那么 SQL Server 将不能正常启动。在安装 SQL Server 2008 时，系统将创建 4 个可见的系统数据库：master、model、msdb 和 tempdb。

master 数据库：包含 SQL Server 2008 的登录账号、系统配置、数据库位置及数据库错误信息等，控制用户数据库和 SQL Server 的运行。

model 数据库：为新创建的数据库提供模板。

msdb 数据库：为"SQL Server 代理"调度信息和作业记录提供存储空间。

tempdb 数据库：为临时表和临时存储过程提供存储空间，所有与系统连接的用户的临时表和临时存储过程都存储于该数据库中。

每个系统数据库都包含主数据文件和主日志文件，扩展名分别为.mdf 和.ldf，例如，master 数据库的两个文件分别为 master.mdf 和 master.ldf。

2．用户数据库

用户数据库是用户根据自己的管理需求而创建的数据库，便于自己管理相应的数据。例如，图书馆可以针对图书的管理创建图书管理数据库，大型超市可以针对货品创建超市管理数据库等。

4.6 实训——修改登录密码及身份验证模式

【实训 4-1】修改系统管理员 sa 的登录密码。sa 是 system administrator 的缩写，是 SQL Server 内置的系统管理员账户。在 SQL Server 安装完成后，为了保障数据库系统的安全，用户需要修改 sa 的登录密码。另外，对于附加到 SQL Server 2008 中的数据库，一般需要重置密码后才能在 ASP.NET 中连接上。在 Windows 和 Web 中设计需要访问数据库时，用户可以根据自己的需要重新设置 sa 的登录密码。例如，在 ASP.NET 中的标准安全连接（Standard Security Connection）也称非信任连接，它把登录账户（User ID 或 Uid）和密码（Password 或 Pwd）写在连接字符串中。标准安全连接方式的连接字符串的一般形式如下：

"Data Source=服务器名或地址;Initial Catalog=数据库名;User ID=用户名;Password=密码"

如果要连接到本地的 SQL Server 命名实例，则 Data Source 使用"服务器名\实例名"语法格式（有的 SQL Server 服务器没有实例名，则使用"服务器名"语法格式）。例如，本机的 SQL Server 命名实例名称为"SQLSRV\SQL2008"（这个名称就是启动 SSMS 时，"连接到服务器"对话框中"服务器名称"框中的内容。其中，"\"前为计算机名，其后为 SQL Server 实例名），数据库名为 StudentManagement，用户名为 sa，用户密码为 12345，连接字符串如下：

"Data Source= SQLSRV\SQL2008;Initial Catalog=StudentManagement;User ID=sa;Password=12345"

本实训的目的是为 ASP.NET、PHP 等后续课程中将要用到的数据库访问技术打好基础。操作步骤如下。

① 启动 SSMS，在对象资源管理器中选择"安全性"节点下的登录名 sa，右键单击 sa 节点，从弹出的快捷菜单中选择"属性"命令，如图 4-18 所示。

② 打开登录属性对话框，选中"SQL Server 身份验证"单选项，在其下的文本框中输入新的 sa 密码和确认密码。作为练习我们取消选中"强制实施密码策略"复选框。默认数据库选择需要访问的数据库 StudentManagement，默认语言采用 Simplified Chinese（简体中文），如图 4-19 所示。

③ 单击"确定"按钮，完成系统管理员 sa 登录密码的修改。

图 4-18 选择"属性"命令

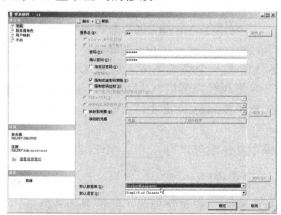

图 4-19 登录属性对话框

④ 关闭 SSMS，重新启动服务后，用户就可以用新的 sa 登录密码登录 SSMS 了。

【实训 4-2】更改 SQL Server 的身份验证模式。SQL Server 的身份验证模式可以选择"Windows 身份验证模式"或"混合模式"。在连接 SQL Server 数据库时，"Windows 身份验证模式"只能使用信任连接方式连接 SQL Server 数据库；而"混合模式"既可以使用标准安全连接（非信任连接），也可以使用信任连接方式连接 SQL Server 数据库。更改 SQL Server 身份验证模式的操作步骤如下。

① 启动 SSMS，在对象资源管理器中，右键单击 SQL Server 实例名称，从快捷菜单中选择"属性"命令，如图 4-20 所示。

② 显示"服务器属性"窗口，在左侧的"选择页"框中，单击"安全性"项，右侧将显示相应的设置项，如图 4-21 所示。

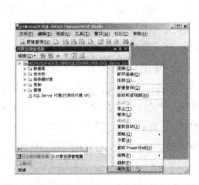
图 4-20 SQL Server 实例的快捷菜单

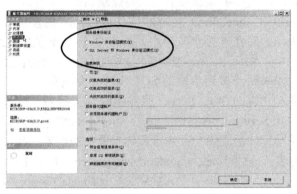
图 4-21 "服务器属性"窗口的"安全性"设置

③ 在"服务器身份验证"栏中选择"Windows 身份验证模式"或"SQL Server 和 Windows 身份验证模式"，单击"确定"按钮。该设置将在重新启动 Windows 操作系统后生效。

习题 4

一、填空题

1. 查询编辑器是一个_____格式的文本编辑器，主要用来编辑与运行_____命令。

2. _____是 SQL Server 2008 系统的核心服务。

3. Sql Server Configuration Manager 称为 SQL Server_____。

4. SSMS 是一个集成环境，是 SQL Server 2008 最重要的_____工具。

5. 对象资源管理器以_____结构显示和管理服务器中的对象节点。

6. 在 SQL Server 2008 中，主数据文件的后缀是_____，日志数据文件的后缀是_____。

7. 每个文件组可以有_____个日志文件。

二、单项选择题

1. SQL Server 配置管理器不能设置的一项是（   ）。
   A. 启用服务器协议   B. 禁用服务器协议

C. 删除已有的端口   D. 更改侦听的 IP 地址

2．（   ）不是 SQL Server 2008 服务器可以使用的网络协议。

    A. Shared Memory 协议   B. PCI/TP

    C. VIA 协议   D. Named Pipes 协议

3．（   ）不是 SQL Server 错误和使用情况报告工具所具有的功能。

    A. 将组件的错误报告发送给微软公司

    B. 将实例的错误报告发送给微软公司

    C. 将实例的运行情况发送给微软公司

    D. 将用户的报表与分析发送给微软公司

4．（   ）不是"查询编辑器"工具栏中包含的工具按钮。

    A. 调试   B. 更改连接   C. 更改文本颜色   D. 分析

5．通过"对象资源管理器"窗格不能连接到的服务类型是（   ）。

    A. 查询服务   B. 集成服务   C. 报表服务   D. 分析服务

三、简答题

1．SQL Server 2008 数据库管理系统产品分为哪几个版本？各有什么特点？

2．SQL Server 2008 系统的体系结构包含哪几个组成部分？其功能各是什么？

3．简述 SQL Server 2008 系统中主要数据库对象的特点。

4．SQL Server 2008 支持哪两种身份验证模式？

5．如何注册和启动 SQL Server 服务器？

第 5 章　数据库的创建与管理

本章主要介绍 SQL Server 2008 数据库的创建与管理，包括如何设置数据库的大小、规划数据库文件存储位置、设置和修改数据库的属性及状态，以及如何对数据库中的物理空间进行科学的设置。

5.1　数据库的创建

使用数据库存储数据，首先需要创建数据库。在创建数据库之前，必须先确定数据库的名称、数据库的所有者、数据库的初始大小、数据库文件的增长方式、数据库文件的最大允许增长的大小，以及用于存储数据库的文件路径和属性等。

在 SQL Server 2008 中，创建数据库的方法主要有两种：一种是在 SSMS 集成环境中使用现有命令和功能，通过图形化工具进行创建；另一种是通过 Transact-SQL（简称 T-SQL）语句创建。本节将对这两种创建数据库的方法分别阐述。

5.1.1　使用 SSMS 创建数据库

在 SQL Server 2008 中，通过 SSMS 创建数据库是最容易的方法，对于初学者来说简单易用。下面将对这种方法做详细讲解。

【演练 5-1】在 SSMS 中创建数据库 stu01，数据文件和日志文件的属性按默认值设置。
操作步骤如下。

① 以系统管理员身份登录计算机，在 Windows 中单击"开始"→"所有程序"→"Microsoft SQL Server 2008"→"SQL Server Management Studio"，启动 SQL Server Management Studio，并使用 Windows 或 SQL Server 身份验证模式建立连接。

② 在对象资源管理器中展开服务器目录下的"数据库"节点，如图 5-1 所示。右键单击"数据库"节点，从弹出的快捷菜单中选择"新建数据库"命令，如图 5-2 所示。

图 5-1　展开"数据库"节点　　　　图 5-2　"新建数据库"命令

③ 打开"新建数据库"窗口，窗口左上方的"选择页"框中共有三个选项，分别对应"常规"页、"选项"页和"文件组"页，这里只设置"常规"页，其他页使用系统默认设置。

在"选择页"框中选择"常规"页，在窗口右侧将显示相应的设置内容，在"数据库名称"文本框中填写要创建的数据库名称"stu01"，也可以在"所有者"文本框中指定数据库的所有者，如 sa。这里使用默认值，其他属性也按默认值设置，如图 5-3 所示。

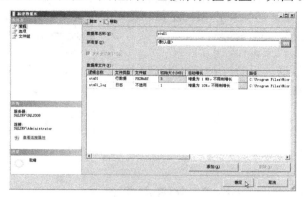

图 5-3   "新建数据库"窗口

在"数据库文件"列表框中，用户能看到两行数据：一行是数据文件，另一行是日志文件。通过单击下面的相应按钮可以添加、删除相应的数据文件。该列表中各字段值（列）的含义说明如下。

● 逻辑名称：指定该文件的文件名。在默认情况下，不再为用户输入的文件名添加下画线和 Data 字样，相应的文件扩展名并未改变。

● 文件类型：用于区别当前文件是数据文件还是日志文件。

● 文件组：显示当前数据库文件所属的文件组。一个数据库文件只能存在于一个文件组中。

● 初始大小：指定该文件的初始容量，在 SQL Server 2008 中，数据文件大小的默认值为 3MB，日志文件大小的默认值为 1MB。

● 自动增长：用于设置在文件的容量不够用时，文件根据何种增长方式自动增长。单击"自动增长"列中的省略号按钮，可以打开更改自动增长设置对话框。如图 5-4 和图 5-5 所示分别为数据文件和日志文件的自动增长设置对话框。

● 路径：指定存放该文件的目录。SQL Server 2008 将存放路径设置为 SQL Server 2008 安装目录下的 DATA 子目录，本安装实例为：C:\Program Files\Microsoft SQL Server\MSSQL10.SQL2008\MSSQL\DATA。单击该列中的按钮可以打开"定位文件夹"对话框，更改数据库的文件存储路径。

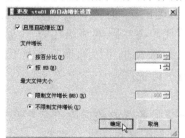
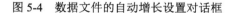
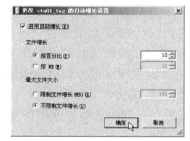

图 5-4   数据文件的自动增长设置对话框   图 5-5   日志文件的自动增长设置对话框

④ 完成以上操作后，单击"确定"按钮，关闭"新建数据库"窗口。至此，成功创建了一个用户数据库 stu01，可以在对象资源管理器中看到新建的数据库，如图 5-6 所示。

需要注意的是，在 SQL Server 中创建新的对象时，它可能不会立即出现在对象资源管理器中。创建完该对象，右键单击该对象应在位置的上一层，从弹出的快捷菜单中选择"刷新"命令，如图 5-7 所示，即可强制 SQL Server 重新读取系统表并显示数据库中的新对象。

图 5-6　新建的数据库　　　　　　　　　图 5-7　刷新数据库对象

5.1.2　使用 T-SQL 语句创建用户数据库

使用 T-SQL 语句创建数据库，其实就是在查询编辑器的编辑窗口中使用 CREATE DATABASE 语句来创建用户数据库。在创建时可以指定数据库名称、数据库文件的存放位置、数据库文件的大小、数据库文件的最大容量和数据库文件的增量。其语法格式为：

```
CREATE DATABASE  数据库名
[ON
{[PRIMARY]([NAME=数据文件的逻辑名,]
FILENAME='数据文件的物理名'
[,SIZE=文件的初始大小]
[,MAXSIZE=文件的最大容量]
[,FILEGROWTH=文件空间的增长量])
}[,…n]]
[LOG ON
{([NAME=日志文件的逻辑名,]
FILENAME='逻辑文件的物理名'
[,SIZE=文件的初始大小])
[,MAXSIZE=文件的最大容量]
[,FILEGROWTH=文件空间的增长量])
}[,…n]]
```

在本书给出的语法格式中，用[]括起来的是可以省略的选项；[,…n]表示同样的选项可以重复 1～n 遍；用<>括起来的是对一组若干选项的替代，在实际编写语句时，应该用相应的选项来代替；另外，类似 A|B 这样的语句，表示可以选择 A 也可以选择 B，但不能同时选择 A 和 B。本书全部采用这种方式给出语法格式，后面不再说明。

该语句的参数说明含义如下。

- 数据库名：表示为数据库取的名字，在同一个服务器内数据库的名字必须唯一。数据库的名字必须符合标识符命名标准，即最大不得超过 128 个字符。
- ON：表示存放数据库的数据文件将在后面分别给出定义。
- PRIMARY：定义数据库的主数据文件。在 PRIMARY filegroup 中，第一个数据文件是主数据文件。如果没有给出 PRIMARY 关键字，则默认文件序列中的第一个文件为主数据文件。

- LOG ON：定义数据库的日志文件。
- NAME：定义操作系统文件的逻辑文件名。逻辑文件名只在 Transact-SQL 语句中使用，是实际磁盘文件名的代号。
- FILENAME：定义操作系统文件的实际名字，包括文件所在的路径。
- SIZE：定义文件的初始长度。
- MAXSIZE：定义文件能够增长的最大长度。如果设置为 UNLIMITED 关键字，将使文件可以无限制增长，直到驱动器被填满为止。
- FILEGROWTH：定义操作系统文件长度不够时每次增长的速度。可以用 MB，KB 作为单位，或使用"%"来设置增长的百分比。在默认情况下，SQL Server 2008 使用 MB 作为增长速度的单位，最少增长 1MB。

SQL 语句在书写时不区分大小写形式，为了清晰起见，本书用大写形式表示系统保留字，用小写形式表示用户自定义的名称。一条语句可以写在多行上，但是不能多条语句写在一行上。

【演练 5-2】创建一个名为 sample1 的数据库，其初始大小为 5MB，最大可增长到 20MB，允许数据库自动增长，增长方式为按10%比例增长。日志文件初始大小为 2MB，最大可增长到 8MB，按 1MB 增长。数据文件和日志文件的存放位置为 SQL Server 的数据库目录"C:\data"。操作步骤如下。

① 在 SSMS 中单击"新建查询"按钮新建一个查询编辑器窗口，如图 5-8 所示。

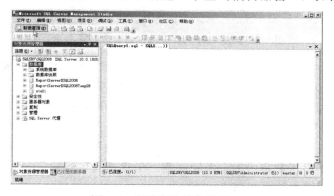

图 5-8　新建查询编辑器窗口

② 在查询窗口中输入如下 T-SQL 语句：

```
CREATE DATABASE sample1
    ON
    (
        NAME= 'sample1_DATA',
            FILENAME='C:\data\sample1.mdf',
        SIZE=5MB,
        MAXSIZE=20MB,
        FILEGROWTH=10%
    )
    LOG ON
    (
        NAME='sample1_log',
```

```
        FILENAME='C:\data\sample1.ldf',
        SIZE=2MB,
        MAXSIZE=8MB,
        FILEGROWTH=1MB
    )
    GO
```

③ 单击"执行"按钮执行该语句，如果成功执行，则在查询编辑器下方可以看到提示"命令已成功完成"的消息。然后在对象资源管理器中刷新，展开"数据库"节点，就能看到刚才创建的 sample1 数据库，如图 5-9 所示。

图 5-9　在查询编辑器中执行创建数据库命令

【演练 5-3】创建一个名为 sample2 的数据库，存放在"C:\data"目录下。它有两个数据文件：主数据文件大小为 30MB，最大大小不限，按 10%增长；辅数据文件大小为 20MB，最大大小不限，按 10%增长。一个日志文件，大小为 20MB，最大大小为 50MB，按 5MB增长。

操作步骤如下。

① 在 SSMS 中单击"新建查询"按钮新建一个查询编辑器窗口。

② 在查询窗口中输入如下 T-SQL 语句：

```
    CREATE DATABASE sample2
        ON
        PRIMARY
        (
            NAME = 'sample2_data1',
            FILENAME = 'C:\data\sample2_data1.mdf',
            SIZE = 30MB,
            MAXSIZE = UNLIMITED,
            FILEGROWTH = 10%
        ),
        (
            NAME = 'sample2_data2',
            FILENAME = 'C:\data\sample2_data2.ndf',
            SIZE = 20MB,
```

```
        MAXSIZE = UNLIMITED,
        FILEGROWTH = 10%
)
LOG ON
(
        NAME = 'sample2_log1',
        FILENAME = 'C:\data\sample2_log1.ldf',
        SIZE = 20MB,
        MAXSIZE = 50MB,
        FILEGROWTH = 5MB
)
GO
```

③ 单击"执行"按钮执行该语句，然后在对象资源管理器中刷新，展开"数据库"节点就能看到刚创建的 sample2 数据库，如图 5-10 所示。

图 5-10　新建的数据库

5.2　查看和修改数据库

在 SQL Server 2008 系统中，创建用户数据库后，在使用过程中可能需要根据具体情况使用视图、函数、存储过程等查看和修改数据库的基本信息，或者使用图形化界面对用户数据库进行查看和修改。

5.2.1　用 SSMS 查看和修改数据库

在对象资源管理器中，展开"数据库"节点，右键单击目标数据库（如 sample2 数据库），从快捷菜单中选择"属性"命令，打开数据库属性窗口，如图 5-11 所示。可以分别在"常规"、"文件"、"文件组"等页中根据需要查看和修改数据库的相应设置。

● 在"常规"页中可以查看数据库的基本信息，包括：数据库上次备份日期、名称、状态等。

● 在"文件"页和"文件组"页中可以修改数据库的所有者，如图 5-12 所示。

● 在"选项"页中，可以设置数据库的故障恢复模式和排序规则。

"选项"页中的其他属性和"权限"页、"扩展属性"页、"镜像"页等属性是数据库的高级属性，通常保持默认值即可。如果要进行设置或定义可参考 SQL Server 2008 联机丛书。

图 5-11 "常规"页   图 5-12 "文件"页

5.2.2 使用 T-SQL 语句修改数据库

修改数据库主要是修改数据库的属性：增加或删除数据文件、日志文件或文件组；改变数据文件或日志文件的大小和增长方式。基本语法格式如下：

ALTER DATABASE 数据库名称
{ ADD FILE <filespec>[,…n] [TO FILEGROUP 文件组名称]
/*在文件组中增加数据文件，默认为主文件组*/
　　　|ADD LOG FILE <filespec>　　　　　　　　/*增加日志文件*/
|REMOVE FILE 逻辑文件名称　　　　　　　　/*删除数据文件*/
|ADD FILEGROUP 文件组名称　　　　　　　　/*增加文件组*/
|REMOVE FILEGROUP 文件组名称　　　　　　/*删除文件组*/
|MODIFY FILE <filespec>　　　　　　　　　　/*更改文件属性*/
|MODIFY NAME=新数据库名称　　　　　　　　/*更改数据库名称*/
|MODIFY FILEGROUP 文件组名称{文件组属性|**NAME=**新文件组名称}
/*更改文件组属性，包括更改文件组名称*/
|SET <optionspec>[,…n][WITH <termination>]　　/*设置数据库属性*/
|COLLATE <排序规则名称>　　　　　　　　　/*指定数据库排序规则*/
　　　}

该命令的说明如下：在删除数据文件时，逻辑文件与物理文件均被删除。使用 MODIFY FILE 更改文件属性时应该注意，一次只能修改文件的一个属性。

【演练 5-4】向 sample1 数据库中添加辅助文件 extdata.ndf。操作步骤如下。

① 在 SSMS 中单击"新建查询"按钮新建一个查询编辑器窗口。

② 在查询窗口中输入如下 T-SQL 语句：

　　　ALTER DATABASE sample1
　　　ADD FILE

```
(NAME=extdata,
FILENAME='C:\data\extdata.ndf',
SIZE=5MB,
MAXSIZE=50MB,
FILEGROWTH=5MB)
```

③ 单击"执行"按钮执行该语句。刷新数据库后，打开数据库 sample1 的属性窗口，在"文件"页中即可看到添加的辅助文件 extdata，如图 5-13 所示。

图 5-13　添加的辅助文件

【演练 5-5】修改刚添加的 extdata.ndf 文件，将其初始大小改为 20MB。操作步骤如下。

① 在 SSMS 中单击"新建查询"按钮新建一个查询编辑器窗口。

② 在查询窗口中输入如下 T-SQL 语句：

```
ALTER DATABASE sample1
MODIFY FILE
(NAME=extdata,
SIZE=20MB)
```

③ 单击"执行"按钮执行该语句。刷新数据库后，打开数据库 sample1 的属性窗口，在"文件"页中即可看到辅助文件 extdata 的初始大小修改为 20MB，如图 5-14 所示。

图 5-14　修改辅助文件的初始大小

【演练 5-6】删除 extdata.ndf 文件。操作步骤如下。

① 在 SSMS 中单击"新建查询"按钮新建一个查询编辑器窗口。

② 在查询窗口中输入如下 T-SQL 语句：

```
ALTER DATABASE sample1
REMOVE FILE extdata
```

③ 单击"执行"按钮执行该语句。刷新数据库后，打开数据库 sample1 的属性窗口，在"文件"页中即可看到辅助文件 extdata 已经被删除了，如图 5-15 所示。

除了以上讲解的修改数据库的基本用法之外，还包括修改数据库名称、修改数据库大小、修改数据库、管理数据库文件组等。

图 5-15　删除辅助文件

【演练 5-7】修改数据库 stu01 的名称为 stuNew。操作步骤如下。

① 在 SSMS 中单击"新建查询"按钮新建一个查询编辑器窗口。

② 在查询窗口中输入如下 T-SQL 语句：

```
ALTER DATABASE stu01
MODIFY NAME = stuNew
```

③ 单击"执行"按钮执行该语句。在对象资源管理器中，刷新数据库后，展开"数据库"节点，数据库 stu01 的名称已经改为 stuNew，如图 5-16 所示。

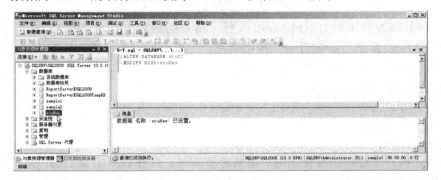

图 5-16　修改数据库名称

【演练 5-8】为数据库 sample2 添加文件组 fgroup，并为此文件组添加两个大小均为 5MB 的数据文件。操作步骤如下。

① 在 SSMS 中单击"新建查询"按钮新建一个查询编辑器窗口。

② 在查询窗口中输入如下 T-SQL 语句：

```
ALTER DATABASE sample2
    ADD FILEGROUP fgroup
GO
ALTER DATABASE sample2
    ADD FILE
    (
        NAME = 'sample2_data3',
        FILENAME = 'C:\data\sample2_data3.ndf',
        SIZE = 5MB
    ),
    (
        NAME = 'sample2_data4',
        FILENAME = 'C:\data\sample2_data4.ndf',
        SIZE = 5MB
```

)

        TO FILEGROUP fgroup

  GO

③ 单击"执行"按钮执行该语句。刷新数据库后,打开数据库 sample2 的属性窗口,在"文件"页中即可看到新增加的文件组和文件,如图 5-17 所示。

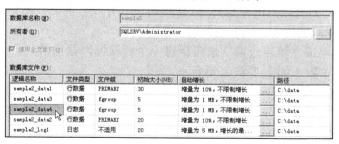

图 5-17　新增加的文件组和文件

5.3　删除数据库

如果数据库已经不再使用,就应该彻底删除它,以便为其他数据腾出空间。需要注意的是,当数据库处于正在使用、正在被恢复或正在参与复制这三种状态之一时,不能删除数据库。

用户既可以使用 SSMS 删除数据库,也可以使用 T-SQL 语句删除数据库。

5.3.1　使用 SSMS 删除数据库

使用 SSMS 删除数据库的操作步骤如下。

① 启动 SSMS,在对象资源管理器中展开"数据库"节点。

② 右键单击要删除的数据库,从弹出的快捷菜单中选择"删除"命令,如图 5-18 所示。

③ 打开"删除对象"窗口,如图 5-19 所示。

④ 单击"确定"按钮,即可完成数据库的删除操作。

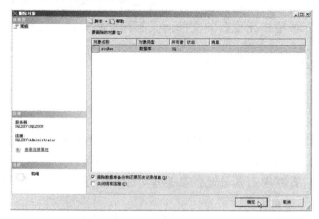

图 5-18　选择"删除"命令　　　　　　　图 5-19　"删除对象"窗口

5.3.2 使用 T-SQL 语句删除数据库

使用 T-SQL 语句删除数据库的语法格式如下：

      DROP DATABASE database [,…n]

其中，database_name 为要删除的数据库名，[,…n]表示可以有多于一个数据库名。

【演练 5-9】删除数据库 sample1。操作步骤如下。

① 在 SSMS 中单击"新建查询"按钮新建一个查询编辑器窗口。

② 在查询窗口中输入如下 T-SQL 语句：

      DROP DATABASE sample1

③ 单击"执行"按钮执行该语句。刷新数据库后，展开"数据库"节点，即可观察到数据库 sample1 已经被删除了。

需要注意的是，如果要删除的数据库正在被使用，可打开其他数据库或断开服务器与该用户的连接，然后删除该数据库。

5.4　数据库操作

通过前面的介绍，可以掌握数据库的创建方法，以及修改数据库大小、名称和属性，删除数据库，查看数据库状态及信息，这些都是针对数据库进行的操作。除此之外，常见的操作还包括本节介绍的分离数据库和附加数据库。

SQL Server 允许分离数据库的数据和事务日志文件，然后将它们重新附加到另一台服务器中，甚至同一台服务器中。分离数据库将从 SQL Server 删除数据库，但是保持组成该数据库的数据和事务日志文件完好无损。也就是说，如果将一个数据库从一个服务器移植到另一个服务器中，需要先将数据库从旧的服务器上分离出去，再附加到新的服务器中。需要注意的是，master、model 和 tempdb 数据库是无法分离的。

通常，在下述情况下需要分离和附加数据库：

● 将数据库从一台计算机移到另一台计算机中。

● 将数据库移到另一个物理磁盘上。例如，当包含该数据库文件的磁盘空间已用完，希望扩充现有的文件而又不愿意将文件附加到其他的数据库中。

5.4.1　分离数据库

1. 使用 SSMS 分离数据库

用户可以新建一个测试数据库 Test，然后使用 SSMS 分离数据库。操作步骤如下。

① 启动 SSMS，在对象资源管理器中展开"数据库"节点。

② 右键单击要分离的数据库，从快捷菜单中选择"任务"→"分离"命令，如图 5-20 所示。

③ 打开"分离数据库"对话框，如图 5-21 所示。

④ 单击"确定"按钮，即可完成数据库的删除操作。

图 5-20　选择"分离"命令

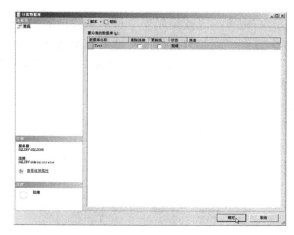

图 5-21　"分离数据库"对话框

2. 使用 T-SQL 语句分离数据库

SQL Server 提供的存储过程 sp_detach_db 可用于分离数据库，语法格式如下：

EXEC sp_detach_db DatabaseName

【演练 5-10】分离数据库 sample2。操作步骤如下。

① 在 SSMS 中单击"新建查询"按钮新建一个查询编辑器窗口。

② 在查询窗口中输入如下 T-SQL 语句：

EXEC sp_detach_db sample2

③ 单击"执行"按钮执行该语句。刷新数据库后，展开"数据库"节点，即可观察到数据库 sample2 已经消失（被分离）了，如图 5-22 所示。

一个数据库一旦分离成功，从 SQL Server 角度来看与删除这个数据库没有什么区别。不同的是，分离后的数据库的存储文件仍旧存在，如图 5-23 所示；而删除后的数据库的存储文件不再存在。

图 5-22　数据库 sample2 已经消失

图 5-23　分离后的库文件仍旧存在

5.4.2　附加数据库

1. 使用 SSMS 附加数据库

使用 SSMS 附加数据库的操作步骤如下。

① 启动 SSMS，在对象资源管理器中展开"数据库"节点。

② 右键单击"数据库"节点，从弹出的快捷菜单中选择"附加"命令。

③ 打开"附加数据库"对话框，如图 5-24 所示。单击"添加"按钮打开"定位数据库文件"对话框，如图 5-25 所示。选择要附加的数据库 Test.mdf，单击"确定"按钮，返回"附加数据库"对话框。

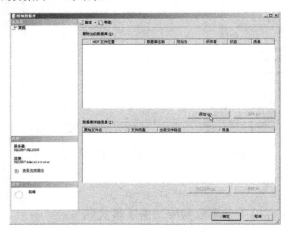

图 5-24　"附加数据库"对话框　　　　图 5-25　"定位数据库文件"对话框

④ 在"附加数据库"对话框中单击"确定"按钮，即可完成数据库的附加操作。

2. 使用 T-SQL 语句附加数据库

可以使用 CREATE DATABASE 语句中的 FOR ATTACH 来附加数据库，语法格式如下：

CREATE DATABASE 数据库名

　　ON PRIMARY

　　(FILENAME = '数据文件的物理名')

　　FOR ATTACH

在附加数据库时，只需要指定数据库的主数据文件。如果改变了分离后的数据库文件的位置，则需要指出移动过的所有文件，否则会出现找不到文件的错误。

另外，也可使用存储过程 sp_attach_db 来附加数据库，其语法格式如下：

sp_attach_db database_name,

　　'file_name1'[,'file_name2', … ,

　　'file_name16']

例如附加数据库 Test，代码如下：

　　EXEC sp_attach_db Test,

　　　　'C:\data\Test.mdf'

在 sp_attach_db 参数中，最多允许列出 16 个数据库文件。如果文件数大于 16，则只能使用 CREATE DATABASE 语句。

【演练 5-11】附加数据库 sample2。操作步骤如下。

① 在 SSMS 中单击"新建查询"按钮新建一个查询编辑器窗口。

② 在查询窗口中输入如下 T-SQL 语句：

　　CREATE DATABASE sample2

　　　　ON PRIMARY

    (FILENAME = 'C:\data\sample2_data1.mdf')
    FOR ATTACH

③ 单击"执行"按钮执行该语句。刷新数据库后，展开"数据库"节点，即可观察到数据库 sample2 已经被成功附加到数据库列表中，如图 5-26 所示。

图 5-26   成功附加的数据库

5.4.3   数据库快照

在进行逻辑模型设计之前，首先要明确逻辑设计的任务。逻辑设计的任务就是将概念设计阶段设计好的基本 E-R 图转换为选用 DBMS 产品所支持的数据模型相符合的逻辑结构。具体内容包括将 E-R 图转换成关系模型、模型优化、数据库模式定义、用户子模式设计和数据处理等任务。

客户端可以查询数据库快照，这对基于创建快照时的数据编写报表是很有用的。如果源数据库出现用户错误，还可将源数据库恢复到创建快照时的状态，丢失的数据仅限于创建快照后数据库更新的数据。

在 SQL Server 中，创建数据库快照也使用 CREATE DATABASE 命令。语法格式如下：

CREATE DATABASE 数据库快照名

　　ON

　　　　(

　　　　　　NAME =数据文件的逻辑名,

　　　　　　FILENAME = '数据文件的物理名'

　　　　)[,…n]

　　AS SNAPSHOT OF 源数据库名

　[;]

【演练 5-12】创建数据库 Test 的快照。操作步骤如下。

① 在 SSMS 中单击"新建查询"按钮新建一个查询编辑器窗口。

② 在查询窗口中输入如下 T-SQL 语句：

CREATE DATABASE Test_01
    ON
    (
        NAME = 'Test',

```
        FILENAME = 'C:\data\Test_Data.mdf'
    )
    AS SNAPSHOT OF Test
```

③ 单击"执行"按钮执行该语句。刷新数据库后,展开"数据库快照"节点,即可观察到生成的数据库 Test 的快照,如图 5-27 所示。

图 5-27　生成的数据库快照

5.5　实训——创建学籍管理数据库

SQL Server 数据库是存储数据的容器,是用户观念中的逻辑数据库和管理员观念中的物理数据库的统一。创建数据库的工作就是在物理磁盘上创建各种数据库对象。

在前面数据库的各种操作练习中,并未严格按照命名规则对数据库命名,这样将降低数据库名称的可读性。在下面的实训中,数据库的命名采用 Pascal 命名规则,以名词命名,直观、可读性强。本书后面讲解的各种数据库对象都将采用这种命名规则。因为我们设计的系统是学籍管理数据库系统,所以数据库名为 StudentManagement。

【实训 5-1】使用 T-SQL 语句创建学籍管理数据库。操作步骤如下。

① 在 SSMS 中单击"新建查询"按钮新建一个查询编辑器窗口。

② 在查询窗口中输入如下 T-SQL 语句:

```
CREATE DATABASE StudentManagement
    ON
    (
        NAME= 'StudentManagement_Data',
        FILENAME='C:\Program Files\Microsoft SQL Server\MSSQL10.SQL2008
                \MSSQL\DATA\StudentManagement_Data.mdf',
        SIZE=5MB,                        --初始空间为 5MB
        MAXSIZE=20MB,                    --最大空间为 20MB
        FILEGROWTH=10%                   --空间增长率为 10%
    )
    LOG ON                               --日志文件不分组
    (
        NAME='StudentManagement_Log',    --日志文件名
        FILENAME='C:\Program Files\Microsoft SQL Server\MSSQL10.SQL2008
```

\MSSQL\DATA\StudentManagement_Log.ldf',

SIZE=2MB,	--初始空间为 2MB
MAXSIZE=UNLIMITED,	--最大空间不受限
FILEGROWTH=2MB	--每次按空间增长

)

GO

③ 单击"执行"按钮执行该语句。然后在对象资源管理器中刷新数据库，展开"数据库"节点就能看到创建的 StudentManagement 数据库，如图 5-28 所示。

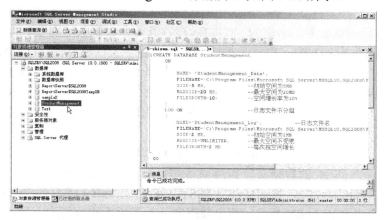

图 5-28　创建的学籍管理数据库 StudentManagement

习题 5

一、填空题

1. 在 Microsoft SQL Server 2008 中，主数据文件的后缀是＿＿＿＿＿，日志数据文件的后缀是＿＿＿＿＿，每个文件组可以有＿＿＿＿＿个日志文件。

2. 通过 T-SQL 语句，使用＿＿＿＿＿＿命令创建数据库，使用＿＿＿＿＿＿命令查看数据库定义信息，使用＿＿＿＿＿＿命令修改数据库结构，使用＿＿＿＿＿＿命令删除数据库。

二、单项选择题

1. SQL 语言集数据查询、数据操纵、数据定义和数据控制功能于一体，语句 ALTER DATABASE 实现哪类功能＿＿＿＿＿。

    A. 数据查询　　　　B. 数据操纵　　　　C. 数据定义　　　　D. 数据控制

2. SQL Server 数据库对象中最基本的是＿＿＿＿＿。

    A. 表和语句　　　　B. 表和视图　　　　C. 文件和文件组　　　　D. 用户和视图

3. 事务日志用于保存＿＿＿＿＿。

    A. 程序运行过程　　　　　　　　　　B. 程序的执行结果

    C. 对数据的更新操作　　　　　　　　D. 数据操作

4. 分离数据库就是将数据库从＿＿＿＿＿中删除，但是保持组成该数据的数据文件和事务日志文件中的数据完好无损。

  A．Windows   B．SQL Server 2008

  C．U 盘   D．查询编辑器

三、简答题

1．简述数据库物理设计的内容和步骤。

2．在什么情况下使用分离和附加数据库？

四、设计题

1．创建一个新的数据库，名称为 STUDENT2，其他所有参数均取默认值。

2．创建一个名称为 STUDENT3 的数据库，该数据库的主文件逻辑名称为 STUDENT3_data，物理文件名为 STUDENT3.mdf，初始大小为 3MB，最大大小为无限大，增长速度为 15%；数据库的日志文件逻辑名称为 STUDENT3_log，物理文件名为 STUDENT3.ldf，初始大小为 2MB，最大大小为 50MB，增长速度为 1MB；要求数据库文件和日志文件的物理文件都存放在 E 盘的 DATA 文件夹下。

3．创建一个指定多个数据文件和日志文件的数据库。该数据库名称为 STUDENTS，有一个 5MB 和一个 10MB 的数据文件和两个 5MB 的事务日志文件。数据文件逻辑名称为 STUDENTS1 和 STUDENTS2，物理文件名为 STUDENTS1.mdf 和 STUDENTS2.ndf。主文件是 STUDENTS1，由 PRIMARY 指定，两个数据文件的最大大小分别为无限大和 100MB，增长速度分别为 10%和 1MB。事务日志文件的逻辑名为 STUDENTSLOG1 和 STUDENTSLOG2，物理文件名为 STUDENTSLOG1.ldf 和 STUDENTSLOG2.ldf，最大大小均为 50MB，增长速度为 1MB。要求数据库文件和日志文件的物理文件都存放在 E 盘的 DATA 文件夹下。

4．删除已创建的数据库 STUDENTS2。

5．将已存在的数据库 STUDENT3 重命名为 STUDENT_BACK。

第6章　表的创建与管理

SQL Server 2008 支持多种数据库对象，如表、视图、索引和存储过程等。在诸多的对象中，最重要的对象就是表。在用户创建了数据库之后，接下来的任务就是创建表。

6.1　表的基本概念

在数据库中，表是由数据按一定的顺序和格式构成的数据集合，是组成数据库的基本元素。表由行和列组成，因此也称为二维表。每行代表一个记录，每列代表记录的一个字段。表是在日常工作和生活中经常使用的一种表示数据及其关系的形式。表 6-1 就是用来表示学生情况的一个学生表。

表 6-1　学生表

学号	姓名	性别	出生时间	专业	总学分	备注
081101	张民	男	1990-03-18	计算机	50	
081103	张潇宇	女	1989-10-06	计算机	50	
081108	郑国军	男	1989-08-05	计算机	52	已提前修完一门课
081202	王建国	男	1989-01-29	自动化	38	有一门课不及格，待补考
081204	贾茵茵	女	1989-02-10	自动化	42	

下面简单介绍几个与表有关的概念。

1．表结构

组成表的各列的名称及数据类型，统称为表结构。

2．记录

每个表包含了若干行数据，它们是表的"值"，表中的一行称为一个记录。因此，表是记录的有限集合。

3．字段

每个记录由若干个数据项构成，将构成记录的每个数据项称为字段。例如，表 6-1 中的表结构为（学号，姓名，性别，出生时间，专业，总学分，备注），包含 7 个字段，由 5 个记录组成。

4．空值

空值（NULL）通常表示未知、不可用或将在以后添加的数据。若某列允许为空值，则向表中输入记录值时可不为该列给出具体值；而若某列不允许为空值，则在输入时必须给出具体值。

5. 关键字

如果表中记录的某一字段或字段组合能唯一标识记录，则称该字段或字段组合为候选关键字（Candidate key）。若一个表有多个候选关键字，则选定其中一个为主关键字（Primary key），也称为主键。当一个表仅有唯一的一个候选关键字时，该候选关键字就是主关键字。这里的主关键字与前面章中讲的主键所起的作用是相同的，都用来唯一标识记录行。

例如，在学生表中，两个及其以上记录的"姓名"、"性别"、"出生时间"、"专业"、"总学分"和"备注"这6个字段的值有可能相同，但是"学号"字段的值对表中所有记录来说一定不同，即通过"学号"字段可以将表中的不同记录区分开来。所以，"学号"字段是唯一的候选关键字，也就是主关键字。再如，学生成绩表记录的候选关键字是（学号，课程号）字段组合，它也是唯一的候选关键字。

一般，学生的信息和学生的成绩存放在不同的数据表中。在学生成绩表中可以存储学生的编号信息，表示是哪个学生的考试成绩。这里又引发了一个问题，如果在成绩表中输入的学号根本不存在，该怎么办呢？这时，应该建立一种"引用"的关系，确保成绩表（子表）中的某个数据项在学生信息表（主表）中必须存在。

外键就可以达到这个目的，它是对应主键而言的，就是"子表"中对应于"主表"的列，在"子表"中称为外键或引用键，它的值要求与主表的主键相对应。外键用来强制参照完整性，一个表可以有多个外键。

6.2 表的数据类型

表中字段的数据类型可以是 SQL Server 提供的系统数据类型，也可以是用户定义的数据类型。SQL Server 2008 提供了丰富的系统数据类型，见表 6-2。

表 6-2 系统数据类型

数 据 类 型	符 号 标 识
整数型	bigint, int, smallint, tinyint
精确数值型	decimal, numeric
浮点型	float, real
货币型	money, smallmoney
位型	Bit
字符型	char, varchar、varchar(MAX)
Unicode 字符型	nchar, nvarchar、nvarchar(MAX)
文本型	text, ntext
二进制型	binary, varbinary、varbinary(MAX)
日期时间类型	datetime, smalldatetime, date, time, datetime2, datetimeoffset
时间戳型	Timestamp
图像型	Image
其他	cursor, sql_variant, table, uniqueidentifier, xml, hierarchyid

在讨论数据类型时，使用了精度、小数位数和长度这3个概念，前两个概念是针对数值型数据的。它们的含义如下。

精度：指数值数据中所存储的十进制数据的总位数。

小数位数：指数值数据中小数点右边可以有的数字位数的最大值。

例如，数值数据 3890.587 的精度是 7，小数位数是 3。

长度：指存储数据所使用的字节数。

下面分别说明常用的系统数据类型。

1. 整数型

整数型包括 bigint、int、smallint 和 tinyint，从标识符的含义就可以看出，它们表示的数范围逐渐缩小。

bigint：大整数，数范围为 $-2^{63} \sim 2^{63}-1$，其精度为 19，小数位数为 0，长度为 8 字节。

int：整数，数范围为 $-2^{31} \sim 2^{31}-1$，其精度为 10，小数位数为 0，长度为 4 字节。

smallint：短整数，数范围为 $-2^{15} \sim 2^{15}-1$，其精度为 5，小数位数为 0，长度为 2 字节。

tinyint：微短整数，数范围为 $0 \sim 255$，其长度为 1 字节，其精度为 3，小数位数为 0，长度为 1 字节。

2. 精确数值型

精确数值型数据由整数部分和小数部分构成，其所有的数字都是有效位，能够以完整的精度存储十进制数。精确数值型包括 decimal 和 numeric 两类。在 SQL Server 2008 中，这两种数据类型在功能上完全等价。

声明精确数值型数据的格式是 numeric | decimal(p[,s])，其中，p 为精度，s 为小数位数，s 的默认值为 0。例如，指定某列为精确数值型，精度为 6，小数位数为 3，即 decimal(6,3)，那么当向某记录的该列赋值 66.342 679 时，该列实际存储的是 66.3427。

decimal 和 numeric 可存储 $-10^{38}+1 \sim 10^{38}-1$ 的固定精度和小数位的数字数据。它们的存储长度随精度变化而变化，最少为 5 字节，最多为 17 字节。

例如，若有声明 numeric(8,3)，则存储该类型数据需 5 字节；而若有声明 numeric(22,5)，则存储该类型数据需 13 字节。

3. 浮点型

浮点型也称为近似数值型。顾名思义，这种类型不能提供精确表示数据的精度，使用这种类型来存储某些数值时，可能会损失一些精度，因此它可用于处理取值范围非常大且对精确度要求不太高的数值量，如一些统计量。

有两种近似数值数据类型：float 和 real，两者都使用科学计数法表示数据，即尾数 E 阶数，如 5.6432E20，-2.98E10，1.287659E-9 等。

real：使用 4 字节存储数据，数范围为 $-3.40E+38 \sim 3.40E+38$，精度为 7 位有效数字。

float[(n)][1]：float 型数据的数范围为 $-1.79E+308 \sim 1.79E+308$。n 取值范围是 $1 \sim 53$，用于指示其精度和存储大小。当 n 在 $1 \sim 24$ 之间时，实际上将定义一个 real 型数据，存储长度为 4 字节，精度为 7 位有效数字；当 n 在 $25 \sim 53$ 之间时，存储长度为 8 字节，精度为 15 位有效数字。若省略 n，则表示 n 在 $25 \sim 53$ 之间。

---

① []表示可选。

4. 货币型

SQL Server 2008 提供了两个专门用于处理货币的数据类型：money 和 smallmoney，它们用十进制数表示货币值。

money：数范围为 $-2^{63} \sim 2^{63}-1$，其精度为 19，小数位数为 4，长度为 8 字节。money 的数范围与 bigint 相同，不同的只是 money 型有 4 位小数。实际上，money 就是按照整数进行运算的，只是将小数点固定在末 4 位。

smallmoney：数范围为 $-2^{31} \sim 2^{31}-1$，其精度为 10，小数位数为 4，长度为 4 字节。可见，smallmoney 与 int 的关系就如同 money 与 bigint 的关系一样。

当向表中插入 money 或 smallmoney 类型的值时，必须在数据前面加上货币表示符号($)，并且数据中间不能有逗号（,）。若货币值为负数，则需要在符号$的后面加上负号（−）。例如，$13 000.18，$560，$−20 000.9032 都是正确的货币数据表示形式。

5. 位型

SQL Server 2008 中的位（bit）型数据相当于其他语言中的逻辑型数据，它只存储 0 和 1，长度为 1 字节。但要注意，SQL Server 对表中 bit 型列的存储进行了优化：如果一个表中有不多于 8 个的 bit 型列，则这些列将作为 1 字节存储；如果表中有 9~16 个 bit 型列，则这些列将作为 2 字节存储，更多列的情况依次类推。

当为 bit 型数据赋 0 值时，其值为 0；而赋非 0 值（如 10）时，其值为 1。

字符串值 True 和 False 可以转换为以下 bit 值：True 转换为 1，False 转换为 0。

6. 字符型

字符型数据用于存储字符串，字符串中可包含字母、数字和其他特殊符号（如#、@、&等）。在输入字符串时，需要将串中的符号用单引号或双引号括起来，如'abc'、"Abc<Cde"。

字符型包括两类：固定长度（char）和可变长度（varchar）。

char[(n)]：定长字符型。其中，n 定义字符型数据的长度，取值在 1~8000 之间，默认为 1。当表中的列定义为 char(n)类型时，若实际存储的串长度不足 n，则在串的尾部添加空格以达到长度 n，所以 char(n)的长度为 n。例如，某列的数据类型为 char(10)，而输入的字符串为 "sjmr2012"，则存储的是字符 sjmr2012 和两个空格。若输入的字符个数超出了 n，则超出的部分被截断。

varchar[(n)]：变长字符型。其中，n 的取值规定与定长字符型 char 中的完全相同，但这里 n 表示的是字符串可达到的最大长度。

7. Unicode 字符型

Unicode 是统一字符编码标准，用于支持国际上非英语语种的字符数据的存储和处理。SQL Server 的 Unicode 字符型可以存储 Unicode 标准字符集定义的各种字符。

Unicode 字符型也包括定长和变长两类：nchar 和 nvarchar。

nchar[(n)]：定长 Unicode 字符型。n 的值在 1~4000 之间，长度为 2n 字节。若输入的字符串长度不足 n，将以空白字符补足。

nvarchar[(n)]：变长 Unicode 字符型。n 的值在 1~4000 之间，默认为 1。长度是所输入字符个数的两倍。

8．文本型

当需要存储大量的字符数据，如较长的备注、日志信息等时，字符型数据最多 8000 个字符的限制使它们不能满足这种应用需求，此时可使用文本型数据。

文本型包括 text 和 ntext 两类，分别对应 ASCII 字符和 Unicode 字符。

text 类型可以表示的最大长度为 $2^{31}-1$ 个字符，其数据的存储长度为实际字符数字节。

ntext 类型可表示的最大长度为 $2^{30}-1$ 个 Unicode 字符，其数据的存储长度是实际字符个数的两倍（以字节为单位）。

9．二进制型

二进制数据类型表示的是位数据流，包括：binary（固定长度）和 varbinary（可变长度）两类。

binary [(n)]：固定长度的 n 字节二进制数据。n 的取值范围为 1～8000，默认为 1。binary(n) 数据的存储长度为 n+4 字节。若输入的数据长度小于 n，则不足部分用 0 填充；若输入的数据长度大于 n，则多余部分被截断。

varbinary [(n)]：n 字节变长二进制数据。n 取值范围为 1～8000，默认为 1。varbinary(n) 数据的存储长度为实际输入数据长度+4 字节。

10．日期时间类型

日期时间类型数据用于存储日期和时间信息，在 SQL Server 2008 以前的版本中，日期时间数据类型只有 datetime 和 smalldatetime 两种。而在 SQL Server 2008 中新增了 4 种新的日期时间数据类型，分别为 date、time、datetime2 和 datetimeoffset。

（1）datetime

datetime 类型可表示的日期范围从 1753 年 1 月 1 日到 9999 年 12 月 31 日，精度为 0.03s（3.33ms 或 0.00333s），例如，在 1～3ms 范围内的值都表示为 0ms，在 4～6ms 范围内的值都表示为 4ms。

datetime 类型数据长度为 8 字节，日期和时间分别使用 4 字节存储。前 4 字节用于存储 datetime 类型数据中距 1900 年 1 月 1 日的天数，为正数表示日期在 1900 年 1 月 1 日之后，为负数则表示日期在 1900 年 1 月 1 日之前。后 4 字节用于存储 datetime 类型数据中距中午 12:00（24 小时制）的毫秒数。

（2）smalldatetime

smalldatetime 类型数据可表示从 1900 年 1 月 1 日到 2079 年 6 月 6 日的日期和时间，数据精确到分钟，即 29.998s 或更低的值向下舍入为最接近的分钟数，29.999s 或更高的值向上舍入为最接近的分钟数。

smalldatetime 类型数据的存储长度为 4 字节，前 2 字节用来存储 smalldatetime 类型数据中日期部分距 1900 年 1 月 1 日之后的天数。后 2 字节用来存储 smalldatetime 类型数据中时间部分距中午 12:00 点的分钟数。

用户输入 smalldatetime 类型数据的格式与 datetime 类型数据的格式完全相同，只是它们的内部存储可能不相同。

（3）date

date 类型数据可以表示从公元元年 1 月 1 日到 9999 年 12 月 31 日的日期。date 类型只存储日期数据，不存储时间数据，存储长度为 3 字节，表示形式与 datetime 数据类型的日期部分相同。

（4）time

time 数据类型只存储时间数据，表示格式为"hh:mm:ss[.nnnnnnn]"。其中，hh 表示小时，范围为 0～23；mm 表示分钟，范围为 0～59；ss 表示秒数，范围为 0～59；n 是 0～7 位数字，范围为 0～999 9999，表示秒的小数部分，即微秒数。所以 time 数据类型的取值范围为 00:00:00.000 000 0～23:59:59.999 999 9。time 类型的存储大小为 5 字节。另外还可以自定义 time 类型微秒数的位数，例如，time(1)表示小数位数为 1，默认为 7。

（5）datetime2

新的 datetime2 数据类型和 datetime 类型一样，也用于存储日期和时间信息。但是 datetime2 类型取值范围更广，日期部分取值范围从公元元年 1 月 1 日到 9999 年 12 月 31 日，时间部分的取值范围为 00:00:00.0000000～23:59:59.999999。另外，用户还可以自定义 datetime2 数据类型中微秒数的位数，例如，datetime(2)表示小数位数为 2。datetime2 类型的存储大小随着微秒数的位数（精度）而改变，精度小于 3 时为 6 字节，精度为 4 和 5 时为 7 字节，所有其他精度则需要 8 字节。

（6）datetimeoffset

datetimeoffset 数据类型也用于存储日期和时间信息，取值范围与 datetime2 类型相同。但 datetimeoffset 类型具有时区偏移量，此偏移量指定时间相对于协调世界时（UTC）偏移的小时和分钟数。datetimeoffset 的格式为"YYYY-MM-DD hh:mm:ss[.nnnnnnn] [{+|-}hh:mm]"。其中，hh 为时区偏移量中的小时数，范围为 00～14；mm 为时区偏移量中的额外分钟数，范围为 00～59。时区偏移量中必须包含"+"（加）或"–"（减）号。这两个符号表示在 UTC 时间的基础上加上还是从中减去时区偏移量以得出本地时间。时区偏移量的有效范围为 –14:00～+14:00。

11．时间戳型

时间戳类型的标识符是 timestamp。若创建表时定义某列的数据类型为时间戳类型，那么每当对该表加入新行或修改已有行时，都由系统自动将一个计数器值加到该列中，即将原来的时间戳值加上一个增量。

记录 timestamp 列的值实际上反映了系统对该记录修改的相对顺序。一个表只能有一个 timestamp 列。timestamp 类型数据的值实际上是二进制位格式数据，其长度为 8 字节。

12．图像数据类型

标识符是 image，它用于存储图片、照片等。实际存储的是可变长度二进制数据，介于 0 与 $2^{31}-1$（2 147 483 647）字节之间。在 SQL Server 2008 中，该类型是为了向下兼容而保留的数据类型。微软推荐用户使用 varbinary(MAX)数据类型来替代该类型。

13．其他数据类型

除了上面所介绍的常用数据类型外，SQL Server 2008 还提供了其他几种数据类型：cursor、sql_variant、table、uniqueidentifier、xml 和 hierarchyid。

cursor：游标数据类型，用于创建游标变量或定义存储过程的输出参数。

sql_variant：一种存储 SQL Server 支持的各种数据类型（除 text、ntext、image、timestamp

和 sql_variant 外）值的数据类型。sql_variant 的最大长度可达 8016 字节。

table：用于存储结果集的数据类型，结果集可以供后续处理。

uniqueidentifier：唯一标识符类型。系统将为这种类型的数据产生唯一标识值。它是一个 16 字节长的二进制数据。

xml：一种用来在数据库中保存 xml 文档和片段的类型，但是此类型的文件大小不能超过 2GB。

hierarchyid：SQL Server 2008 新增加的一种长度可变的系统数据类型，可使用 hierarchyid 表示层次结构中的位置。

varchar、nvarchar、varbinary 这三种数据类型可以使用 MAX 关键字，如 varchar(MAX)、nvarchar(MAX)、varbinary(MAX)，此时最多可存放 $2^{31}-1$ 字节的数据，分别用来替换 text、ntext 和 image 数据类型。

6.3 设计表

SQL Server 数据库通常包含多个表。表是一个存储数据的实体，具有唯一的名称。可以说，数据库实际上是表的集合，具体的数据都是存储在表中的。表是对数据进行存储和操作的一种逻辑结构，每个表代表一个对象。

表的命名也采用 Pascal 命名规则，应以完整单词命名，避免使用缩写。字段命名也建议采用 Pascal 命名规则，以"表名_字段名"进行命名。

例如，学籍管理数据库 StudentManagement 由学生表（Student）、课程表（Course）、教师表（Teacher）、班级表（Class）、系表（Department）、授课表（TeachClass）、课程类型表（CourseType）、选课表（SelectCourse）和职称表（Title）组成。这些表就是数据表，它们是由行和列组成的，通过表名和列名来识别数据。

对于具体的某个表，在创建之前，需要确定表的下列特征：

① 表要包含的数据的类型；

② 表中的列数，每一列中数据的类型和长度（如果必要）；

③ 哪些列允许空值；

④ 是否要使用，以及何处使用约束、默认设置和规则；

⑤ 所需索引的类型，哪里需要索引，哪些列是主键，哪些是外键。

前面已经介绍了 SQL Server 2008 提供的系统数据类型。本节对于学籍管理数据库 StudentManagement 中的表做了如下设计，供读者创建数据表时参考使用。

1. 学生表 Student

学生表 Student 的结构设计，见表 6-3。

表 6-3　Student 表的结构

字段名称（列名）	数据类型	说明	约束	备注
Student_No	char(6)	学号	Primary Key	前 2 位表示该学生入学的年份，中间的 2 位表示该生的班级编号，后 2 位为顺序号，如 080101 表示 08 年入学 01 班的第 01 同学
Student_Name	varchar(8)	姓名		

字段名称（列名）	数据类型	说　明	约　束	备　注
Student_Sex	char(2)	性别		
Student_Birthday	date	出生日期		
Student_ClassNo	char(6)	班级编号	Foreign Key	
Student_Telephone	varchar(13)	电话		
Student_Email	varchar(15)	电子邮件		
Student_Address	varchar(30)	家庭地址		

2．教师表 Teacher

教师表 Teacher 的结构设计，见表 6-4。

表 6-4　Teacher 表的结构

字段名称（列名）	数据类型	说　明	约　束	备　注
Teacher_No	char(5)	教师编号	Primary Key	
Teacher_DepartmentNo	char(4)	系编号	Foreign Key	
Teacher_TitleCode	char(2)	职称编号	Foreign Key	
Teacher_Name	varchar(8)	教师姓名		
Teacher_Sex	char(2)	性别		
Teacher_Birthday	date	出生日期		
Teacher_WorkDate	date	参加工作日期		

3．班级表 Class

班级表 Class 的结构设计，见表 6-5。

表 6-5　Class 表的结构

字段名称（列名）	数据类型	说　明	约　束	备　注
Class_No	char(6)	班级编号	Primary Key	前 4 位表示该班入学的年份，后两位为顺序号。如 200801 表示 08 年入学的第 01 班
Class_DepartmentNo	char(2)	系编号	Foreign Key	
Class_TeacherNo	char(4)	教师编号	Foreign Key	
Class_Name	varchar(20)	班级名称		
Class_Amount	int	班级人数		

4．课程表 Course

课程表 Course 的结构设计，见表 6-6。

表 6-6　Course 表的结构

字段名称（列名）	数据类型	说　明	约　束	备　注
Course_No	char(5)	课程编号	Primary Key	
Course_TypeNo	char(2)	课程类型编号	Foreign Key	
Course_Name	varchar(30)	课程名称		
Course_Info	varchar(50)	课程介绍		
Course_Credits	numeric(2,0)	学分		
Course_Time	numeric(3,0)	总学时		
Course_PreNo	char(5)	先修课程编号		
Course_Term	numeric(1,0)	学期		

5．系表 Department

系表 Department 的结构设计，见表 6-7。

表 6-7　Department 表的结构

字段名称（列名）	数 据 类 型	说　明	约　束	备　注
Department_No	char(2)	系编号	Primary Key	
Department_Name	varchar(30)	系名称		
Department_Telephone	char(13)	电话		

6．课程类型表 CourseType

课程类型表 CourseType 的结构设计，见表 6-8。

表 6-8　CourseType 表的结构

字段名称（列名）	数 据 类 型	说　明	约　束	备　注
CourseType_No	char(2)	课程类型编号	Primary Key	
CourseType_Info	varchar(20)	课程类型说明		

7．职称表 Title

职称表 Title 的结构设计，见表 6-9。

表 6-9　Title 表的结构

字段名称（列名）	数 据 类 型	说　明	约　束	备　注
Title_Code	char(2)	职称编号	Primary Key	
Title_Info	varchar(20)	职称说明		

8．选课表 SelectCourse

选课表 SelectCourse 的结构设计，见表 6-10。

表 6-10　SelectCourse 表的结构

字段名称（列名）	数 据 类 型	说　明	约　束	备　注
SelectCourse_StudentNo	char(6)	学号	Primary Key、Foreign Key	
SelectCourse_CourseNo	char(5)	课程编号	Primary Key、Foreign Key	
SelectCourse_Score	numeric(3,1)	成绩		

9．授课表 TeachClass

授课表 TeachClass 的结构设计，见表 6-11。

表 6-11　TeachClass 表的结构

字段名称（列名）	数 据 类 型	说　明	约　束	备　注
TeachClass_No	char(5)	教师编号	Primary Key、Foreign Key	
TeachClass_CourseNo	char(5)	课程编号	Primary Key、Foreign Key	
TeachClass_Address	varchar(30)	授课地点		
TeachClass_Term	char(11)	授课学期		前 9 位为学年，后 2 位为本学年的学期，如"2006-2007/2"表示 2006—2007 学年第 2 学期

6.4 创建表

在设计好数据表之后就可以创建数据表了。在默认状态下，只有系统管理员和数据库拥有者（DBO）可以创建表，但系统管理员和数据库拥有者也可以授权给其他的用户来完成创建表的任务。在 SQL Server 2008 中，创建数据表有两种方法：一种是使用 SSMS，另一种是使用查询编辑器。下面将创建学籍管理系统所涉及的表。

6.4.1 使用 SSMS 创建表

使用 SSMS 创建表的操作步骤如下。

① 启动 SSMS，在对象资源管理器中展开"数据库"节点。

② 右键单击"StudentManagement"数据库下的"表"选项，从弹出的快捷菜单中选择"新建表"命令，打开"表设计器"窗口。

③ 在"表设计器"窗口中，根据已经设计好的 Student 表结构，分别输入或选择各列的名称、数据类型、是否允许为空等属性。根据需要，可以在"列属性"选项卡中填入相应内容，如图 6-1 所示。

④ 用户还可以对表的结构进行更改，设置主键及字段属性，使用 SSSMS 可以非常直观地修改数据库结构和添加数据。在表中任意行上单击右键，都将弹出一个快捷菜单。例如，在"学号"列上右键单击，从弹出的快捷菜单中选择"设置主键"命令设置表的主键，如图 6-2 所示。

图 6-1 表设计器

图 6-2 快捷菜单

⑤ 在表中各列的属性均编辑完成后，单击工具栏中的"保存"按钮，打开"选择名称"对话框。在"输入表名称"框中输入表名"Student"，如图 6-3 所示，单击"确定"按钮即可创建 Student 表。在对象资源管理器中可以找到新创建的 Student 表，如图 6-4 所示。

图 6-3 输入表名称

图 6-4 新创建的表

6.4.2 使用 T-SQL 语句创建表

定义基本表使用 CREATE TABLE 命令,其功能是定义表名、列名、数据类型、标识初始值和步长等,定义表还包括定义表的完整性约束和默认值。

1．基本语法

创建表的完整语法形式如下:

```
CREATE TABLE
    [database_name.[owner].|owner.]table_name
     ({<column_definition>|column_name AS computed_column_expression|
    <table_constraint>}[,…n])
        [ON{ filegroup|DEFAULT}]
    [TEXTIMAGE_ON { filegroup|DEFAULT}]
        <column_definition>::={column_name data_type}
    [COLLATE <collation_name>]
    [[DEFAULT constant_expression]
    |[IDENTITY[(seed,increment ) [NOT FOR REPLICATION]]]]
    [ROWGUIDCOL]
    [<column_constraint>][,…n]
```

各参数的说明如下。

database_name:用于指定所创建表的数据库名称。

owner:用于指定新建表的所有者的用户名。

table_name:用于指定新建表的名称。

column_name:用于指定新建表的列名。

computed_column_expression:用于指定计算列的列值表达式。

ON {filegroup | DEFAULT}:用于指定存储表的文件组名。

TEXTIMAGE_ON:用于指定 text、ntext 和 image 列的数据存储的文件组。

data_type:用于指定列的数据类型。

DEFAULT:用于指定列的默认值。

constant_expression:用于指定列的默认值的常量表达式,可以为一个常量或 NULL 或系统函数。

IDENTITY:用于将列指定为标识列。

其中,seed 用于指定标识列的初始值,increment 用于指定标识列的增量值。

NOT FOR REPLICATION:用于指定列的 IDENTITY 属性,在把从其他表中复制的数据插到表中时不发生作用,即不生成列值,使得复制的数据行保持原来的列值。

ROWGUIDCOL:用于将列指定为全局唯一标识行号列(Row Global Unique Identifier Column)。

COLLATE:用于指定表的校验方式。

column_constraint 和 table_constraint:用于指定列约束和表约束。

2．约束

约束是 SQL Server 提供的自动保持数据库完整性的一种方法，它通过限制字段中的数据、记录中的数据和表之间的数据来保证数据的完整性。在 SQL Server 中，对于基本表的约束分为列级约束和表级约束两种。

（1）列级约束

列级约束也称字段约束，可以使用以下短语定义：

[NOT NULL|NULL]：定义不允许或允许字段值为空。

[PRIMARY KEY CLUSTERED|NON CLUSTERED：定义该字段为主键并建立聚集或非聚集索引。

[REFERENCE 〈参照表〉(〈对应字段〉)]：定义该字段为外键，并指出被参照表及对应字段。

[DEFAULT 〈默认值〉]：定义字段的默认值。

[CHECK(〈条件〉)]：定义字段应满足的条件表达式。

[IDENTITY(〈初始值〉，〈步长〉)]：定义字段为数值型数据，并指出它的初始值和逐步增加的步长值。

（2）表级约束

表级约束也称记录约束的格式为：

    CONSTRAINT <约束名> <约束式>

约束式主要有以下几种：

[PRIMARY KEY [CLUSTERED|NONCLUSTERED](〈列名组〉)]：定义表的主键并建立主键的聚集或非聚集索引。

[FOREIGN KEY(〈外键〉)REFERENCES 〈参照表〉(〈对应列〉)]：指出表的外键和被参照表。

[CHECK(〈条件表达式〉)]：定义记录应满足的条件。

[UNIQUE(〈列组〉)]：定义不允许重复值的字段组。

【演练 6-1】用 CREATE TABLE 语句创建数据库 StudentManagement 中的 Course 表，要求课程号为主键，课程名字唯一，每门课的学分默认为 4。操作步骤如下。

① 在 SSMS 中单击"新建查询"按钮新建一个查询编辑器窗口。

② 在查询窗口中输入如下 T-SQL 语句：

```
USE StudentManagement
GO
CREATE TABLE Course
(
        Course_No char(5) PRIMARY KEY,
        Course_TypeNo char(2),
        Course_Name varchar(30) UNIQUE,
        Course_Info varchar(50),
        Course_Credits numeric(2,0) DEFAULT(4),
        Course_Time numeric(3,0),
        Course_PreNo char(5),
```

```
            Course_Term numeric(1,0)
    )
```

③ 单击"执行"按钮执行该语句。刷新表后，展开"表"节点，即可观察到新建的课程表 Course。

【演练 6-2】用 CREATE TABLE 语句创建数据库 StudentManagement 中的 SelectCourse 表，记录学生选课的信息，并处置外键约束。操作步骤如下。

① 在 SSMS 中单击"新建查询"按钮新建一个查询编辑器窗口。

② 在查询窗口中输入如下 T-SQL 语句：

```
USE StudentManagement
GO
CREATE TABLE SelectCourse
(
        SelectCourse_StudentNo   char(6)   FOREIGN   KEY(SelectCourse_StudentNo)   REFERENCES
Student(Student_No),
        SelectCourse_CourseNo   char(5)   FOREIGN   KEY(SelectCourse_CourseNo)   REFERENCES
Course(Course_No),
        SelectCourse_Score numeric(3,1),
        PRIMARY KEY(SelectCourse_StudentNo,SelectCourse_CourseNo)
)
```

③ 单击"执行"按钮执行该语句。

6.5 修改表

当数据库中的表创建完成后，可以根据需要改变表中原先定义的选项以更改表的结构。用户可以增加、删除或修改列，增加、删除或修改约束，更改表名以及改变表的所有者等。

6.5.1 使用 SSMS 修改表

在 SQL Server 2008 中，当用户使用界面方式修改表的结构（如添加列、修改列的数据类型等）时，必须删除原来的表，再重新创建新表才能完成表的更改。用户如果强行更改，会弹出如图 6-5 所示的提示对话框。如果希望在修改表时不出现此对话框，可以进行以下操作。

启动 SSMS，执行"工具"→"选项"子菜单，在打开的"选项"对话框中选择"Designers"下的"表设计器和数据库设计器"项，取消选中"阻止保存要求重新创建表的更改"复选框，如图 6-6 所示，完成操作后单击"确定"按钮，接下来就可以对表进行更改了。

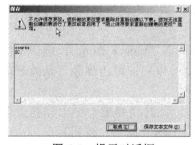

图 6-5 提示对话框

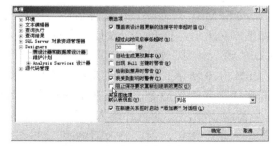

图 6-6 解除阻止保存的选项

在进行修改表的操作之前，应先将操作中使用的数据库进行分离并备份到其他文件夹中（以便以后使用），然后重新附加该数据库进行修改操作。在修改操作完成后，删除已修改的数据库，将分离备份的数据库附加到 SQL Server 2008 中。

1．更改表名

SQL Server 2008 中允许改变一个表的名字，但当表名改变后，与此表相关的某些对象（如视图）及通过表名与表相关的存储过程将无效。因此，建议一般不要更改一个已有的表名，特别是当在其上定义了视图或建立了相关的表后。

【演练 6-3】将 Student 表的表名改为 Stu。操作步骤如下。

① 启动 SSMS，在对象资源管理器中找到需要更名的表 Student。

② 右键单击表名，从弹出的快捷菜单中选择"重命名"命令，如图 6-7 所示，表名变为可编辑状态，输入新的表名 Stu，然后按 Enter 键即可完成更改，如图 6-8 所示。

图 6-7　选择"重命名"命令　　　　　　　图 6-8　更改后的表名

2．增加列

当以前创建的表需要增加项目时，就要向表中增加列。例如，若在表 student 中需要登记学生奖学金等级、获奖情况等，就要用到增加列的操作。同样，已经存在的列可能需要修改或删除。

【演练 6-4】向表 Stu 中添加一个"奖学金等级"列 Student_Bonus，数据类型为 tinyint，允许为空值。操作步骤如下。

① 启动 SSMS，在对象资源管理器中右键单击表 Stu，从弹出的快捷菜单中选择"设计"命令，如图 6-9 所示，打开"表设计器"窗口。

② 在"表设计器"窗口中选择第一个空白行，输入列名 Student_Bonus，选择数据类型 tinyint，如图 6-10 所示。如果要在某列之前加入新列，则可以右键单击该列，从弹出的快捷菜单中选择"插入列"命令，然后在空白行中填写列信息。

③ 当需向表中添加的列均输入完毕后，关闭该窗口，此时将弹出一个"保存更改"对话框，单击"是"按钮，保存修改后的表（或单击工具栏中的"保存"按钮）。

· 94 ·

图 6-9　选择"设计"命令

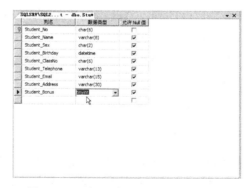

图 6-10　添加一个新列并设置数据类型

3．删除列

在如图 6-10 所示的表 Stu 设计器窗口中右键单击需要删除的列（如新增加的"奖学金等级"列 Student_Bonus），从弹出的快捷菜单中选择"删除列"命令，该列即被删除。

4．修改列

当表中尚未有记录值时，可以修改表结构，如更改列名、列的数据类型、长度和是否允许空值等属性；但当表中有了记录后，建议不要轻易改变表结构，特别不要改变数据类型，以免产生错误。

（1）具有以下特性的列不能修改：

- 数据类型为 timestamp 的列。
- 计算列。
- 全局标识符列。
- 用于索引的列（但当用于索引的列为 varchar、nvarchar 或 varbinary 数据类型时，可以增加列的长度）。
- 用于由 CREATE STATISTICS 生成统计的列，如果需要修改这样的列，必须先用 DROP STATISTICS 语句删除统计。
- 用于主键或外键约束的列。
- 用于 CHECK 或 UNIQUE 约束的列。
- 关联有默认值的列。

（2）当改变列的数据类型时，要求满足下列条件：

- 原数据类型必须能够转换为新数据类型。
- 新数据类型不能为 timestamp 类型。

如果被修改列属性中有"标识规范"属性，则新数据类型必须是有效的"标识规范"数据类型。

【演练 6-5】在 Stu 表中，将 Student_Name 列名改为 Name，数据长度由 8 改为 12，允许为空值；将 Student_Birthday 列名改为 Birthday，数据类型由 date 改为 datetime。

因为尚未输入记录值，所以可以改变 Stu 表的结构。操作步骤如下。

① 启动 SSMS，在对象资源管理器中右键单击表 Stu，从弹出的快捷菜单中选择"设计"命令，打开"表设计器"窗口。

② 选择需要修改的列，修改相应的属性，如图 6-11 和图 6-12 所示。

图 6-11　修改 Student_Name 列　　　　　图 6-12　修改 Student_Birthday 列

③ 当需要向表中添加的列均输入完毕后，关闭该窗口，此时将弹出一个"保存更改"对话框，单击"是"按钮，保存修改后的表（或单击工具栏中的保存按钮）。

6.5.2　使用 T-SQL 语句修改表

用户可以使用 ALTER TABLE 语句修改表属性。

1. 使用 ADD 子句添加列

通过在 ALTER TABLE 语句中使用 ADD 子句，可以在表中增加一个或多个列。语法格式如下：

ALTER TABLE <表名> **ADD** <列名> <数据类型>[<完整性约束>]

【演练 6-6】使用 ALTER TABLE 语句向 Stu 表中增加"奖学金等级"列 Student_Bonus。操作步骤如下。

① 在 SSMS 中单击"新建查询"按钮新建一个查询编辑器窗口。

② 在查询窗口中输入如下 T-SQL 语句：

ALTER TABLE Stu ADD Student_Bonus tinyint

③ 单击"执行"按钮执行该语句。

2. 使用 ADD CONSTRAINT 子句添加约束

通过在 ALTER TABLE 语句中使用 ADD CONSTRAINT 子句，可以在表中增加一个或多个约束。语法格式如下：

ALTER TABLE <表名>

　　ADD CONSTRAINT <约束名>　约束[<列名表>]

【演练 6-7】对 Stu 表中的 Name 列设置唯一约束。操作步骤如下。

① 在 SSMS 中单击"新建查询"按钮新建一个查询编辑器窗口。

② 在查询窗口中输入如下 T-SQL 语句：

ALTER TABLE Stu

　　ADD CONSTRAINT Name01 UNIQUE(Name)

③ 单击"执行"按钮执行该语句。

3. 使用 ALTER COLUMN 子句修改列属性

通过在 ALTER TABLE 语句中使用 ALTER COLUMN 子句,可以修改表中列的数据类型、长度、是否允许为 NULL 等属性。语法格式如下:

ALTER TABLE <表名>
     ALTER COLUMN <列名> <数据类型> [NULL|NOT NULL]

【演练 6-8】将 Stu 表中 Email 列的长度改为 50,并允许为空。操作步骤如下。

① 在 SSMS 中单击"新建查询"按钮新建一个查询编辑器窗口。

② 在查询窗口中输入如下 T-SQL 语句:

```
ALTER TABLE Stu
    ALTER COLUMN Student_Email varchar(50) NULL
```

③ 单击"执行"按钮执行该语句。

4. 使用 DROP COLUMN 子句删除列

通过在 ALTER TABLE 语句中使用 DROP COLUMN 子句,可以在表中删除一个或多个列。语法格式如下:

ALTER TABLE <表名>
     DROP COLUMN <列名>

【演练 6-9】删除 Stu 表中的 Email 列。操作步骤如下。

① 在 SSMS 中单击"新建查询"按钮新建一个查询编辑器窗口。

② 在查询窗口中输入如下 T-SQL 语句:

```
ALTER TABLE Stu
    DROP COLUMN Student_Email
```

③ 单击"执行"按钮执行该语句。

5. 使用 DROP CONSTRAINT 子句删除约束

通过在 ALTER TABLE 语句中使用 DROP CONSTRAINT 子句,可以在表中删除一个或多个约束。语法格式如下:

ALTER TABLE <表名>
     DROP CONSTRAINT <约束名>

【演练 6-10】删除 Stu 表中 Name 列上的唯一约束。操作步骤如下。

① 在 SSMS 中单击"新建查询"按钮新建一个查询编辑器窗口。

② 在查询窗口中输入如下 T-SQL 语句:

```
ALTER TABLE Stu
    DROP CONSTRAINT Name01
```

③ 单击"执行"按钮执行该语句。

6.6 查看表

数据表保存在数据库中,可以随时查看数据表的有关信息,如数据表属性、数据表结构、表中的记录以及数据表与其他数据库对象之间的依赖关系等。

6.6.1 查看表属性

1. 使用 SSMS 查看表属性

【演练 6-11】查看表 Stu 的属性。使用 SSMS 查看表属性的操作步骤如下。

① 在对象资源管理器中右键单击表 Stu，从弹出的快捷菜单中选择"属性"命令，如图 6-13 所示。

② 打开"表属性"对话框，显示出定义表的各项参数，如图 6-14 所示。

图 6-13　选择"属性"命令　　　　图 6-14　"表属性"对话框

2. 使用 T-SQL 语句查看表属性

系统存储过程 sp_help 可以提供指定数据库对象的信息，也可以提供系统或者用户定义的数据类型的信息，其语法形式如下：

   sp_help [[@objname=]name]

sp_help 存储过程只用于当前的数据库，其中[objname=]name 子句用于指定对象的名称。如果不指定对象名称，sp_help 存储过程就会列出当前数据库中的所有对象名称、对象的所有者和对象的类型。

【演练 6-12】显示表 Stu 的属性。操作步骤如下。

① 在 SSMS 中单击"新建查询"按钮新建一个查询编辑器窗口。

② 在查询窗口中输入如下 T-SQL 语句：

   sp_help Stu

③ 单击"执行"按钮执行该语句，表 Stu 的属性如图 6-15 所示。

6.6.2 查看表中存储的数据

用户可以查看表中存储的数据以了解表中记录的情况。在 SSMS 的对象资源管理器中右键单击要查看数据的数据表，从弹出的快捷菜单中选择"打开表"命令，将会打开显示表中数据的对话框。由于表 Stu 中尚未输入记录，这里不演示输出结果，读者可以在后面的章节中学习输入表的数据后使用此操作进行验证。

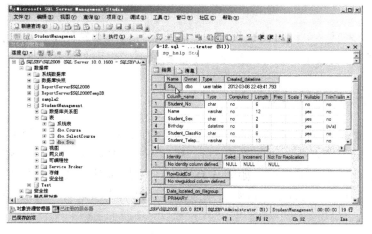

图 6-15　表 Stu 的属性

6.6.3　查看表与其他数据库对象的依赖关系

数据库中包含许多数据对象，它们之间会有密切的关系，因此，了解表之间的依赖关系是非常重要的。通过 SSMS 可以查看表之间的关系。

【演练 6-13】查看表 Stu 与其他数据库对象的依赖关系。操作步骤如下。

① 在对象资源管理器中右键单击表 Stu，从弹出的快捷菜单中选择"查看依赖关系"命令，如图 6-16 所示。

② 打开"对象依赖关系"对话框，在该对话框中，可以通过选择不同的选项来查看依赖于此数据表的对象，也可以查看此数据表依赖的对象，如图 6-17 所示。

图 6-16　选择"查看依赖关系"命令

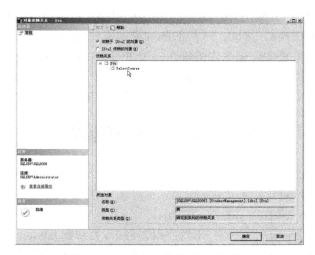

图 6-17　"对象依赖关系"对话框

6.7　删除表

当不需要某个表时，可以将其删除。一旦表被删除，那么它的结构、数据及建立在该表上的约束、索引等都将被永久删除。注意，不能删除系统表和外键约束所参照的表。

6.7.1　使用 SSMS 删除表

【演练 6-14】删除数据库 StudentManagement 中的表 Stu。操作步骤如下。

① 在对象资源管理器中右键单击表 Stu，从弹出的快捷菜单中选择"删除"命令。

② 打开"删除对象"对话框，如图 6-18 所示。在删除某个数据表之前，应该首先查看它与其他数据库对象之间是否存在依赖关系。单击"显示依赖关系"按钮，会出现依赖关系对话框，如图 6-19 所示。

图 6-18　"删除对象"对话框

图 6-19　依赖关系对话框

在依赖关系对话框中可以查看该数据表所依赖的对象和依赖于该数据表的对象。如果有对象依赖于该数据表，该表就不能删除。如果没有依赖于该表的其他数据库对象，则返回"删除对象"对话框，单击"确定"按钮，即可删除此数据表。从图 6-20 中可以看出，表 SelectCourse 依赖于表 Stu，因此，这里的删除操作不能实现。

如果要实现删除表的操作，读者可以在数据库 StudentManagement 中新建一个没有任何依赖对象的数据表 TestDelete，练习删除表的操作。建立表 TestDelete 的方法很简单，只需要包含几个简单的字段，读者可以自己练习建表，这里不再赘述。

6.7.2　使用 T-SQL 语句删除表

DROP TABLE 语句可以删除一个表和表中的数据及其与表有关的所有索引、触发器、约束、许可对象。其语法形式如下：

DROP TABLE table_name

要删除的表如果不在当前数据库中，则应在 table_name 中指明其所属的数据库和用户名。在删除一个表之前要先删除与此表相关联的表中的外部关键字约束。当删除表后，绑定的规则或默认值会自动松绑。

【演练 6-15】删除表 TestDelete。操作步骤如下。

① 在 SSMS 中单击"新建查询"按钮新建一个查询编辑器窗口。

② 在查询窗口中输入如下 T-SQL 语句：

    DROP TABLE TestDelete

③ 单击"执行"按钮执行该语句，在对象资源管理器中刷新表后就可以看到新建的表 TestDelete 被删除掉了。

以上讲解了表的基本操作，学籍管理数据库 StudentManagement 中其他表的建立将在下面的实训中练习。需要注意的是，要将修改表之前备份的数据库 StudentManagement 重新附加到 SQL Server 2008 中。

6.8　生成数据表脚本

在 SQL Server 2008 以前的版本中，SQL Server 的企业管理器可以导出 SQL 脚本，但不能将表中的数据导出为脚本。如果用户需要将一个表中的数据导出为脚本，只有使用存储过程才能实现。目前的 SQL Server 2008 增加了一个新特性，除了导出表的定义外，还支持将表中的数据导出为脚本。操作步骤如下。

① 启动 SSMS，在对象资源管理器中右键单击需要生成脚本的数据库，从弹出的快捷菜单中选择"任务"→"生成脚本"命令。

② 打开"脚本向导"对话框，在"选择数据库"的页面中选中"为所选数据库中的所有对象编写脚本"复选框。

③ 单击"下一步"按钮，进入"选择脚本选项"页面，将"编写创建数据库的脚本"选项设置为 True，"为服务器版本编写脚本"选项可以设置为 SQL Server 2008（默认）、SQL Server 2005（生成 for 2005 版本的数据库脚本）或 SQL Server 2000（生成 for 2000 版本的数据库脚本）。如果用户需要把数据库从 SQL Server 2008 版本降低到 2005 版或 2000 版，在此选择相应的选项即可。

④ 其他选项用户可以根据需要设置。单击"下一步"按钮，进入"输出选项"页面，将脚本模式设置为"将脚本保存到文件"并输入脚本文件名（脚本文件的扩展名为.sql）。

⑤ 最后，单击"完成"按钮，生成数据表脚本。

6.9　实训——学籍管理系统数据表的创建

在前面的操作中，已经建立了学籍管理系统中的学生表 Student、课程表 Course 和选课表 SelectCourse。在接下来的实训中，将要参照表的结构设计创建其余的表，为数据表设计列名、数据类型、宽度、是否为空，同时还要实施数据完整性，即 PRIMARY KEY（主键）、FOREIGN KEY（外键）、UNIQUE（唯一）、CHECK（检查）、DEFAULT（默认）约束。

【实训 6-1】使用 T-SQL 语句创建学籍管理系统数据表。以创建教师表 Teacher 为例，操作步骤如下。

① 在 SSMS 中单击"新建查询"按钮新建一个查询编辑器窗口。

② 在查询窗口中输入如下 T-SQL 语句：

    USE StudentManagement
    GO

```
CREATE TABLE Teacher
(
        Teacher_No char(5) NOT NULL,
        Teacher_DepartmentNo char(4) NOT NULL,
        Teacher_TitleCode char(2) NOT NULL,
        Teacher_Name varchar(10) NULL,
        Teacher_Sex char(2) NULL,
        Teacher_Birthday date NULL,
        Teacher_WorkDate date NULL,
CONSTRAINT PK_Teacher PRIMARY KEY CLUSTERED
(
        Teacher_No ASC
)
)
GO
```

③ 单击"执行"按钮执行该语句。然后在对象资源管理器中刷新表，展开"表"节点就能看到创建的教师表 Teacher。

按照类似的方法，读者可以继续创建学籍管理系统其余的表，这里不再赘述。

习题 6

一、填空题

1. 对一个表可以定义_____个 CHECK 约束。

2. 创建表的语句是：CREATE TABLE _____。

3. 数据完整性包括：_____和用户定义完整性。

4. 删除表 Course 中的 Course_Name 列所使用的语句是：

    ALTER TABLE Course

    _____

5. 为表 Student 删除主键约束的语句代码是：

    ALTER TABLE Student

    _____

6. 假定利用 CREATE TABLE 语句建立下面的 BOOK 表：

```
CREATE TABLE BOOK
  (
     总编号  char(6),
     分类号  char(6),
     书名  char(6),
     单价  numeric(10,2)
  )
```

则"单价"列的数据类型为_____型，列宽度为_____，其中包含有_____位小数。

二、单项选择题

1. 表设计器的"允许空"单元格用于设置该字段是否可输入空值，实际上就是创建该字段的_____约束。
   A. 主键　　　　　B. 外键　　　　　　C. NULL　　　　　D. CHECK
2. 下列关于表的叙述正确的是_____。
   A. 只要用户表没有人使用，则可将其删除　　　B. 用户表可以隐藏
   C. 系统表可以隐藏　　　　　　　　　　　　　D. 系统表可以删除
3. SQL 数据定义语言中，表示外键约束的关键字是_____。
   A. CHECK　　　B. FOREIGN KEY　　　C. PRIMARY KEY　　　D. UNIQUE

三、设计题

假设有一个图书馆数据库，包括三个表：图书表、读者表、借阅表。三个表的结构如表 6-12、表 6-13 和表 6-14 所示。

表 6-12　图书表结构

列　　名	说　　明	数 据 类 型	约　　束
图书号	图书唯一的图书号	定长字符串，长度为 20	主键
书名	图书的书名	变长字符串，长度为 50	空值
作者	图书的编著者名	变长字符串，长度为 30	空值
出版社	图书的出版社	变长字符串，长度为 30	空值
单价	出版社确定的图书的单价	浮点型，float	空值

表 6-13　读者表结构

列　　名	说　　明	数 据 类 型	约　　束
读者号	读者唯一编号	定长字符串，长度为 10	主键
姓名	读者姓名	定长字符串，长度为 8	非空值
性别	读者性别	定长字符串，长度为 2	非空值
办公电话	读者办公电话	定长字符串，长度为 8	空值
部门	读者所在部门	变长字符串，长度为 30	空值

表 6-14　借阅表结构

列　　名	说　　明	数 据 类 型	约　　束
读者号	读者的唯一编号	定长字符串，长度为 10	外键，引用读者表的主键
图书号	图书的唯一编号	定长字符串，长度为 20	外键，引用图书表的主键
借出日期	图书借出的日期	日期时间 Datetime	非空值
归还日期	图书归还的日期	日期时间 Datetime	空值
主键为：(读者号，图书号)			

1. 用 SQL 语句创建图书馆数据库。
2. 用 SQL 语句创建上述三个表。

3．对基于图书馆数据库的三个表，用 SQL 语言完成以下各项操作：

① 给图书表增加一列 ISBN，数据类型为 CHAR(10)。

② 为刚添加的 ISBN 列增加默认值约束，约束名为 ISBNDEF，默认值为"7111085949"。

③ 为读者表的"办公电话"列，添加一个 CHECK 约束，要求前 5 位为"88320"，约束名为 CHECKDEF。

④ 删除图书表中 ISBN 列的默认值约束。

⑤ 删除读者表中"办公电话"列的 CHECK 约束。

⑥ 删除图书表中新增的列 ISBN。

第7章　数据的输入与维护

前面的章节完成了学籍管理系统的物理结构设计，所建的表只是有了表结构，表里面没有数据，全是空表。本章讲解如何向表中添加数据及表中数据的维护操作。

7.1　向表中添加数据

表创建之后只是一个空表，因此在表结构创建之后，首先需要执行的操作就是向表中添加数据。用户既可以在 SSMS 中非常方便地对数据执行各种操作，也可以利用 Transact-SQL 中的命令完成相应的功能。

7.1.1　使用 SSMS 向表中添加数据

【演练 7-1】向 Student 表中添加数据。操作步骤如下。

① 启动 SSMS，在对象资源管理器中展开数据库 StudentManagement 节点，右键单击 Student 表，从弹出的快捷菜单中选择"编辑前 200 行"命令，如图 7-1 所示。

② 打开表的"数据编辑"窗口，在其中逐个输入所有记录的各个字段值，对于表中的某些字段值允许空值的可以暂不录入，如图 7-2 所示。

Student_No	Student_Name	Student_Sex	Student_Birthday	Student_ClassNo	Student_Telep...	Student_Email	Student_Address
200701	张璐	男	1986-12-09	200701	NULL	NULL	NULL
200702	宋涛	男	1987-04-24	200701	NULL	NULL	NULL
200703	程红	女	1988-05-12	200701	NULL	NULL	NULL
200705	王一飞	男	1987-09-14	200701	NULL	NULL	NULL
200706	赵宇宁	女	1986-08-12	200702	NULL	NULL	NULL
200707	孙洪强	男	1987-08-05	200702	NULL	NULL	NULL
200801	陈一楠	女	1989-08-20	200801	NULL	NULL	NULL
200802	苏启楠	女	1988-12-10	200801	NULL	NULL	NULL
200803	袁红旗	男	1989-03-14	200801	NULL	NULL	NULL
200804	王一鸣	女	1988-09-20	200802	NULL	NULL	NULL
200805	张辉	男	1987-12-23	200802	NULL	NULL	NULL
NULL	NULL	NULL	NULL	NULL	NULL	NULL	NULL

图 7-1　"编辑前 200 行"命令　　　　　　　图 7-2　输入记录

③ 记录输入完毕后，选择"文件"→"关闭"命令，关闭表 Student 的"数据编辑"窗口，系统将自动保存表的记录内容，完成表记录的插入操作。

7.1.2　使用 T-SQL 语句向表中添加数据

INSERT 语句用于向数据库表或者视图中加入一行数据。其基本语法格式如下：

INSERT [INTO] { table_name| view_name } {[(column_list)]
{ VALUES({ DEFAULT | NULL | expression } [,…n])| derived_table}

其中，各参数的说明如下：

INTO：一个可选的关键字，使用这个关键字可以使语句的意思清晰。

table_name：要插入数据的表名称。

view_name：要插入数据的视图名称。

column_list：要插入数据的一列或多列的列表。column_list 的内容必须用圆括号括起来，并且用逗号进行分隔。

VALUES：是插入的数据值的列表。注意：必须用圆括号将值列表括起来，并且数值的顺序和类型要与 column_list 中的数据相对应。

DEFAULT：使用默认值填充。

NULL：使用空值填充。

Expression：常量、变量或表达式。表达式中不能包含 SELECT 或 EXECUTE 语句。

derived_table：任何有效的 SELECT 语句，它返回将要插入到表中的数据行。

【演练 7-2】向表 Class 中添加 4 个班级记录。操作步骤如下。

① 在 SSMS 中单击"新建查询"按钮新建一个查询编辑器窗口。

② 在查询窗口中输入如下 T-SQL 语句：

```
USE StudentManagement
GO
INSERT Class(Class_No,Class_DepartmentNo,Class_TeacherNo,Class_Name,Class_Amount)
    VALUES('200701 ','01','0001','微机 0701',30)
INSERT Class
    VALUES('200702 ','01','0001','微机 0702',40)
INSERT Class
    VALUES('200801 ','01','0002','微机 0801',60)
INSERT Class
    VALUES('200802 ','01','0002','信管 0801',40)
GO
SELECT * FROM Class
GO
```

③ 单击"执行"按钮执行该语句，查询结果窗口中将显示出添加的 4 个班级记录，如图 7-3 所示。

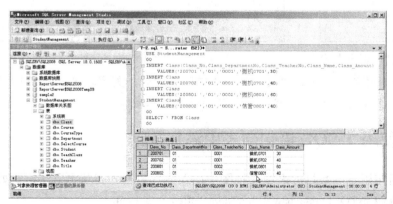

图 7-3　向表 Class 中添加 4 个班级记录

说明：如果要向一个表中的所有字段插入数据值，既可以列出所有字段的名称，也可以省略不写，此时要求给出的值的顺序要与数据表的结构相对应。

7.2 修改表中的数据

用户对已有数据进行修改是经常发生的：一是发现某些录入的数据存在错误，必须及时纠正；二是业务发展或发生其他变化，需要对原来的某些数据进行修改，以适应变化了的新情况。

7.2.1 使用 SSMS 修改表中的数据

【演练 7-3】修改 Student 表中的数据。操作步骤如下。

① 启动 SSMS，在对象资源管理器中展开数据库 StudentManagement 节点，右键单击 Student 表，从弹出的快捷菜单中选择"编辑前 200 行"命令。

② 打开表的"数据编辑"窗口，定位到要更改的记录，如图 7-4 所示，对该记录进行相应的修改，结果如图 7-5 所示。

图 7-4　定位到要更改的记录　　　　图 7-5　修改记录的内容

③ 记录更改完毕后，选择"文件"→"关闭"命令，关闭表 Student 的"数据编辑"窗口，将修改结果保存。

7.2.2 使用 T-SQL 语句修改表中的数据

UPDATE 语句用于修改数据库表中特定记录或者字段的数据，既可以一次修改一行数据，也可以一次修改多行语句，甚至可以一次修改表中的全部数据。其基本语法格式如下：

    UPDATE{ table_name | view_name}[FROM { < table_source > } [,…n]
        SET column_name = { expression | DEFAULT | NULL }[,…n]
        [WHERE   search_condition >]

其中，UPDATE 指明要修改数据所在的表或视图，SET 子句指明要修改的列及新数据的值（表达式或默认值），WHERE 子句指明修改元组的条件。

【演练 7-4】将表 Class 中班级编号为"200802"的班级名称改为"微机 0802"，人数改为 50。操作步骤如下。

① 在 SSMS 中单击"新建查询"按钮新建一个查询编辑器窗口。

② 在查询窗口中输入如下 T-SQL 语句：

```
USE StudentManagement
GO
UPDATE Class
    SET Class_Name ='微机 0802',Class_Amount=50
    WHERE Class_No='200802'
GO
SELECT * FROM Class
GO
```

③ 单击"执行"按钮执行该语句，查询结果窗口中将显示出班级编号为"200802"的更改数据，如图 7-6 所示。

图 7-6   修改表 Class 中班级编号为"200802"的记录

7.3   删除表中的数据

随着数据库的使用和对数据的修改，表中存在着一些无用的数据，这些数据不仅占用空间，还会影响修改和查询的速度，所以要及时删除它们。

7.3.1   使用 SSMS 删除表中的数据

【演练 7-5】删除表 Student 中的数据。操作步骤如下。

① 启动 SSMS，在对象资源管理器中展开数据库 StudentManagement 节点，右键单击 Student 表，从弹出的快捷菜单中选择"编辑前 200 行"命令。

② 打开表的"数据编辑"窗口，选取要删除的记录，右键单击选中区域的任意处，从弹出的快捷菜单中选择"删除"命令，如图 7-7 所示。系统将弹出确认删除提示框，如图 7-8 所示。单击"是"按钮，将所选记录永久删除。

图 7-7   选择"删除"

图 7-8   确认删除提示框

③ 记录删除完毕后，选择"文件"→"关闭"命令，关闭表 student 的"数据编辑"窗口，将操作结果保存。

7.3.2　使用 T-SQL 语句删除表中的数据

DELETE 语句用来删除表中的数据，可以一次从表中删除一行或多行数据。用户也可以使用 TRUNCATE TABLE 语句从表中快速删除所有记录。

1. DELETE 语句

DELETE 语句用以从表或视图中删除一行或多行不再有用的记录。其基本语法格式如下：

```
DELETE    [ FROM ] { table_name WITH ( < table_hint_limited > [,…n ] )
         | view_name   } [ WHERE    < search_condition >]
```

其中，如果使用 WHERE 子句，则表示从指定的表中删除满足 WHERE 子句条件的数据行；如果没有使用 WHERE 子句，则表示删除指定表中的全部数据。

【演练 7-6】删除表 Student 中姓名为"王一鸣"同学的信息。操作步骤如下。

① 在 SSMS 中单击"新建查询"按钮新建一个查询编辑器窗口。

② 在查询窗口中输入如下 T-SQL 语句：

```
USE StudentManagement
GO
DELETE Student
     WHERE Student_Name='王一鸣'
Go
SELECT * FROM Student
GO
```

③ 单击"执行"按钮执行该语句，在查询结果窗口中将看到姓名为"王一鸣"同学的记录被删除了，如图 7-9 所示。

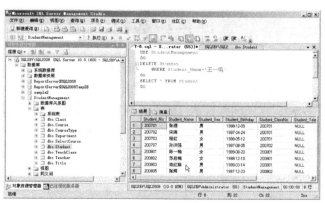

图 7-9　姓名为"王一鸣"同学的记录被删除了

2. TRUNCATE TABLE 语句

使用 TRUNCATE TABLE 语句将删除指定表中的所有数据，因此也称为清除表数据语句。TRUNCATE TABLE 语句并不会改变表的结构，也不会改变表的约束与索引定义。如果要删除表的定义及所有的数据，应使用 DROP TABLE 语句。TRUNCATE TABLE 语句的基本语法格式如下：

TRUNCATE TABLE tb_name

TRUNCATE TABLE 语句与 DELETE 语句的对比如下：

- TRUNCATE TABLE 在功能上与不带 WHERE 子句的 DELETE 语句相同，二者均删除表中的全部行。
- DELETE 语句每次删除一行，并在事务日志中为所删除的每行记录一项，而 TRUNCATE TABLE 通过释放存储表数据所用的数据页来删除数据，并且只在事务日志中记录页的释放。
- TRUNCATE TABLE 比 DELETE 速度快，且使用的系统和事务日志资源少，删除数据不可恢复，而 DELETE 语句操作可以通过事务回滚，恢复删除的操作。

需要说明的是，如果要删除的表被其他表建立了外键引用，则无法删除该表的数据。如果要删除记录，则要先删除引用表的 FOREIGN KEY 引用。

【演练 7-7】清除表 Class 中的数据。操作步骤如下。

① 在 SSMS 中单击"新建查询"按钮新建一个查询编辑器窗口。

② 在查询窗口中输入如下 T-SQL 语句：

USE StudentManagement
GO
TRUNCATE TABLE Class
Go
SELECT * FROM Class
GO

③ 单击"执行"按钮执行该语句，在

图 7-10　清除表 Class 中的数据

查询结果窗口中将看到表 Class 中的数据全部被清除，只保留了表的结构，如图 7-10 所示。

7.4　实训——学籍管理系统数据的输入与维护

在前面的操作中，用户已经掌握了输入与维护学籍管理系统中的学生表 student 和班级表 class 的方法。在接下来的实训中，用户可以参照表的结构定义练习输入与维护其他表的数据。

【实训 7-1】使用 T-SQL 语句向教师表 Teacher 添加 5 个记录。操作步骤如下。

① 在 SSMS 中单击"新建查询"按钮新建一个查询编辑器窗口。

② 在查询窗口中输入如下 T-SQL 语句：

USE StudentManagement
GO
INSERT Teacher(Teacher_No,Teacher_DepartmentNo,Teacher_TitleCode,Teacher_Name,Teacher_Sex)
　　VALUES('0001','01','01','王宏','男')
INSERT Teacher(Teacher_No,Teacher_DepartmentNo,Teacher_TitleCode,Teacher_Name,Teacher_Sex)
　　VALUES('0002','01','01','李玉红','女')

```
INSERT Teacher(Teacher_No,Teacher_DepartmentNo,Teacher_TitleCode,Teacher_Name,Teacher_Sex)
    VALUES('0003','02','02','宋惠','女')
INSERT Teacher(Teacher_No,Teacher_DepartmentNo,Teacher_TitleCode,Teacher_Name,Teacher_Sex)
    VALUES('0004','01','02','张一帆','女')
INSERT Teacher(Teacher_No,Teacher_DepartmentNo,Teacher_TitleCode,Teacher_Name,Teacher_Sex)
    VALUES('0005','01','03','崔亮','男')
GO
SELECT * FROM Teacher
GO
```

③ 单击"执行"按钮执行该语句,在查询结果窗口中将显示出添加的 5 个教师记录,如图 7-11 所示。

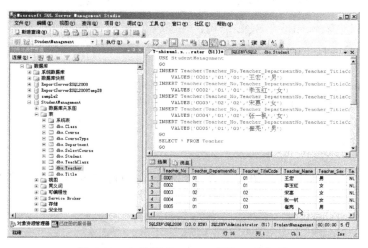

图 7-11　向教师表 Teacher 添加 5 个记录

【实训 7-2】使用 T-SQL 语句将教师表 Teacher 中性别为"男"的教师的职称编号修改为 02。操作步骤如下。

① 在 SSMS 中单击"新建查询"按钮新建一个查询编辑器窗口。

② 在查询窗口中输入如下 T-SQL 语句:

```
USE StudentManagement
GO
UPDATE Teacher
    SET Teacher_TitleCode='02'
    WHERE Teacher_Sex='男'
GO
SELECT * FROM Teacher
GO
```

③ 单击"执行"按钮执行该语句,在查询结果窗口中将显示出性别为"男"的教师的职称编号被修改为 02,如图 7-12 所示。

【实训 7-3】使用 T-SQL 语句删除教师表 Teacher 中女教师的信息。操作步骤如下。

① 在 SSMS 中单击"新建查询"按钮新建一个查询编辑器窗口。

图 7-12　修改性别为"男"的教师的职称编号

② 在查询窗口中输入如下 T-SQL 语句：

```
USE StudentManagement
GO
DELETE Teacher
    WHERE Teacher_Sex ='女'
GO
SELECT * FROM Teacher
GO
```

③ 单击"执行"按钮执行该语句，查询结果窗口中将显示出性别为"女"的教师的信息已经被删除了，如图 7-13 所示。

图 7-13　删除性别为"女"的教师的信息

按照类似的方法，读者可以继续对学籍管理系统其余的表进行数据的输入与维护，这里不再赘述。

习题 7

一、填空题

1. T-SQL 语言中，将数据插入到数据表的语句是_____，修改数据的语句是_____。
2. SQL 语言中，删除一个表中所有数据，但保留表结构的命令是_____。

二、单项选择题

1. SQL 语言集数据查询、数据操作、数据定义和数据控制功能于一体，语句 INSERT、DELETE、UPDATE 实现哪类功能_____。

    A. 数据查询   B. 数据操纵   C. 数据定义   D. 数据控制

2. 下面关于 INSERT 语句的说法正确的是_____。

    A. INSERT 一次只能插入一行的元组   B. INSERT 只能插入不能修改

    C. INSERT 可以指定要插入到哪行   D. INSERT 可以加 WHERE 条件

三、设计题

1. 基于第 6 章设计的图书馆数据库的三个基本表，按表 7-1、表 7-2、表 7-3 内容，向表中添加数据。

表 7-1　图书表

图书号	书名	作者	出版社	单价
TP913.2/530	21 世纪的电信网	盛友招	人民邮电出版社	27.5
TP311.13/CM3	数据库系统原理及应用	苗雪兰	机械工业出版社	28
TP311.132/ZG1	XML 数据库设计	尹志军	机械工业出版社	38
TP316/ZW6	操作系统	吴庆菊	科学出版社	35
TP316/ZY1	操作系统	沈学明	电子工业出版社	31
TP391.132.3/ZG5	企业管理信息系统	田吉春	机械工业出版社	27

表 7-2　读者表

读者号	姓名	性别	电话
081688	吴玉海	男	64455668
081689	王一飞	男	68864579
081690	赵艳丽	女	68899756
081691	王坤	男	63344567
081692	李剑锋	男	65566723
081693	陈玉	女	69978345

表 7-3　借阅表

读者号	图书号	借出日期	归还日期
081688	TP316/ZW6	2008-4-23	2008-5-12
081688	TP391.132.3/ZG5	2008-4-23	2008-5-12
081690	TP311.13/CM3	2008-4-23	2008-6-12
081692	TP316/ZY1	2008-4-23	2008-6-12
081691	TP311.132/ZG1	2008-4-23	2008-6-12
081693	TP913.2/530	2008-4-23	2008-5-12

2. 用 SQL 语言完成以下数据更新操作：

① 向读者表添加一个新读者，该读者的信息为：('200997', '赵晓东', '男', '68320788')。

② 向借阅表插入一个借阅记录，表示读者"赵晓东"借阅了一本书，图书号为"TP316/ZW6"，借出日期为当天的日期，归还日期为空值。

③ 读者"赵晓东"在借出上述图书后 10 日归还该书；

④ 当读者"赵晓东"按期归还图书后，删除上述借阅记录。

⑤ 向图书表中添加记录，该记录的信息为：('TP311.13/CM4', '数据库原理与应用教程', '何玉洁', '机械工业出版社', 28)。

⑥ 修改图书表中"数据库原理与应用"这本书的单价为 29 元。

⑦ 删除图书表中"数据库原理与应用"这本书的信息。

第8章　数据查询

数据存储到数据库中后，如果不对其进行分析和处理，数据是没有价值的。数据库应用中使用最多的是数据的查询操作，而数据查询也是 SQL 语言的核心功能。

8.1　关系代数

关系代数是一种抽象的查询语言，是关系数据操纵语言的一种传统表达方式，它用对关系的运算来表达查询。

关系代数的运算对象是关系，运算结果也为关系。关系代数所使用的运算符包括 4 类：集合运算符、专门的关系运算符、比较运算符和逻辑运算符。

集合运算符：∪（并运算），－（差运算），∩（交运算），×（广义笛卡儿积）。

专门的关系运算符：σ（选择），π（投影），⋈（连接），÷（除）。

比较运算符：＞（大于），≥（大于等于），＜（小于），≤（小于等于），＝（等于），≠（不等于）。

逻辑运算符：¬（非），∧（与），∨（或）。

关系代数可分为传统的集合运算和专门的集合运算两类操作。传统的集合运算将关系看成元组的结合，其运算是从关系的"水平"方向（即行的角度）来进行的；而专门的关系运算不仅涉及行而且还涉及列。比较运算符和逻辑运算符用于专门的关系运算。

任何一种运算都是将一定的运算符作用于指定的运算对象上，从而得到预期的运算效果。因此，运算对象、运算符和运算结果是关系运算的三大要素。

8.1.1　传统的集合运算

传统的集合运算是二目运算，它包括并、差、交、广义笛卡儿积 4 种运算。

设关系 R 和 S 具有相同的目 n（即两个关系都有 n 个属性），且相应的属性取自同一个域，则定义并、差、交运算如下。

1. 并运算（Union）

关系 R 与关系 S 的并运算（Union）表示为：

$$R \cup S = \{t \mid t \in R \ \vee \ t \in S\}$$

上式说明，R 和 S 并的结果仍为 n 目关系，其数据由属于 R 或属于 S 的元组组成。

2. 差运算（Difference）

关系 R 与关系 S 的差运算（Difference）为：

$$R - S = \{t \mid t \in R \ \wedge \ t \notin S\}$$

上式说明，R 和 S 差运算的结果关系仍为 n 目关系，其数据由属于 R 而不属于 S 的所有元组组成。

3．交运算（Intersection）

关系 R 与关系 S 的交运算（Intersection）为：

$$R \cap S = \{ t \mid t \in R \ \wedge \ t \in S \}$$

上式说明，R 和 S 交运算的结果关系仍为 n 目关系，其数据由既属于 R 同时又属于 S 的元组组成。关系的交可以用差来表示，即：

$$R \cap S = R - (R - S)$$

4．广义笛卡儿积（Extended Cartesian Product）运算

设两个分别为 n 目和 m 目的关系 R 和 S，它们的广义笛卡儿积（Extended Cartesian Product）是一个（$n+m$）目的元组集合。元组的前 n 列是关系 R 的一个元组，后 m 列是关系 S 的一个元组。若 R 有 k_1 个元组，S 有 k_2 个元组，则关系 R 和关系 S 的广义笛卡儿积应当有 $k_1 \times k_2$ 个元组。R 和 S 的笛卡儿积表示为：

$$R \times S = \{ \overparen{t_r \ t_s} \mid t_r \in R \ \wedge \ t_s \in S \}$$

例如，给出关系 R 和 S 的原始数据，它们之间的并、交、差和广义笛卡儿积运算结果见表 8-1。

表 8-1　传统集合运算的实例

R		
A	B	C
a1	b1	c1
a1	b2	c2
a2	b2	c1

S		
A	B	C
a1	b2	c2
a1	b3	c2

$R \cup S$		
A	B	C
a1	b1	c1
a1	b2	c2
a2	b2	c1
a1	b3	c2

$R - S$		
A	B	C
a1	b1	c1
a2	b2	c1

$R \cap S$		
A	B	C
a1	b2	c2

$R \times S$					
R.A	R.B	R.C	S.A	S.B	S.C
a1	b1	c1	a1	b2	c2
a1	b1	c1	a1	b3	c2
a1	b2	c2	a1	b2	c2
a1	b2	c2	a1	b3	c2
a2	b2	c1	a1	b2	c2
a2	b2	c1	a1	b3	c2

8.1.2　专门的关系运算

专门的关系运算包括选择、投影、连接和除法运算。为了便于叙述，先引入几个记号。

1．记号说明

（1）关系模式、关系、元组和分量

设关系模式为 $R(A_1, A_2, \cdots, A_n)$，它的一个关系设为 R，$t \in R$ 表示 t 是 R 的一个元组，$t[A_i]$ 表示元组 t 中相对于属性 A_i 的一个分量。

（2）域列和域列非

若 $A = \{A_{i1}, A_{i2}, \cdots, A_{ik}\}$，其中 $A_{i1}, A_{i2}, \cdots, A_{ik}$ 是 $A_1, A_2, \cdots, A_n$ 中的一部分，则 A 称为属性列或域列，$t[A] = \{t[A_{i1}], t[A_{i2}], \cdots, t[A_{ik}]\}$ 表示元组 t 在属性列 A 上诸分量的集合。$\neg A$ 表示 $\{A_1, A_2, \cdots, A_n\}$ 中去掉 $\{A_{i1}, A_{i2}, \cdots, A_{ik}\}$ 后剩余的属性组，它称为 A 的域列非。

（3）元组连串（Concatenation）

设 R 为 n 目关系，S 为 m 目关系，且 $t_r \in R$，$t_s \in S$，则 $t_r \frown t_s$ 称为元组的连串（Concatenation）。连串是一个（$n+m$）列的元组，它的前 n 个分量是 R 中的一个 n 元组，后 m 个分量为 S 中的一个 m 元组。

（4）属性的像集（Images Set）

给定一个关系 R（X，Z），X 和 Z 为属性组。定义当 $t[X]=x$ 时，x 在 R 中的像集（Images Set）为：

$$Z_x = \{t[Z] \mid t \in R, \ t[X] = x\}$$

上式表示，x 在 R 中的像集为 R 中 Z 属性对应分量的集合，而这些分量所对应的元组中的属性组 X 上的值应为 x。

2．专门关系运算的定义

（1）选择（Selection）运算

选择运算又称为限制运算（Restriction）。选择运算是指在关系 R 中选择满足给定条件的元组，记做：

$$\sigma F(R) = \{t \mid t \in R \ \wedge \ F(t) = '真'\}$$

其中，F 表示选择条件，它是一个逻辑表达式，取值为"真"或"假"。F 由逻辑运算符 $\neg$（非）、$\wedge$（与）和 $\vee$（或）连接各条件表达式组成。

条件表达式的基本形式为：

$$X_1 \ \theta \ Y_1$$

其中，θ 是比较运算符，它可以是 $>$、$\geqslant$、$<$、$\leqslant$、$=$、$\neq$ 中的一种；X_1 和 Y_1 是属性名、常量或简单函数。属性名也可以用它的序号来代替。

选择运算就是从关系 R 中选取使逻辑表达式 F 为真的元组。这是从行角度进行的运算。

设学生课程数据库，它包括学生关系、课程关系和选课关系，其关系模式为：

学生（学号，姓名，年龄，所在系）

课程（课程号，课程名，学分）

选课（学号，课程号，成绩）

【演练 8-1】用关系代数表示在学生课程数据库中查询计算机系全体学生的操作。

$\sigma_{所在系 = '计算机系'}$（学生）

或 $\sigma_4 = '计算机系'$（学生）

【演练 8-2】用关系代数表示在学生课程数据库中查询年龄小于 20 岁的学生的操作。

$\sigma_{年龄 < 20}$（学生）

或 $\sigma_3 < 20$（学生）

（2）投影（Projection）运算

关系 R 上的投影是指从 R 中选择出若干属性列组成新的关系，记做：

$$\pi_A(R) = \{t[A] \mid t \in R\}$$

其中，A 为 R 中的属性列。投影操作是从列的角度进行的运算。投影操作之后不仅取消了关系中的某些列，而且还可能取消某些元组。因为当取消了某些属性之后，就可能出现重复元组，关系操作将自动取消这些相同的元组。

【演练 8-3】在学生课程数据库中，查询学生的姓名和所在系，即求学生关系在学生姓名和所在系两个属性上的投影操作，表示为：

$$\pi_{姓名,\ 所在系}(学生)$$

或
$$\pi_{2,4}(学生)$$

（3）连接运算（Join）

连接运算是指从两个关系的笛卡儿积中选取属性间满足一定条件的元组，记做：

$$R \underset{A\theta B}{\bowtie} S=\{\widehat{t_r\ t_s}| \ t_r \in R \ \wedge t_s \in S \ \wedge \ t_r[A] \ \theta \ t_s[B]\}$$

其中，A 和 B 分别为 R 和 S 上度数相等且可比的属性组，θ 是比较运算符。

连接运算从 R 和 S 的广义笛卡儿积 $R \times S$ 中，选取符合 $A\theta B$ 条件的元组，即选择在 R 关系中 A 属性组上的值与在 S 关系中 B 属性组上的值满足比较操作 θ 的元组。

连接运算中有两种最为重要，也最为常用的连接：一种是等值连接；另一种是自然连接（Natural Join）。当 θ 为 "=" 时，连接运算称为等值连接。等值连接是指从关系 R 和 S 的广义笛卡儿积中选取 A 和 B 属性值相等的那些元组。等值连接表示为：

$$R \underset{A=B}{\bowtie} S=\{\widehat{t_r\ t_s}| \ t_r \in R \ \wedge \ t_s \in S \ \wedge \ t_r[A] = t_s[B]\}$$

自然连接（Natural Join）是一种特殊的等值连接，它要求两个关系中进行比较的分量必须是相同的属性组（例如 A），并且在结果中把重复的属性列去掉。若 R 和 S 具有相同的属性组 $t_r[A]= t_s[B]$，则它们的自然连接可表示为：

$$R \bowtie S=\{\widehat{t_r\ t_s}| \ t_r \in R \ \wedge \ t_s \in S \ \wedge \ t_r[A] = t_s[A]\}$$

一般的连接操作是从行的角度进行运算的，但自然连接还需要取消重复列，所以它是同时从行和列两种角度进行运算的。

【演练 8-4】学生和选课关系中的数据，以及学生与选课之间的笛卡儿积、等值连接和自然连接的结果见表 8-2。

表 8-2 关系间的笛卡儿积、等值连接和自然连接运算结果比较

学生

学号	姓名	年龄	所在系
98001	张三	20	计算机系
98005	李四	21	数学系

选课

学号	课程名	成绩
98001	数据库	62
98001	数据结构	73
98005	微积分	80

学生×选课

学生.学号	姓名	年龄	所在系	选课.学号	课名	成绩
98001	张三	20	计算机系	98001	数据库	62
98001	张三	20	计算机系	98001	数据结构	73
98001	张三	20	计算机系	98005	微积分	80
98005	李四	21	数学系	98001	数据库	62
98005	李四	21	数学系	98001	数据结构	73
98005	李四	21	数学系	98005	微积分	80

学生⋈选课
学生.学号=选课.学号

学生.学号	姓名	年龄	所在系	选课.学号	课名	成绩
98001	张三	20	计算机系	98001	数据库	62
98001	张三	20	计算机系	98001	数据结构	73
98005	李四	21	数学系	98005	微分	80

学生⋈选课

学生.学号	姓名	年龄	所在系	课名	成绩
98001	张三	20	计算机系	数据库	62
98001	张三	20	计算机系	数据结构	73
98005	李四	21	数学系	微积分	80

（4）除运算

给定关系 $R(X, Y)$ 和 $S(Y, Z)$，其中 X, Y, Z 为属性组。R 中的 Y 与 S 中的 Y 可以有不同的属性名，但必须出自相同的域集。R 与 S 的除运算（Division）得到一个新的关系 $P(X)$，P 是 R 中满足下列条件的元组在 X 属性列上的投影：元组在 X 上的分量值 x 的像集 Y_x 包含 S 在 Y 上的投影，即：

$$R÷S=\{t_r[X]|\ t_r \in R\ \wedge\ \pi_Y(S) \subseteq Y_x\}$$

其中的 Y_x 为 x 在 R 中的像集，$x = t_r[X]$。除操作是同时从行和列的角度进行运算的。在进行除运算时，将被除关系 R 的属性分成两部分：与除关系相同的部分 Y 和不同的部分 X。在被除关系中按 X 值分组，即相同 X 值的元组分为一组。除法运算求包括除关系中全部 Y 值的组，这些组中的 X 值将作为除结果的元组。

下面通过一个具体除运算的实例说明其运算表示的实际意义。

【演练8-5】给出选课、选修课和必修课3个关系，它们的关系模式为：

选课(学号，课号，成绩)

选修课(课号，课名)

必修课(课号，课名)

"选课÷选修课" 运算结果见表8-3。

表8-3 关系除运算实例

选课

学号	课号	成绩
S1	C1	A
S1	C2	B
S1	C3	B
S2	C1	A
S2	C3	B
S3	C1	B
S3	C3	B
S4	C1	A
S4	C2	A
S5	C2	B
S5	C3	B
S5	C1	A

选修课

课号	课名
C2	计算机图形学

必修课

课号	科名
C1	数据结构
C3	操作系统

选课÷选修课

学号	成绩
S1	B
S4	A
S5	B

8.1.3 用关系代数表示查询的例子

下面给出几个应用关系代数进行查询的案例。为了使读者明白解题思路，在每个案例后还附有简要的解题说明。下面的查询例子均基于学生选课库，学生选课库的关系模式为：

学生(学号，姓名，性别，年龄，所在系)

课程(课程号，课程名，先行课)

选课(学号，课程号，成绩)

【演练 8-6】求选修了课程号为"C2"课程的学生学号。

$$\pi_{学号}(\sigma_{课程号='C2'}(选课))$$

解题说明：本题需要投影和选择两种操作，应先选择后投影。

【演练 8-7】求选修了课程号为"C2"课的学生学号和姓名。

$$\pi_{学号，姓名}(\sigma_{课程号='C2'}(选课 \bowtie 学生))$$

解题说明：本题通过选课表与学生表的自然连接，得出选课表中学号对应的姓名和其他学生信息。本题也可以按先选择、再连接的顺序安排操作。

【演练 8-8】求没有选修课程号为"C2"课程的学生学号。

$$\pi_{学号}(学生)-\pi_{学号}(\sigma_{课程号='C2'}(选课))$$

解题说明：该题的求解思路是在全部学号中去掉选修"C2"课程的学生学号，得出没有选修课程号为"C2"课程的学生学号。由于在减、交、并运算时，参加运算的关系应结构一致，故应当先投影、再执行减操作。应当特别注意的是，由于选择操作为元组操作，因此本题不能写为：

$$\pi_{学号}(\sigma_{课程号\neq'C2'}(选课))$$

【演练 8-9】求既选修"C2"课程，又选修"C3"课程的学生学号。

$$\pi_{学号}(\sigma_{课程号='C2'}(选课)) \cap \pi_{学号}(\sigma_{课程号='C3'}(选课))$$

解题说明：本题采用先求出选修"C2"课程的学生，再求选修"C3"课程的学生，最后使用交运算的方法求解，交运算的结果为既选修"C2"又选修"C3"课程的学生。由于选择运算为元组运算，在同一元组中课程号不可能既是"C2"同时又是"C3"，因此本题不能写为：

$$\pi_{学号}(\sigma_{课程号='C2' \wedge 课程号='C3'}(选课))$$

【演练 8-10】求选修课程号为"C2"或"C3"课程的学生学号。

$$\pi_{学号}(\sigma_{课程号='C2'}(选课)) \cup \pi_{学号}(\sigma_{课程号='C3'}(选课))$$

或

$$\pi_{学号}(\sigma_{课程号='C2' \vee 课程号='C3'}(选课))$$

解题说明：本题可以使用并运算，也可以使用选择条件中的或运算表示。

【演练 8-11】求选修了全部课程的学生学号。

$$\pi_{学号，课程号}(选课) \div (课程)$$

解题说明：除法运算为包含运算，本题的含义是求学号，要求这些学号所对应的课程号中包括全部课程的课程号。

【演练 8-12】一个学号为"98002"的学生所学过的所有课程可能也被其他学生选修，求这些学生的学号和姓名（求至少选修了学号为"98002"的学生所学过的所有课程的学生的学号和姓名）。

$$\pi_{学号，姓名}(\pi_{学号，课程号}(选课) \div \pi_{课程号}(\sigma_{学号='98002'}(选课)) \bowtie (学生))$$

本题有几个值得注意的问题：

① 除关系和被除关系都为选课表。

② 对除关系的处理方法是先选择后投影。通过选择运算，求出学号为"98002"学生所选课程的元组；通过投影运算，得出除关系的结构。这里，对除关系的投影是必须的。如果不进行投影运算，除关系就会与被除关系的结构一样，将会产生无结果集的问题。

③ 对被除关系的投影运算后，该题除运算的结果关系中仅有学号属性。

8.2 查询语句 SELECT

查询功能是 T-SQL 的核心，通过 T-SQL 的查询可以从表或视图中迅速、方便地检索数据。T-SQL 最基本的查询方式是 SELECT 语句，其功能十分强大。它能够以任意顺序、从任意数目的列中查询数据，并在查询过程中进行计算，甚至能包含来自其他表的数据。

SELECT 语句的完整语法格式为：

SELECT <目标列>
    [INTO <新表名>**]**
    FROM <数据源>
    [WHERE <元组条件表达式>**]**
    [GROUP BY <分组条件>**][HAVING** <组选择条件>**]**
    [ORDER BY <排序条件>**]**
    [COMPUTE <统计列组>**][BY** <表达式>**]**

其中的 SELECT 和 FROM 语句为必选子句，而 WHERE、ORDER BY、GROUP BY 和 COMPUTE 子句为可选子句，要根据查询的需要去选用。

SELECT 语法中各参数说明如下。

SELECT 子句：用来指定由查询返回的列，并且各列在 SELECT 子句中的顺序决定了它们在结果表中的顺序。

FROM 子句：用来指定数据来源的表。

WHERE 子句：用来限定返回行的搜索条件。

GROUP BY 子句：用来指定查询结果的分组条件。

ORDER BY 子句：用来指定结果的排序方式。

COMPUTE 子句：用来对记录进行分组统计。

SELECT 语句可以写在一行中。但对于复杂的查询，SELECT 语句随着查询子句的增加不断增长，一行很难写下，此时可以采用分行的写法，即每个子句分别放在不同的行中。需要注意，子句与子句之间不能使用符号分隔。

下面以学籍管理数据库 StudentManagement 为例，介绍各种查询的使用方法。选择操作对象为 StudentManagement 数据库中的学生表 Student、课程表 Course 和选课表 SelectCourse，其结构为：

    Student(Student_No, Student_Name, Student_Sex, Student_Birthday, Student_ClassNo, Student_Telephone,
        Student_Email, Student_Address);
    Course(Course_No, Course_TypeNo, Course_Name, Course_Info, Course_Credits, Course_Time,
        Course_PreNo, Course_Term);
    SelectCours(SelectCourse_StudentNo, SelectCourse_CourseNo, SelectCourse_Score)

8.2.1　单表查询

单表查询是指在一个源表中查找所需的数据。因此，进行单表查询时，FROM 子句中的<数据源>只有一个。

1．使用 SELECT 子句选取字段

此方式可以简单地说明为，在指定的表中查询指定的字段。使用的 SELECT 语法格式为：

```
SELECT <目标列>
    FROM <数据源>
```

（1）选择表中所有列

查询全部列，即将表中的所有列都选出来，一般有两种方法：一是在<列名表>中指定表中所有列的列名，此时目标列所列出的顺序可以与表中的顺序不同；二是将目标列用“*”来代替，或用“<表名>.*”代表指定表的所有列，此时列的显示顺序与表中的顺序相同。

【演练 8-13】查询全体学生的学号、姓名、性别、出生日期、班级编号、电话、电子邮件和家庭地址。操作步骤如下。

① 在 SSMS 中单击“新建查询”按钮新建一个查询编辑器窗口。

② 在查询窗口中输入如下 T-SQL 语句：

```
USE StudentManagement
GO
SELECT Student_No,Student_Name,Student_Sex,Student_Birthday,Student_ClassNo,
    Student_Telephone,Student_Email,Student_Address
FROM Student
GO
```

③ 单击“执行”按钮执行该语句，查询结果窗口中的输出结果如图 8-1 所示。

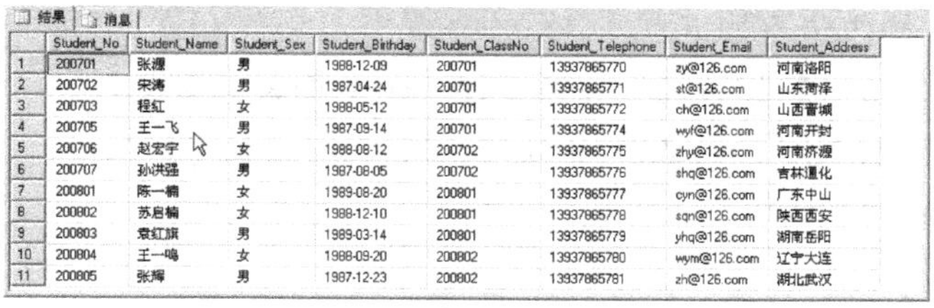

	Student_No	Student_Name	Student_Sex	Student_Birthday	Student_ClassNo	Student_Telephone	Student_Email	Student_Address
1	200701	张源	男	1988-12-09	200701	13937865770	zy@126.com	河南洛阳
2	200702	宋涛	男	1987-04-24	200701	13937865771	st@126.com	山东菏泽
3	200703	程红	女	1988-05-12	200701	13937865772	ch@126.com	山西晋城
4	200705	王一飞	男	1987-09-14	200701	13937865774	wyf@126.com	河南开封
5	200706	赵宏宇	女	1988-08-12	200702	13937865775	zhy@126.com	河南济源
6	200707	孙洪强	男	1987-08-05	200702	13937865776	shq@126.com	吉林通化
7	200801	陈一楠	女	1989-08-20	200801	13937865777	cyn@126.com	广东中山
8	200802	苏启楠	女	1988-12-10	200801	13937865778	sqn@126.com	陕西西安
9	200803	袁红旗	男	1989-03-14	200801	13937865779	yhq@126.com	湖南岳阳
10	200804	王一鸣	女	1988-09-20	200802	13937865780	wym@126.com	辽宁大连
11	200805	张辉	男	1987-12-23	200802	13937865781	zh@126.com	湖北武汉

图 8-1　查询结果

其中的 SELECT 语句还可以写为如下形式：

```
SELECT * FROM Student
```

（2）查询指定表中的部分列

在很多情况下，用户只对表中的部分列值感兴趣，这时可以通过 SELECT 子句中<列名表>来指定要查询的目标列，各个列名之间用逗号分隔，各个列的先后顺序可以与表的顺序不一致，用户可以根据需要改变列的显示顺序。

【演练 8-14】查询全体学生的学号、姓名、性别。操作步骤如下。

① 在 SSMS 中单击“新建查询”按钮新建一个查询编辑器窗口。

② 在查询窗口中输入如下 T-SQL 语句：

```
USE StudentManagement
GO
SELECT Student_No,Student_Name,Student_Sex
FROM Student
GO
```

图 8-2　查询结果

③ 单击"执行"按钮执行该语句，查询结果窗口中的输出结果如图 8-2 所示。

（3）为结果集内的列指定别名

如果某个列在 SELECT 子句中未经修改，列名就是默认的列标题。为增加查询结果的可读性，可以不使用在表中的列名，指定一个列标题来换掉默认的标题。

【演练 8-15】查询全体学生的学号、姓名、性别，在结果集中将字段名显示为中文学号、姓名、性别。操作步骤如下。

① 在 SSMS 中单击"新建查询"按钮新建一个查询编辑器窗口。

② 在查询窗口中输入如下 T-SQL 语句：

```
USE StudentManagement
GO
SELECT Student_No 学号,Student_Name AS 姓名,性别=Student_Sex
FROM Student
GO
```

图 8-3　查询结果

③ 单击"执行"按钮执行该语句，查询结果窗口中的输出结果如图 8-3 所示。

（4）结果集为表达式

有时，结果集中的某些列不是表中现成的列，而是一列或多列运算后产生的结果。如果在 SELECT 子句中有表达式或者对某列进行了运算，那么由表达式生成的列标题就是空白的。此时，如果想要为空白列提供一个列标题，可以通过对某一列指定列标题来实现。

【演练 8-16】查询 SelectCourse 表中的所有信息，并将结果集中的 SelectCourse_Score（成绩）统一增加 5 分。操作步骤如下。

① 在 SSMS 中单击"新建查询"按钮新建一个查询编辑器窗口。

② 在查询窗口中输入如下 T-SQL 语句：

```
USE StudentManagement
GO
SELECT SelectCourse_StudentNo,SelectCourse_CourseNo,
       SelectCourse_Score=SelectCourse_Score+5
FROM SelectCourse
GO
```

③ 单击"执行"按钮执行该语句，查询结果窗口中的输出结果如图 8-4 所示。

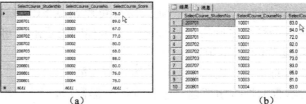

图 8-4　原始数据与查询结果

（5）为结果集消除重复列

当查询的结果集中仅包含表中的部分列时，有可能出现重复记录。如果要消除结果集中的重复记录，可以在目标列前面加上 DISTINCT 关键字。

【演练 8-17】查询 Student 表中的班级编号，在查询结果中消除重复行。操作步骤如下。

① 在 SSMS 中单击"新建查询"按钮新建一个查询编辑器窗口。

② 在查询窗口中输入如下 T-SQL 语句：

图 8-5　查询结果

```
USE StudentManagement
GO
SELECT DISTINCT  班级编号= Student_ClassNo
FROM Student
GO
```

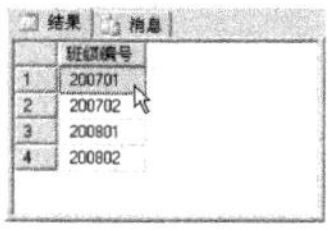

③ 单击"执行"按钮执行该语句，查询结果窗口中的输出结果如图 8-5 所示。

（6）限制返回行数

用 SELECT 子句选取输出列时，如果在目标列前面使用 TOP n 子句，则在查询结果中输出前 n 个记录；如果在目标列前面使用 TOP n PERCENT 子句，则在查询结果中输出前面占记录总数百分比为 n%的记录。

【演练 8-18】查询 Student 表中的所有列，在结果集中输出前 3 个记录。操作步骤如下。

① 在 SSMS 中单击"新建查询"按钮新建一个查询编辑器窗口。

② 在查询窗口中输入如下 T-SQL 语句：

```
USE StudentManagement
GO
SELECT TOP 3 *
FROM Student
GO
```

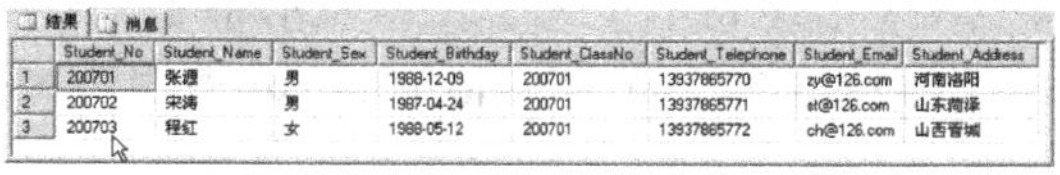

图 8-6　查询结果

③ 单击"执行"按钮执行该语句，查询结果窗口中的输出结果如图 8-6 所示。

【演练 8-19】查询 Student 表中的所有列，在结果集中输出前 10%记录。操作步骤如下。

① 在 SSMS 中单击"新建查询"按钮新建一个查询编辑器窗口。

② 在查询窗口中输入如下 T-SQL 语句：

```
USE StudentManagement
GO
SELECT TOP 10 PERCENT *
FROM Student
GO
```

图 8-7　查询结果

③ 单击"执行"按钮执行该语句，查询结果窗口中的输出结果如图 8-7 所示。

2. 使用 INTO 子句创建新表

通过在 SELECT 语句中使用 INTO 子句，可以自动创建一个新表并将查询结果集中的记录添加到该表中。新表的列由 SELECT 子句中的目标列来决定。若新表的名称以"#"开头，则生成的新表为临时表；不带"#"的为永久表。

【演练 8-20】将 Student 表中学号、姓名、性别的查询结果作为新建的临时表 StudentTemp。操作步骤如下。

① 在 SSMS 中单击"新建查询"按钮新建一个查询编辑器窗口。

② 在查询窗口中输入如下 T-SQL 语句：

USE StudentManagement

GO

SELECT Student_No,Student_Name,Student_Sex

INTO #StudentTemp

FROM Student

GO

SELECT * FROM #StudentTemp

GO

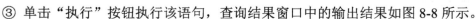

图 8-8　查询结果

③ 单击"执行"按钮执行该语句，查询结果窗口中的输出结果如图 8-8 所示。

3. 使用 WHERE 子句设置查询条件

大多数查询都不希望得到表中所有的记录，而是一些满足条件的记录，这时就要用到 WHERE 子句。

WHERE 子句中常用的查询条件包括比较、确定范围、确定集合、字符匹配、空值匹配和多重条件等，下面分别介绍它们的具体使用方法。

（1）比较运算符

比较运算符用于比较大小，包括：>、<、=、>=、<=、<>或!=、!>、!<，其中<>或!=表示不等于，!>表示不大于，!<表示不小于。

【演练 8-21】查询 SelectCourse 表中成绩 SelectCourse_Score 高于 80 分的记录。操作步骤如下。

① 在 SSMS 中单击"新建查询"按钮新建一个查询编辑器窗口。

② 在查询窗口中输入如下 T-SQL 语句：

USE StudentManagement

GO

SELECT *

FROM SelectCourse

WHERE SelectCourse_Score>80

GO

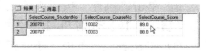

图 8-9　查询结果

③ 单击"执行"按钮执行该语句，查询结果窗口中的输出结果如图 8-9 所示。

【演练 8-22】查询 Student 表中所有女生的学号、姓名。操作步骤如下。

① 在 SSMS 中单击"新建查询"按钮新建一个查询编辑器窗口。

② 在查询窗口中输入如下 T-SQL 语句：

USE StudentManagement

GO

SELECT Student_No,Student_Name

FROM Student

WHERE Student_Sex='女'

GO

图 8-10　查询结果

③ 单击"执行"按钮执行该语句，查询结果窗口中的输出结果如图 8-10 所示。

说明：如果将学生性别字段定义为 bit 类型，男生字段输入值为 True，女生字段输入值为 False，那么使用 WHERE 子句设置查询条件时就要写为下面的格式：

```
SELECT Student_No,Student_Name
FROM Student
WHERE Student_Sex=0          --查询 Student 表中所有女生
```

（2）范围运算符

在 WHERE 子句的<元组条件表达式>中使用谓词 BETWEEN…AND 或 NOT BETWEEN…AND。

BETWEEN…AND——测试表达式的值包含在指定范围内。

NOT BETWEEN…AND——测试表达式的值不包含在指定范围内。

【演练 8-23】查询 SelectCourse 表中成绩在 70～79 分（包括 70 分和 79 分）之间的学生的学号和成绩。操作步骤如下。

① 在 SSMS 中单击"新建查询"按钮新建一个查询编辑器窗口。

② 在查询窗口中输入如下 T-SQL 语句：

```
USE StudentManagement
GO
SELECT SelectCourse_StudentNo,SelectCourse_Score
FROM SelectCourse
WHERE SelectCourse_Score BETWEEN 70 AND 79
GO
```

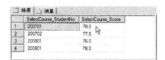

图 8-11　查询结果

③ 单击"执行"按钮执行该语句，查询结果窗口中的输出结果如图 8-11 所示。

【演练 8-24】查询 SelectCourse 表中成绩不在 70～79 分之间的学生的学号和成绩。操作步骤如下。

① 在 SSMS 中单击"新建查询"按钮新建一个查询编辑器窗口。

② 在查询窗口中输入如下 T-SQL 语句：

```
USE StudentManagement
GO
SELECT SelectCourse_StudentNo,SelectCourse_Score
FROM SelectCourse
WHERE SelectCourse_Score NOT BETWEEN 70 AND 79
GO
```

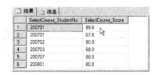

图 8-12　查询结果

③ 单击"执行"按钮执行该语句，查询结果窗口中的输出结果如图 8-12 所示。

（3）集合运算符

在 WHERE 子句的<元组条件表达式>中使用用谓词 IN (值表)或 NOT IN (值表)，(值表)是用逗号分隔的一组取值。

IN——测试表达式的值等于列表中的某一个值。

NOT IN——测试表达式的值不等于列表中的任何一个值。

【演练 8-25】查询班级编号为"200701"和"200702"的学生的姓名和性别。操作步骤如下。

① 在 SSMS 中单击"新建查询"按钮新建一个查询编辑器窗口。

② 在查询窗口中输入如下 T-SQL 语句：

```
USE StudentManagement
GO
SELECT Student_Name,Student_Sex
FROM Student
WHERE Student_ClassNo IN ('200701','200702')
GO
```

图 8-13　查询结果

③ 单击"执行"按钮执行该语句，查询结果窗口中的输出结果如图 8-13 所示。

【演练 8-26】查询 Student 表中班级编号既不是"200701"，也不是"200702"的学生的姓名和性别。操作步骤如下。

① 在 SSMS 中单击"新建查询"按钮新建一个查询编辑器窗口。

② 在查询窗口中输入如下 T-SQL 语句：

```
USE StudentManagement
GO
SELECT Student_Name,Student_Sex
FROM Student
WHERE Student_ClassNo NOT IN ('200701','200702')
```

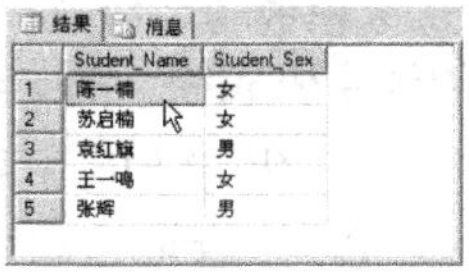

图 8-14　查询结果

③ 单击"执行"按钮执行该语句，查询结果窗口中的输出结果如图 8-14 所示。

（4）字符匹配

字符匹配运算符用来判断字符型数据的值是否与指定的字符通配格式相符。在 WHERE 子句的<元组条件表达式>中使用谓词

　　　　[NOT] LIKE '<匹配串>'

其中<匹配串>可以是一个有数字或字母组成的字符串，也可以是含有通配符的字符串。

通配符包括以下 4 种。

● %：可匹配任意长度的字符串，例如，B%表示以 B 开头的字符串。

● _：可匹配任何单个字符，例如，B_C 表示第一个字符为 B，第二个字符任意，第三个为 C 的字符串。

● [ ]：指定范围或集合中的任何单个字符，例如，B[cd] 表示第一个字符为 B，第二个字符为 c、d 中任意一个的字符串。

● [^]：不属于指定范围的任何单个字符，例如，[^cd]表示除了 c、d 之外的任意字符。

【演练 8-27】查询 Student 表中所有姓张的学生的所有信息。操作步骤如下。

① 在 SSMS 中单击"新建查询"按钮新建一个查询编辑器窗口。

② 在查询窗口中输入如下 T-SQL 语句：

```
USE StudentManagement
GO
SELECT *
FROM Student
WHERE Student_Name LIKE '张%'
GO
```

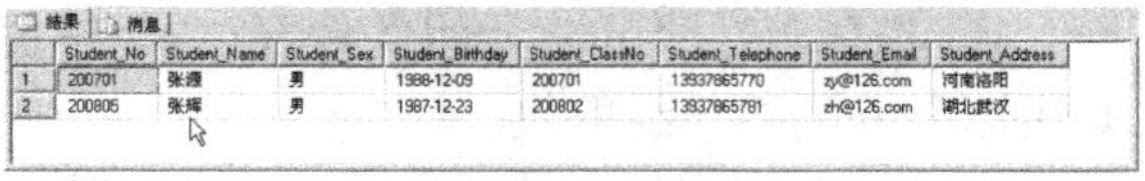

图 8-15　查询结果

③ 单击"执行"按钮执行该语句，查询结果窗口中的输出结果如图 8-15 所示。

【演练 8-28】查询 Student 表中所有姓王且名字为 3 个汉字的学生的信息。操作步骤如下。

① 在 SSMS 中单击"新建查询"按钮新建一个查询编辑器窗口。

② 在查询窗口中输入如下 T-SQL 语句：

USE StudentManagement

GO

SELECT *

FROM Student

WHERE Student_Name LIKE '王__'

GO

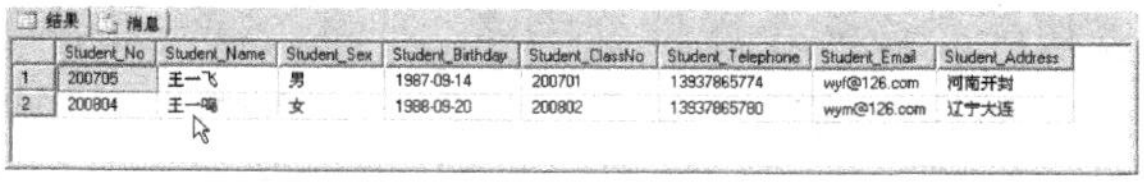

图 8-16　查询结果

③ 单击"执行"按钮执行该语句，查询结果窗口中的输出结果如图 8-16 所示。

（5）空值运算符

空值运算符用来判断列值是否为 NULL（空值），包括：

IS NULL——列值为空；

IS NOT NULL——列值不为空。

【演练 8-29】查询 SelectCourse 表中成绩非空的记录。操作步骤如下。

① 在 SSMS 中单击"新建查询"按钮新建一个查询
编辑器窗口。

② 在查询窗口中输入如下 T-SQL 语句：

USE StudentManagement

GO

SELECT *

FROM SelectCourse

WHERE SelectCourse_Score IS NOT NULL

GO

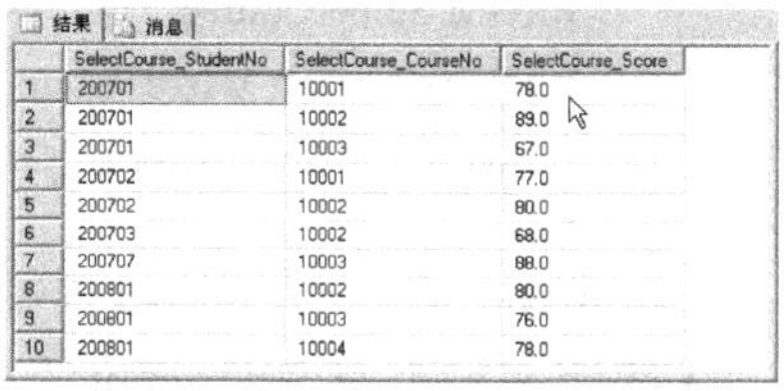

图 8-17　查询结果

③ 单击"执行"按钮执行该语句，查询结果窗口中的输出结果如图 8-17 所示。

（6）逻辑运算符

一个查询条件有时可能是多个简单条件的组合。逻辑运算符能够连接多个简单条件，构成一个复杂的查询条件，包括：

AND——当运算符两端同时成立时，表达式结果才成立。

OR——当运算符两端有一个成立时，表达式结果即成立。

NOT——将运算符右侧表达式的结果取反。

【演练 8-30】查询 Student 表中"200701"班所有男生的信息。操作步骤如下。

① 在 SSMS 中单击"新建查询"按钮新建一个查询编辑器窗口。

② 在查询窗口中输入如下 T-SQL 语句：

USE StudentManagement

GO

SELECT *

FROM Student

WHERE Student_ClassNo='200701' AND Student_Sex='男'

GO

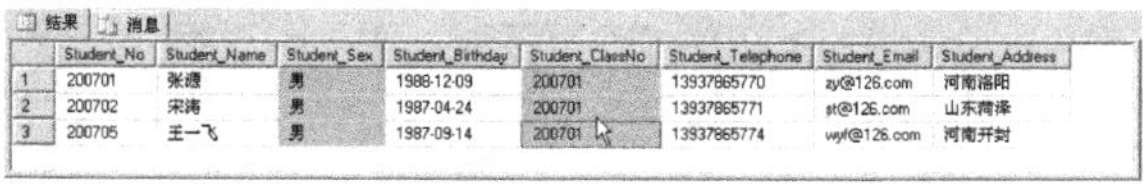

图 8-18　查询结果

③ 单击"执行"按钮执行该语句，查询结果窗口中的输出结果如图 8-18 所示。

4．使用 ORDER BY 子句对结果及排序

查询结果集中记录的顺序是按它们在表中的顺序进行排列的，使用 ORDER BY 子句可以按一个或多个属性列排序，升序 ASC，降序 DESC，默认为升序。当排序列含空值时，ASC排序列为空值的元组最后显示，DESC 排序列为空值的元组最先显示。

如果在 ORDER BY 子句中指定多个列，检索结果首先按第 1 列进行排序，对第 1 列值相同值的那些数据行，再按照第 2 列排序，其余类推。ORDER BY 要写在 WHERE 子句的后面。

【演练 8-31】查询 SelectCourse 表中选修了课程代号为"10003"课程的学生的学号和成绩，查询结果按分数降序排列。操作步骤如下。

① 在 SSMS 中单击"新建查询"按钮新建一个查询编辑器窗口。

② 在查询窗口中输入如下 T-SQL 语句：

```
USE StudentManagement
GO
SELECT SelectCourse_StudentNo,SelectCourse_Score
FROM SelectCourse
WHERE SelectCourse_CourseNo='10003'
ORDER BY SelectCourse_Score DESC
GO
```

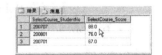

图 8-19　查询结果

③ 单击"执行"按钮执行该语句，查询结果窗口中的输出结果如图 8-19 所示。

【演练 8-32】查询 Student 表中全体学生情况，结果按所在班级编号的升序排列，同一班级中的学生按学号降序排列。操作步骤如下。

① 在 SSMS 中单击"新建查询"按钮新建一个查询编辑器窗口。

② 在查询窗口中输入如下 T-SQL 语句：

```
USE StudentManagement
GO
SELECT *
FROM Student
ORDER BY Student_ClassNo,Student_No DESC
GO
```

③ 单击"执行"按钮执行该语句，查询结果窗口中的输出结果如图 8-20 所示。

	Student_No	Student_Name	Student_Sex	Student_Birthday	Student_ClassNo	Student_Telephone	Student_Email	Student_Address
1	200705	王一飞	男	1987-09-14	200701	13937865774	wyf@126.com	河南开封
2	200703	程红	女	1988-05-12	200701	13937865772	ch@126.com	山西晋城
3	200702	宋涛	男	1987-04-24	200701	13937865771	st@126.com	山东菏泽
4	200701	张涯	男	1988-12-09	200701	13937865770	zy@126.com	河南洛阳
5	200707	孙洪强	男	1987-08-05	200702	13937865776	shq@126.com	吉林通化
6	200706	赵宏宇	女	1988-08-12	200702	13937865775	zhy@126.com	河南济源
7	200803	袁红旗	男	1989-03-14	200801	13937865779	yhq@126.com	湖南岳阳
8	200802	苏启桐	女	1988-12-10	200801	13937865778	sqn@126.com	陕西西安
9	200801	陈一楠	女	1989-08-20	200801	13937865777	cyn@126.com	广东中山
10	200805	张辉	男	1987-12-23	200802	13937865781	zh@126.com	湖北武汉
11	200804	王一鸣	女	1988-09-20	200802	13937865780	wym@126.c...	辽宁大连

图 8-20　查询结果

5．使用集合函数统计数据

在实际应用中，往往需要对表中的原始数据进行数学处理。SELECT 语句中的统计功能

实现对查询结果集进行求和、求平均值、求最大最小值等操作。统计的方法是通过集合函数和 GROUP BY 子句、COMPUTE 子句进行组合来实现的。

下面首先介绍 SQL 中常见的集合函数的使用，常见的集合函数有 5 种：

- 计数：COUNT([DISTINCT|ALL] *)或 COUNT([DISTINCT|ALL] <列名>)
- 求和：SUM([DISTINCT|ALL] <列名>)
- 求平均值：AVG([DISTINCT|ALL] <列名>)
- 求最大值：MAX([DISTINCT|ALL] <列名>)
- 求最小值：MIN([DISTINCT|ALL] <列名>)

其中，DISTINCT 短语在计算时要取消指定列中的重复值，ALL 短语不取消重复值，ALL 为默认值。

【演练 8-33】查询 Student 表中学生总人数。操作步骤如下。

① 在 SSMS 中单击"新建查询"按钮新建一个查询编辑器窗口。

② 在查询窗口中输入如下 T-SQL 语句：

```
USE StudentManagement
GO
SELECT COUNT(*)
FROM Student
GO
```

图 8-21   查询结果

③ 单击"执行"按钮执行该语句，查询结果窗口中的输出结果如图 8-21 所示。

【演练 8-34】查询 SelectCourse 表中选修了课程的学生人数。操作步骤如下。

① 在 SSMS 中单击"新建查询"按钮新建一个查询编辑器窗口。

② 在查询窗口中输入如下 T-SQL 语句：

```
USE StudentManagement
GO
SELECT COUNT(DISTINCT SelectCourse_StudentNo)
FROM SelectCourse
GO
```

图 8-22   查询结果

③ 单击"执行"按钮执行该语句，查询结果窗口中的输出结果如图 8-22 所示。

注：用 DISTINCT 以避免重复计算学生人数。

【演练 8-35】计算 SelectCourse 表中"10002"号课程的学生平均成绩。操作步骤如下。

① 在 SSMS 中单击"新建查询"按钮新建一个查询编辑器窗口。

② 在查询窗口中输入如下 T-SQL 语句：

```
USE StudentManagement
GO
SELECT AVG(SelectCourse_Score)
FROM SelectCourse
WHERE SelectCourse_CourseNo='10002'
GO
```

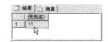

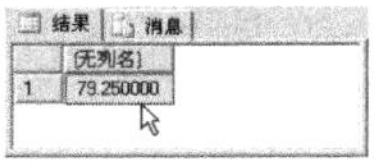

图 8-23   查询结果

③ 单击"执行"按钮执行该语句，查询结果窗口中的输出结果如图 8-23 所示。

【演练 8-36】查询 SelectCourse 表中选修"10002"课程的学生最高分数。操作步骤如下。

① 在 SSMS 中单击"新建查询"按钮新建一个查询编辑器窗口。

② 在查询窗口中输入如下 T-SQL 语句：

```
USE StudentManagement
GO
SELECT MAX(SelectCourse_Score)
FROM SelectCourse
WHERE SelectCourse_CourseNo='10002'
GO
```

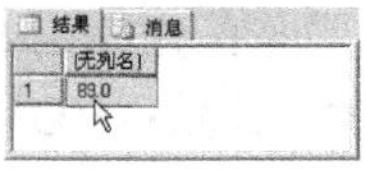

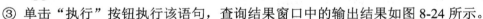

图 8-24　查询结果

③ 单击"执行"按钮执行该语句，查询结果窗口中的输出结果如图 8-24 所示。

6．使用 GROUP BY 子句

前面进行的统计都是针对整个查询结果集的，通常也会要求按照一定的条件对数据进行分组统计。GROUP BY 子句能够实现这种统计，它按照指定的列，对查询结果进行分组统计。"HAVING 条件表达式"项用于对生成的组进行筛选，只有满足 HAVING 短语指定条件的组才输出。HAVING 短语与 WHERE 子句的区别是，WHERE 子句作用于基表或视图，从中选择满足条件的元组；HAVING 短语作用于组，从中选择满足条件的组。

注意：在 SELECT 子句的选择列表中出现的列，或者包含在集合函数中，或者包含在 GROUP BY 子句中，否则，SQL Server 将返回错误信息。

【演练 8-37】统计 SelectCourse 表中各门课程的选课人数，并输出课程代号和选课人数。操作步骤如下。

① 在 SSMS 中单击"新建查询"按钮新建一个查询编辑器窗口。

② 在查询窗口中输入如下 T-SQL 语句：

```
USE StudentManagement
GO
SELECT 课程编号=SelectCourse_CourseNo,选课人数=COUNT(SelectCourse_StudentNo)
FROM SelectCourse
GROUP BY SelectCourse_CourseNo
GO
```

③ 单击"执行"按钮执行该语句，查询结果窗口中的输出结果如图 8-25 所示。

图 8-25　查询结果

【演练 8-38】统计 Student 表中各班学生的人数，并输出班级编号和学生人数。操作步骤如下。

① 在 SSMS 中单击"新建查询"按钮新建一个查询编辑器窗口。

② 在查询窗口中输入如下 T-SQL 语句：

```
USE StudentManagement
GO
SELECT 班级编号=Student_ClassNo,学生人数=COUNT(Student_No)
FROM Student
GROUP BY Student_ClassNo
GO
```

图 8-26　查询结果

③ 单击"执行"按钮执行该语句，查询结果窗口中的输出结果如图 8-26 所示。

【演练 8-39】查询 SelectCourse 表中选修了两门以上课程的学生的学号。操作步骤如下。

① 在 SSMS 中单击"新建查询"按钮新建一个查询编辑器窗口。

② 在查询窗口中输入如下 T-SQL 语句：

USE StudentManagement

GO

SELECT 学号=SelectCourse_StudentNo

FROM SelectCourse

GROUP BY SelectCourse_StudentNo HAVING COUNT(*) >2

GO

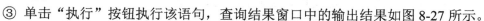

图 8-27　查询结果

③ 单击"执行"按钮执行该语句，查询结果窗口中的输出结果如图 8-27 所示。

7. 使用 COMPUTE 子句

COMPUTE 子句的功能与 GROUP BY 子句类似，对记录进行分组统计。COMPUTE 子句与 GROUP BY 子句的区别是，除显示统计结果外，它还显示统计的各组数据的详细信息。语法格式如下：

COMPUTE 集合函数 [BY 列名]

在使用 COMPUTE 子句时，必须遵守以下原则：

● 在集合函数中，不能使用 DISTINCT 关键字。

● COMPUTE BY 子句必须与 ORDER BY 子句同时使用。

● COMPUTE BY 子句中 BY 后的列名必须与 ORDER BY 子句中相同或为其子集，且二者从左到右的排列顺序必须一致。

● COMPUTE 子句中不使用 BY 选项时，统计出来的为合计值。

【演练 8-40】查询 Student 表中的所有字段列，在结果集中显示各班的学生人数和该班的所有学生记录。操作步骤如下。

① 在 SSMS 中单击"新建查询"按钮新建一个查询编辑器窗口。

② 在查询窗口中输入如下 T-SQL 语句：

USE StudentManagement

GO

SELECT *

FROM Student

ORDER BY Student_ClassNo COMPUTE COUNT(Student_No) BY Student_ClassNo

GO

③ 单击"执行"按钮执行该语句，查询结果窗口中的输出结果如图 8-28 所示。

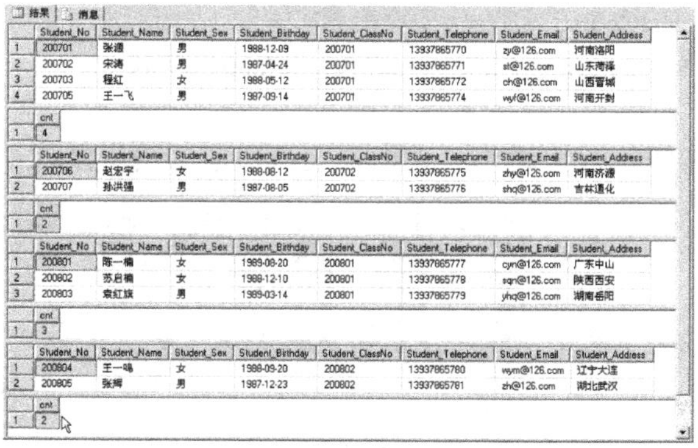

图 8-28　查询结果

8.2.2 连接查询

一个数据库的多个表之间一般都存在某种内在联系，它们共同提供有用的信息。前面查询所举例子都是针对一个表进行的。在实际的数据库操作中，往往需要同时从两个或两个以上的表中查询相关数据，连接就是满足这些需求的技术。如果一个查询同时涉及两个以上的表，则称为连接查询。连接查询是关系数据库中最主要的查询。

通过连接运算符可以实现多个表查询。连接是关系数据库模型的主要特点，也是它区别于其他类型数据库管理系统的一个标志。连接分为内连接、外连接、交叉连接和自连接。

1. 交叉连接

交叉连接有以下两种语法格式：

SELECT 列名列表 FROM 表名 1 CROSS JOIN 表名 2

或

SELECT 列名列表 FROM 表名, 表名 2

交叉连接的结果是两个表的笛卡儿积，在实际应用中一般是没有意义的，但在数据库的数学模式上有重要的作用。

2. 内连接

内连接就是只包含满足连接条件的数据行，是将交叉连接结果集按照连接条件进行过滤的结果，也称自然连接。连接条件通常采用“主键=外键”的形式，即按一个表的主键值与另一个表的外键值相同的原则进行连接。内连接有以下两种语法格式：

SELECT 列名列表 FROM 表名 1 [INNER] JOIN 表名 2 ON 表名 1.列名=表名 2.列名

或

SELECT 列名列表 FROM 表名 1, 表名 2 WHERE 表名 1.列名=表名 2.列名

【演练 8-41】查询每个学生的基本信息及选课的情况。操作步骤如下。

① 在 SSMS 中单击“新建查询”按钮新建一个查询编辑器窗口。

② 在查询窗口中输入如下 T-SQL 语句：

```
USE StudentManagement
GO
SELECT Student.*,SelectCourse.*
FROM Student,SelectCourse
WHERE Student.Student_No = SelectCourse.SelectCourse_StudentNo
GO
```

③ 单击“执行”按钮执行该语句，查询结果窗口中的输出结果如图 8-29 所示。

结果 | 消息

	Student_No	Student_Name	Student_Sex	Student_Birthday	Student_ClassNo	Student_Telephone	Student_Email	Student_Address	SelectCourse_StudentNo	SelectCourse_CourseNo	SelectCourse_Score
1	200701	张源	男	1988-12-09	200701	13937865770	zy@126.com	河南洛阳	200701	10001	78.0
2	200701	张源	男	1988-12-09	200701	13937865770	zy@126.com	河南洛阳	200701	10002	89.0
3	200701	张源	男	1988-12-09	200701	13937865770	zy@126.com	河南洛阳	200701	10003	67.0
4	200702	宋涛	男	1987-04-24	200701	13937865771	st@126.com	山东菏泽	200702	10001	77.0
5	200702	宋涛	男	1987-04-24	200701	13937865771	st@126.com	山东菏泽	200702	10002	80.0
6	200703	程红	女	1988-05-12	200701	13937865772	ch@126.com	山西晋城	200703	10002	68.0
7	200707	孙洪强	男	1987-08-05	200702	13937865776	shq@126.com	吉林通化	200707	10003	88.0
8	200801	陈一楠	女	1989-08-20	200801	13937865777	cyn@126.com	广东中山	200801	10002	80.0
9	200801	陈一楠	女	1989-08-20	200801	13937865777	cyn@126.com	广东中山	200801	10003	76.0
10	200801	陈一楠	女	1989-08-20	200801	13937865777	cyn@126.com	广东中山	200801	10004	78.0

图 8-29 查询结果

【演练 8-42】查询每个学生的学号、姓名、选修的课程名、成绩。操作步骤如下。

① 在 SSMS 中单击"新建查询"按钮新建一个查询编辑器窗口。

② 在查询窗口中输入如下 T-SQL 语句：

> USE StudentManagement
>
> GO
>
> SELECT Student.Student_No,Student_Name,Course_Name,SelectCourse_Score
>
> FROM Student,Course,SelectCourse
>
> WHERE Student.Student_No = SelectCourse.SelectCourse_StudentNo AND Course.Course_No = SelectCourse.SelectCourse_CourseNo
>
> GO

③ 单击"执行"按钮执行该语句，查询结果窗口中的输出结果如图 8-30 所示。

【演练 8-43】查询选修了编号为"10002"的课程且成绩高于 70 分的学生的学号、姓名、成绩。操作步骤如下。

① 在 SSMS 中单击"新建查询"按钮新建一个查询编辑器窗口。

② 在查询窗口中输入如下 T-SQL 语句：

> USE StudentManagement
>
> GO
>
> SELECT Student.Student_No,Student_Name,SelectCourse_Score
>
> FROM Student,SelectCourse
>
> WHERE Student.Student_No = SelectCourse.SelectCourse_StudentNo AND SelectCourse_CourseNo = '10002' AND SelectCourse_Score>70
>
> GO

图 8-30　查询结果

③ 单击"执行"按钮执行该语句，查询结果窗口中的输出结果如图 8-31 所示。

图 8-31　查询结果

3. 外连接

外连接包括"左外连接"、"右外连接"和"全外连接"3 种形式。

（1）左外连接

将左表中的所有记录分别与右表中的每个记录进行组合，在结果集中除返回内部连接的记录外，还在查询结果中返回左表中不符合条件的记录，并在右表的相应列中填上 NULL，由于 BIT 类型不允许为 NULL，因此以 0 值填充。左外连接的语法格式如下：

> **SELECT 列名列表**
>
> **FROM 表名 1 AS A LEFT [OUTER] JOIN 表名 2 AS B ON A.列名=B.列名**

（2）右外连接

和左外连接类似，右外连接将左表中的所有记录分别与右表中的每个记录进行组合，在结果集中除返回内部连接的记录以外，还在查询结果中返回右表中不符合条件的记录，并在左表的相应列中填上 NULL，BIT 类型以 0 值填充。右外连接的语法格式如下：

> **SELECT 列名列表**
>
> **FROM 表名 1 AS A RIGHT [OUTER] JOIN 表名 2 AS B ON A.列名=B.列名**

【演练 8-44】查询所有学生的选修情况，要求包括选修了课程的学生和没有修课的学生，显示他们的学号、姓名、课程编号、成绩。操作步骤如下。

① 在 SSMS 中单击“新建查询”按钮新建一个查询编辑器窗口。

② 在查询窗口中输入如下 T-SQL 语句：

```
USE StudentManagement
GO
SELECT Student.Student_No,Student_Name,SelectCourse_CourseNo,SelectCourse_Score
FROM Student LEFT JOIN SelectCourse
ON Student.Student_No = SelectCourse.SelectCourse_StudentNo
GO
```

③ 单击“执行”按钮执行该语句，查询结果窗口中的输出结果如图 8-32 所示。

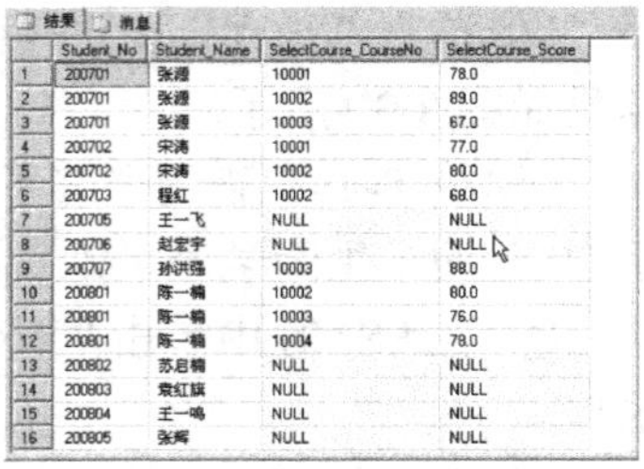

	Student_No	Student_Name	SelectCourse_CourseNo	SelectCourse_Score
1	200701	张源	10001	78.0
2	200701	张源	10002	89.0
3	200701	张源	10003	67.0
4	200702	宋涛	10001	77.0
5	200702	宋涛	10002	80.0
6	200703	程红	10002	68.0
7	200705	王一飞	NULL	NULL
8	200706	赵宏宇	NULL	NULL
9	200707	孙洪强	10003	88.0
10	200801	陈一楠	10002	80.0
11	200801	陈一楠	10003	76.0
12	200801	陈一楠	10004	78.0
13	200802	苏启楠	NULL	NULL
14	200803	袁红旗	NULL	NULL
15	200804	王一鸣	NULL	NULL
16	200805	张辉	NULL	NULL

图 8-32　查询结果

（3）全外连接

全外连接将左表中的所有记录分别与右表中的每个记录进行组合，在结果集中除返回内部连接的记录以外，还在查询结果中返回两个表中不符合条件的记录，并在左表或右表的相应列中填上 NULL，BIT 类型以 0 值填充。全外连接的语法格式如下：

SELECT 列名列表
FROM 表名 1 AS A FULL [OUTER] JOIN 表名 2 AS B ON A.列名=B.列名

4．自连接

自连接是指一个表的两个副本之间的内连接。表名在 FROM 子句中出现两次，必须对表指定不同的别名，在 SELECT 子句中引用的列名也要使用表的别名进行限定。语法格式如下：

SELECT 列名, 列名, …
FROM 表名 AS A, 表名 AS B
WHERE A.列名=B.列名

【演练 8-45】查询与学生“苏启楠”在同一个班级学习的所有学生的学号和姓名。操作步骤如下。

① 在 SSMS 中单击“新建查询”按钮新建一个查询编辑器窗口。

② 在查询窗口中输入如下 T-SQL 语句：

```
USE StudentManagement
GO
SELECT S2.Student_No,S2.Student_Name
FROM Student S1,Student S2
WHERE S1.Student_ClassNo = S2.Student_ClassNo AND S1.Student_Name = '苏启楠'
GO
```

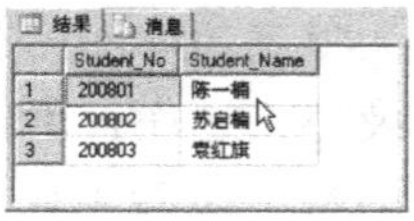

	Student_No	Student_Name
1	200801	陈一楠
2	200802	苏启楠
3	200803	袁红旗

图 8-33　查询结果

③ 单击“执行”按钮执行该语句，查询结果窗口中的输出结果如图 8-33 所示。

8.2.3　嵌套查询

在 SQL 语言中，一条 SELECT…FROM…WHERE 语句称为一个查询块。将一个查询块嵌套在另一个查询块的 WHERE 子句或 HAVING 短语的条件中的查询称为嵌套查询。

在书写嵌套查询语句时，总是从上层查询块（也称外层查询块）向下层查询块（也称子查询）书写，子查询总是写在圆括号中，可以用在使用表达式的任何地方。而在处理时则由下层向上层处理，即下层查询结果集用于建立上层查询块的查找条件。

1．带有比较运算符的子查询

带有比较运算符的子查询是指父查询与子查询之间用比较运算符进行连接，但是用户必须确切地知道子查询返回的是一个单值，否则数据库服务器将报错。

【演练 8-46】查询与学生"苏启楠"在同一个班级学习的所有学生的学号和姓名。操作步骤如下。

① 在 SSMS 中单击"新建查询"按钮新建一个查询编辑器窗口。

② 在查询窗口中输入如下 T-SQL 语句：

```
USE StudentManagement
GO
SELECT Student_No,Student_Name
FROM Student
WHERE Student_ClassNo = (SELECT Student_ClassNo
                         FROM Student
                         WHERE Student_Name = '苏启楠')
GO
```

③ 单击"执行"按钮执行该语句，查询结果窗口中的输出结果如图 8-34 所示。

图 8-34　查询结果

2．带有 IN 谓词的子查询

带有 IN 谓词的子查询是指父查询与子查询之间用 IN 或 NOT IN 进行连接，判断某个属性列值是否在子查询的结果中，通常子查询的结果是一个集合。

【演练 8-47】求选修了高等数学的学生学号和姓名。操作步骤如下。

① 在 SSMS 中单击"新建查询"按钮新建一个查询编辑器窗口。

② 在查询窗口中输入如下 T-SQL 语句：

```
USE StudentManagement
GO
SELECT Student_No,Student_Name
FROM Student
WHERE Student_No IN (SELECT SelectCourse_StudentNo
                     FROM SelectCourse
                     WHERE SelectCourse_CourseNo IN (SELECT Course_No
                                                     FROM Course
                                                     WHERE Course_Name = '高等数学'))
GO
```

③ 单击"执行"按钮执行该语句，查询结果窗口中的输出结果如图 8-35 所示。

图 8-35　查询结果

3. 带有 ANY 或 ALL 谓词的子查询

使用 ANY 或 ALL 操作符时必须与比较符配合使用，其语法格式为：

      <字段> <比较符> [ANY | ALL] <子查询>

ANY 的含义为：将一个列值与子查询返回的一组值中的每个进行比较。若在某次比较中结果为 True，则 ANY 测试返回 True；若每次比较的结果均为 False，则 ANY 测试返回 False。

ALL 的含义为：将一个列值与子查询返回的一组值中的每个进行比较。若每次比较中结果均为 True，则 ALL 测试返回 True；只要有一次比较的结果为 False，则 ALL 测试返回 False。

ANY 和 ALL 与比较符结合及其语义见表 8-4。

表 8-4　ANY 和 ALL 与比较符结合及其语义

操　作　符	语　　义
>ANY	大于子查询结果中的某个值，即表示大于查询结果中最小值
>ALL	大于子查询结果中的所有值，即表示大于查询结果中最大值
<ANY	小于子查询结果中的某个值，即表示小于查询结果中最大值
<ALL	小于子查询结果中的所有值，即表示小于查询结果中最小值
>=ANY	大于等于子查询结果中的某个值，即表示大于等于结果集中最小值
>=ALL	大于等于子查询结果中的所有值，即表示大于等于结果集中最大值
<=ANY	小于等于子查询结果中的某个值，即表示小于等于结果集中最大值
<=ALL	小于等于子查询结果中的所有值，即表示小于等于结果集中最小值
=ANY	等于子查询结果中的某个值，即相当于 IN
=ALL	等于子查询结果中的所有值（通常没有实际意义）
!=(或<>)ANY	不等于子查询结果中的某个值
!=(或<>)ALL	不等于子查询结果中的任何一个值，即相当于 NOT IN

【演练 8-48】求其他班中比 200701 班某一学生出生日期小的学生（即求出生日期小于 200701 班出生日期最大者的学生）。操作步骤如下。

① 在 SSMS 中单击"新建查询"按钮新建一个查询编辑器窗口。

② 在查询窗口中输入如下 T-SQL 语句：

```
USE StudentManagement
GO
SELECT *
FROM Student
WHERE Student_Birthday <ANY (SELECT Student_Birthday
                            FROM Student
                            WHERE Student_ClassNo = '200701') AND
                            Student_ClassNo <> '200701'
GO
```

③ 单击"执行"按钮执行该语句，查询结果窗口中的输出结果如图 8-36 所示。

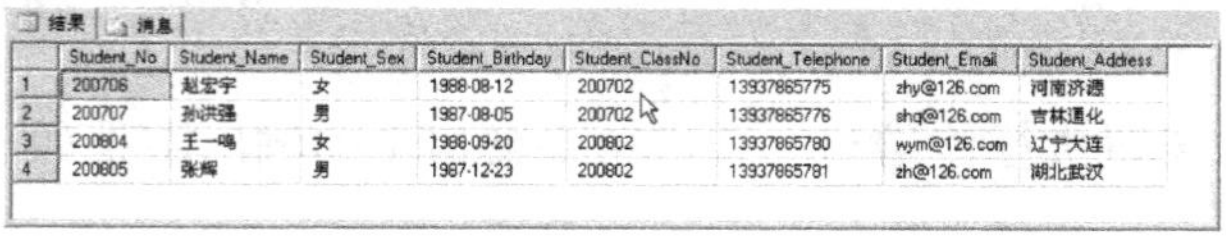

	Student_No	Student_Name	Student_Sex	Student_Birthday	Student_ClassNo	Student_Telephone	Student_Email	Student_Address
1	200706	赵宝宁	女	1988-08-12	200702	13937885775	zhy@126.com	河南济源
2	200707	孙洪强	男	1987-08-05	200702	13937885776	shq@126.com	吉林通化
3	200804	王一鸣	女	1988-09-20	200802	13937885780	wym@126.com	辽宁大连
4	200805	张梅	男	1987-12-23	200802	13937885781	zh@126.com	湖北武汉

图 8-36　查询结果

案例说明：

① 该查询在处理时，首先处理子查询，找出 200701 班的学生出生日期，构成一个集合；然后处理父查询，找出出生日期小于集合中某一值且不在 200701 班的学生。

② 该例的子查询嵌套在 WHERE 选择条件中，子查询后又有"Student_ClassNo <> '200701'"选择条件。SQL 中允许表达式中嵌入查询语句。

【演练 8-49】求其他班中比 200702 班学生的出生日期都小的学生（即求出生日期小于 200702 班出生日期最小者的学生）。操作步骤如下。

① 在 SSMS 中单击"新建查询"按钮新建一个查询编辑器窗口。

② 在查询窗口中输入如下 T-SQL 语句：

```
USE StudentManagement
GO
SELECT *
FROM Student
WHERE Student_Birthday <ALL (SELECT Student_Birthday
                            FROM Student
                            WHERE Student_ClassNo = '200702')
                            AND Student_ClassNo <> '200702'
```

③ 单击"执行"按钮执行该语句，查询结果窗口中的输出结果如图 8-37 所示。

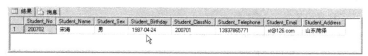

图 8-37　查询结果

4．带有 EXISTS 谓词的子查询

相关子查询，即子查询的执行依赖于外查询。相关子查询执行过程是先外查询，后内查询，然后又外查询，再内查询，如此反复，直到外查询处理完毕。

使用 EXSISTS 或 NOT EXSISTS 关键字来表示相关子查询。

EXISTS 表示存在量词，用来测试子查询是否有结果，如果子查询的结果集中非空（至少有一行），则 EXISTS 条件为 True，否则为 False。

由于 EXISTS 的子查询只测试子查询的结果集是否为空，因此，在子查询中指定列名是没有意义的。所以在有 EXISTS 的子查询中，其列名序列通常都用"*"表示。

【演练 8-50】求选修了 10002 课程的学生姓名。操作步骤如下。

① 在 SSMS 中单击"新建查询"按钮新建一个查询编辑器窗口。

② 在查询窗口中输入如下 T-SQL 语句：

```
USE StudentManagement
GO
SELECT Student_Name
FROM Student
WHERE EXISTS (SELECT *
              FROM SelectCourse
              WHERE Student.Student_No = SelectCourse_StudentNo
```

AND SelectCourse_CourseNo = '10002')

图 8-38 查询结果

GO

③ 单击"执行"按钮执行该语句，查询结果窗口中的输出结果如图 8-38 所示。

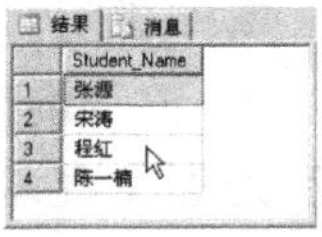

案例说明：

① 本查询涉及学生和选课两个关系。在处理时，先从学生表中依次取每个元组的学号值；然后用此值去检查选课表中是否有该学号且课程号为 10002 的元组；若有，则子查询的 WHERE 条件为真，该学生元组中的姓名应在结果集中。

② 在子查询的条件中，由于当前表为选课，故不需要用表名限定属性，而学生表（父查询中的源表）中的属性需要用表名限定。

【演练 8-51】求至少选修了学号为 200702 的学生所选修全部课程的学生学号和姓名。操作步骤如下。

① 在 SSMS 中单击"新建查询"按钮新建一个查询编辑器窗口。

② 在查询窗口中输入如下 T-SQL 语句：

```
USE StudentManagement
GO
SELECT Student_No,Student_Name
FROM Student
WHERE NOT EXISTS (SELECT *
                  FROM SelectCourse SC1
                  WHERE SC1.SelectCourse_StudentNo = '200702' AND NOT EXISTS
                      (SELECT *
                       FROM SelectCourse SC2
                       WHERE Student.Student_No = SC2.SelectCourse_StudentNo
                           AND SC2.SelectCourse_CourseNo=SC1.SelectCourse_CourseNo))
GO
```

③ 单击"执行"按钮执行该语句，查询结果窗口中的输出结果如图 8-39 所示。

图 8-39 查询结果

8.2.4 集合查询

在标准 SQL 中，集合运算的关键字分别为 UNION（并）、INTERSECT（交）、MINUS 或 EXCEPT（差）。因为一个查询的结果是一个表，可以看做行的集合，因此，可以利用 SQL 的集合运算关键字，对两个或两个以上查询结果进行集合运算，这种查询通常称为组合查询（也称为集合查询）。

并运算用 UNION 运算符。它将两个查询结果合并，并消去重复行而产生最终的一个结果表。

【演练 8-52】查询选修了 10001 课程或选修了 10002 课程的学生学号。操作步骤如下。

① 在 SSMS 中单击"新建查询"按钮新建一个查询编辑器窗口。

② 在查询窗口中输入如下 T-SQL 语句：

```
USE StudentManagement
GO
SELECT SelectCourse_StudentNo FROM SelectCourse WHERE SelectCourse_CourseNo ='10001'
UNION
SELECT SelectCourse_StudentNo FROM SelectCourse WHERE SelectCourse_CourseNo ='10002'
GO
```

③ 单击"执行"按钮执行该语句，查询结果窗口中的输出结果如图 8-40 所示。

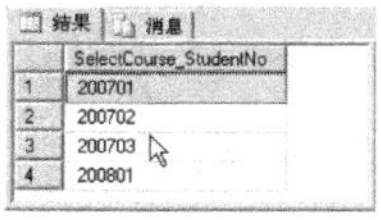

案例说明：

① 两个查询结果表必须是兼容的，即列的数目相同且对应列的数据类型相同。

图 8-40　查询结果

② 组合查询最终结果表中的列名来自第一个 SELECT 语句。

③ 可以在最后一个 SELECT 语句之后使用 ORDER BY 子句来进行排序。

④ 在两个查询结果合并时，将删除重复行。若 UNION 后加 ALL，则结果集中包含重复行。

在 SQL Server 中，没有直接提供集合交操作和集合差操作，可以用其他方法间接实现。

【演练 8-53】求选修了 10002 课程但没有选修 10001 课程的学生学号。操作步骤如下。

① 在 SSMS 中单击"新建查询"按钮新建一个查询编辑器窗口。

② 在查询窗口中输入如下 T-SQL 语句：

```
USE StudentManagement
GO
SELECT SelectCourse_StudentNo
FROM SelectCourse SC1
WHERE SelectCourse_CourseNo ='10002' AND NOT EXISTS
            (SELECT SelectCourse_StudentNo
             FROM SelectCourse SC2
             WHERE SC1.SelectCourse_StudentNo = SC2.SelectCourse_StudentNo
                 AND SC2.SelectCourse_CourseNo = '10001')
GO
```

图 8-41　查询结果

③ 单击"执行"按钮执行该语句，查询结果窗口中的输出结果如图 8-41 所示。

8.3　实训——学籍管理系统的查询操作

在学习了以上各种查询案例的基础上，读者可以通过下面的实训练习进一步巩固查询命令的使用方法。

【实训 8-1】求 200701 班选修课程多于等于 2 门课的学生的学号和平均成绩，并按平均成绩从高到低排序。操作步骤如下。

① 在 SSMS 中单击"新建查询"按钮新建一个查询编辑器窗口。

② 在查询窗口中输入如下 T-SQL 语句：

```
USE StudentManagement
GO
```

```
SELECT Student.Student_No,平均成绩=AVG(SelectCourse_Score)
FROM Student,SelectCourse
WHERE Student.Student_No = SelectCourse.SelectCourse_StudentNo AND SelectCourse_CourseNo =
    '200701'
GROUP BY Student.Student_No HAVING COUNT(*) >= 2
ORDER BY AVG(SelectCourse_Score) DESC
GO
```

③ 单击"执行"按钮执行该语句,查询结果窗口中的输出结果如
图 8-42 所示。

图 8-42　查询结果

【实训 8-2】求 10002 课程的成绩高于"程红"同学的学生学号和成绩。操作步骤如下。

① 在 SSMS 中单击"新建查询"按钮新建一个查询编辑器窗口。

② 在查询窗口中输入如下 T-SQL 语句:

```
USE StudentManagement
GO
SELECT SelectCourse_StudentNo,SelectCourse_Score
FROM SelectCourse
WHERE SelectCourse_CourseNo ='10002'
    AND SelectCourse_Score > (SELECT SelectCourse_Score
                              FROM SelectCourse
                              WHERE SelectCourse_CourseNo ='10002'
                                  AND SelectCourse_StudentNo = (SELECT Student_No
                                                                FROM Student
                                                                WHERE Student_Name ='程红'))
GO
```

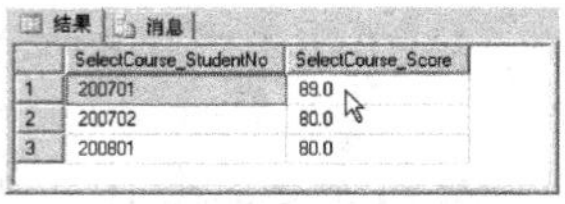

图 8-43　查询结果

③ 单击"执行"按钮执行该语句,查询结果窗口中的输出结果如图 8-43 所示。

【实训 8-3】查询"数据库技术"课程成绩低于 85 分的学生姓名和年龄。操作步骤如下。

① 在 SSMS 中单击"新建查询"按钮新建一个查询编辑器窗口。

② 在查询窗口中输入如下 T-SQL 语句:

```
USE StudentManagement
GO
SELECT Student_Name,年龄=YEAR(GETDATE())–YEAR(Student_Birthday)
FROM Student
WHERE Student_No IN (SELECT SelectCourse_StudentNo
                     FROM SelectCourse
                     WHERE SelectCourse_Score <85
                         AND SelectCourse_CourseNo IN (SELECT Course_No
                                                       FROM Course
                                                       WHERE Course_Name ='数据库技术'))
GO
```

③ 单击"执行"按钮执行该语句,查询结果窗口中的输出结果如
图 8-44 所示。

图 8-44　查询结果

实训说明：学生表 Student 中并没有年龄字段，只有和年龄相关的出生日期字段，用户可以使用 YEAR(GETDATE())-YEAR(Student_Birthday)求出学生的年龄。

习题 8

一、填空题

1．SQL 语句中条件短语的关键字是_____。

2．在 SELECT 语句中，_____子句根据列的数据对查询结果进行排序。

3．联合查询指使用_____运算将多个_____合并到一起。

4．当一个子 SELECT 的结果作为查询的条件，即在一个 SELECT 语句的 WHERE 子句中出现另一个 SELECT 语句，这种查询称为_____查询。

5．在 SELECT 语句中，定义一个区间范围的特殊运算符是_____，检查一个属性值是否属于一组值中的特殊运算符是_____。

6．已知"出生日期"求"年龄"的表达式是_____。

7．语句"SELECT * FROM 成绩表 WHERE 成绩>(SELECT Avg(成绩) FROM 成绩表)"的功能是_____。

8．采用_____操作时，查询结果中包括连接表中的所有数据行。

二、单项选择题

1．在 SELECT 语句中，如果需要显示的内容使用"*"，则表示_____。
  A．选择任何属性　　　　　　　　B．选择所有属性
  C．选择所有元组　　　　　　　　D．选择主键

2．查询时若要去掉重复的元组，则在 SELECT 语句中使用_____。
  A．All　　　　　B．UNION　　　　　C．LIKE　　　　　D．DISTINCT

3．使用 SELECT 语句进行分组检索时，为了去掉不满足条件的分组，应当_____。
  A．使用 WHERE 子句
  B．在 GROUP BY 后面使用 HAVING 子句
  C．先使用 WHERE 子句，再使用 HAVING 子句
  D．先使用 HAVING 子句，再使用 WHERE 子句

4．在 SQL 语句中，与表达式"仓库号 NOT IN("wh1","wh2")"功能相同的表达式是_____。
  A．仓库号="wh1" And 仓库号="wh2"　　　B．仓库号<>"wh1" Or 仓库号<>"wh2"
  C．仓库号<>"wh1" Or 仓库号="wh2"　　　D．仓库号<>"wh1" And 仓库号<>"wh2"

第 5～8 题使用如下 3 个表：
  部门：部门号 Char (8)，部门名 Char (12)，负责人 Char (6)，电话 Char (16)
  职工：部门号 Char (8)，职工号 Char(10)，姓名 Char (8)，性别 Char (2)，
　　　　出生日期 Datetime
  工资：职工号 Char (10)，基本工资 Numeric (8, 2)，津贴 Numeric (8, 2)，
　　　　奖金 Numeric (8, 2)，扣除 Numeric (8, 2)

5. 查询职工实发工资的正确命令是_____。

    A. SELECT 姓名,(基本工资+津贴+奖金–扣除) AS 实发工资 FROM 工资

    B. SELECT 姓名,(基本工资+津贴+奖金–扣除) AS 实发工资 FROM 工资 WHERE 职工.职工号=工资.职工号

    C. SELECT 姓名,(基本工资+津贴+奖金–扣除) AS 实发工资 FROM 工资,职工 WHERE 职工.职工号=工资.职工号

    D. SELECT 姓名,(基本工资+津贴+奖金–扣除) AS 实发工资 FROM 工资 JOIN 职工 WHERE 职工.职工号=工资.职工号

6. 查询 1972 年 10 月 27 日出生的职工信息的正确命令是_____。

    A. SELECT * FROM 职工 WHERE 出生日期={1972-10-27}

    B. SELECT * FROM 职工 WHERE 出生日期=1972-10-27

    C. SELECT * FROM 职工 WHERE 出生日期="1972-10-27"

    D. SELECT * FROM 职工 WHERE 出生日期='1972-10-27'

7. 查询每个部门年龄最长者的信息,要求得到的信息包括部门名和最长者的出生日期,正确的命令是_____。

    A. SELECT 部门名,MIN(出生日期) FROM 部门 JOIN 职工 ON 部门.部门号=职工.部门号 GROUP BY 部门名

    B. SELECT 部门名,MAX(出生日期) FROM 部门 JOIN 职工 ON 部门.部门号=职工.部门号 GROUP BY 部门名

    C. SELECT 部门名,MIN(出生日期) FROM 部门 JOIN 职工 WHERE 部门.部门号=职工.部门号 GROUP BY 部门名

    D. SELECT 部门名,MAX(出生日期) FROM 部门 JOIN 职工 WHERE 部门.部门号=职工.部门号 GROUP BY 部门名

8. 查询所有目前年龄在 35 岁以上(不含 35 岁)的职工信息(姓名、性别和年龄),正确的命令是_____。

    A. SELECT 姓名,性别,YEAR(GETDATE())-YEAR(出生日期) AS 年龄 FROM 职工 WHERE 年龄>35

    B. SELECT 姓名,性别,YEAR(GETDATE())-YEAR(出生日期) AS 年龄 FROM 职工 WHERE YEAR(出生日期)>35

    C. SELECT 姓名,性别,YEAR(GETDATE())-YEAR(出生日期) AS 年龄 FROM 职工 WHERE YEAR(GETDATE())-YEAR(出生日期)>35

    D. SELECT 姓名,性别,年龄=YEAR(GETDATE())-YEAR(出生日期) FROM 职工 WHERE YEAR(GETDATE())-YEAR(出生日期)>35

三、设计题

基于图书馆数据库的 3 个表如下:

    图书(图书号,书名,作者,出版社,单价);

    读者(读者号,姓名,性别,办公电话,部门);

    借阅(读者号,图书号,借出日期,归还日期)。

用 SQL 语言完成以下各项查询:

（1）查询全体图书的图书号、书名、作者、出版社、单价。

（2）查询全体图书的信息，其中单价打7折，并且将该列别名设置为"打折价"。

（3）显示所有借阅者的读者号，并去掉重复行。

（4）查询电子工业出版社、科学出版社、人民邮电出版社的图书信息

（5）查找姓名的第二个字符是"建"并且只有3个字符的读者的读者号、姓名。

（6）查找姓名以"王"开头的所有读者的读者号、姓名。

（7）查询无归还日期的借阅信息。

（8）查询单价在20元以上，30元以下的电子工业出版社出版的图书名、单价。

（9）求借阅了图书的读者的总人数。

（10）求电子工业出版社图书的平均价格、最高价、最低价。

（11）查询借阅图书本数超过2本的读者号、总本数，并按借阅本数值从大到小排序。

（12）查询读者的读者号、姓名、借阅的图书名、借出日期、归还日期。

（13）查询借阅了电子工业出版社出版，并且书名中包含"数据库"三个字的图书的读者，显示读者号、姓名、书名、出版社，借出日期、归还日期。

（14）查询至少借阅过 1 本电子工业出版社出版的图书的读者的读者号、姓名、书名，借阅本数，并按借阅本数多少降序排列。

（15）查询与"王平"的办公电话相同的读者的姓名。

（16）查询所有单价小于平均单价的图书号、书名、出版社。

（17）查询科学出版社的图书中单价比电子工业出版社最高单价还高的图书书名、单价。

第9章 视 图

视图是数据库中很重要的对象。它是一种让用户以多种视角来观察、使用数据库的机制，为用户使用数据库提供了极大的方便，大大提高了数据库的运行效率和效果。本章主要讲解视图的创建、修改和删除的方法以及利用视图简化查询操作的方法。

9.1 视图的基础知识

9.1.1 视图的基本概念

视图是一种数据库对象，它是从一个或多个表或视图中导出的虚表，也就是说，它可以从一个或多个表中的一个或多个列中提取数据，并按照表的组成行和列来显示这些信息，可以把视图看做一个能把焦点定在用户感兴趣的数据上的监视器。

视图是虚拟的表，与表不同的是，视图本身并不存储视图中的数据。视图是由表派生的，派生表被称为视图的基本表，简称基表。视图可以来源于一个或多个基表的行或列的子集，也可以是基表的统计汇总，或者是视图与基表的组合，视图中的数据是通过视图定义语句由其基本表中动态查询得来的。

在视图的实现上就是由 SELECT 语句构成的、基于选择查询的虚拟表。其内容是通过选择查询来定义的，数据的形式和表一样由行和列组成，而且可以像表一样作为 SELECT 语句的数据源。但是视图中的数据是存储在基表中的，数据库中只存储视图的定义，数据是在引用视图时动态产生的。因此，当基表中的数据发生变化时，可以从视图中直接反映出来。当对视图执行更新操作时，其操作的是基表中的数据。

9.1.2 视图的优点和缺点

1. 视图的优点

使用视图有下列优点：

① 为用户集中数据，简化用户的数据查询和处理。有时用户所需要的数据分散在多个表中，定义视图可将它们集中在一起，从而方便用户进行数据查询和处理。

② 屏蔽数据库的复杂性。用户不必了解复杂的数据库中的表结构，并且数据库表的更改也不影响用户对数据库的使用。

③ 简化用户权限的管理。只需要授予用户使用视图的权限，而不必指定用户只能使用表的特定列，也增加了安全性。

④ 便于数据共享。各用户不必定义和存储自己所需的数据，而是共享数据库的数据，这样，同样的数据只需存储一次。

⑤ 可以重新组织数据以便输出到其他应用程序中。

2. 视图的缺点

视图的缺点主要表现在其对数据修改的限制上。当更新视图中的数据时，实际上就是对基本表的数据进行更新。事实上，当从视图中插入或者删除数据时，情况也是一样的。然而，某些视图是不能更新数据的，这些视图有如下的特征：

① 有 UNION 等集合操作符的视图。

② 有 GROUP BY 子句的视图。

③ 有诸如 AVG、SUM 等函数的视图。

④ 使用 DISTINCT 短语的视图。

⑤ 连接表的视图（其中有一些例外）。

所以视图的主要用途在于数据的查询。在使用视图时，要注意只能在当前数据库中创建与保存视图，并且定义视图的基表一旦被删除，则视图也将不可再用。

9.2　创建视图

用户必须拥有数据库所有者授予的创建视图的权限才可以创建视图，同时，用户也必须对定义视图时所引起的基表有适当的权限。视图的创建者必须拥有在视图定义中引用的任何对象的许可权，如相应的表、视图等，才可以创建视图。

视图的命名也采用 Pascal 命名规则，其名称全部大写，以"VIEW_功能"进行命名，并且对每个用户都是唯一的。视图名称不能和创建该视图的用户的其他任何一个表的名称相同。

9.2.1　使用 SSMS 创建视图

使用 SSMS 创建视图的操作步骤如下。

① 启动 SSMS，在对象资源管理器中展开服务器，然后展开"数据库"节点。

② 右键单击 StudentManagement 数据库下的"视图"节点，从弹出的快捷菜单中选择"新建视图"命令，如图 9-1 所示。

③ 打开"添加表"对话框，添加所需要关联的基本表、视图、函数、同义词。这里只使用"表"选项卡，选择表"Student"，如图 9-2 所示，单击"添加"按钮。如果还需要添加其他表，则可以继续选择添加基表，如果不再需要添加，可以单击"关闭"按钮关闭该对话框。

图 9-1　选择"新建视图"命令

图 9-2　"添加表"对话框

④ 基表添加完后，在"视图"窗口的"关系图"窗格中将显示基表的全部列信息。用户可根据需要选择创建视图所需的字段，可以在"列"栏中指定与视图关联的列，在"排序类型"栏中指定列的排序方式，在"筛选器"栏中指定创建视图的规则。例如，选择所有的列，指定按照 Student_No 升序排序，在 Student_Sex 字段的"筛选器"栏中填写筛选条件"='男'"，如图 9-3 所示。

⑤ 单击工具栏上的"保存"按钮，出现保存视图的"选择名称"对话框，在其中输入视图名 VIEW_STUDENT，如图 9-4 所示。单击"确定"按钮，便完成了视图的创建。

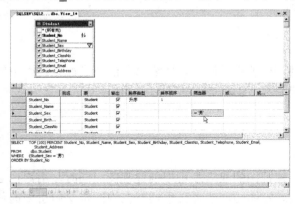

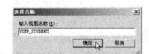

图 9-3　创建视图　　　　　　　　　　　　图 9-4　"选择名称"对话框

9.2.2　使用 T-SQL 语句创建视图

用户可以使用 T-SQL 语言中的 CREATE VIEW 语句创建视图，其语法形式如下：

 CREATE VIEW 视图名[（视图列名 1，视图列名 2，…，视图列名 *n*）]

  [WITH ENCRYPTION]

  AS

  SELECT 语句

  [WITH CHECK OPTION]

其中，WITH ENCRYPTION 子句对视图进行加密。WITH CHECK OPTION 子句强制视图上执行的所有数据修改语句都必须符合由 SELECT 查询语句设置的准则。通过视图修改数据行时，WITH CHECK OPTION 可确保提交修改后，仍可通过视图看到修改的数据。

SELECT 语句可以是任何复杂的查询语句，但通常不允许包含 ORDERBY 子句和 DISTINCT 短语。

如果 CREATE VIEW 语句没有指定视图列名，则视图的列名默认为 SELECT 语句目标列中各字段的列名。

【演练 9-1】创建视图 VIEW_COURSE_CREDITS，其内容是 COURSE 表中学分为 4 学分的课程编号、课程名称和学分。操作步骤如下。

① 在 SSMS 中单击"新建查询"按钮新建一个查询编辑器窗口。

② 在查询窗口中输入如下 T-SQL 语句：

 USE StudentManagement

 GO

```
CREATE VIEW VIEW_COURSE_CREDITS
    AS
    SELECT Course_No,Course_Name,Course_Credits
    FROM Course
    WHERE Course_Credits = 4
GO
```
③ 单击"执行"按钮执行该语句，即可生成视图 VIEW_COURSE_CREDITS。

【演练 9-2】创建视图 VIEW_STUDENTINFO，包含学生的学号、姓名、性别、课程名称和成绩。操作步骤如下。

① 在 SSMS 中单击"新建查询"按钮新建一个查询编辑器窗口。

② 在查询窗口中输入如下 T-SQL 语句：

```
USE StudentManagement
GO
CREATE VIEW VIEW_STUDENTINFO
AS
SELECT Student.Student_No,Student_Name,Student_Sex,Course_Name,SelectCourse_Score
FROM Course INNER JOIN SelectCourse
    ON Course.Course_No = SelectCourse.SelectCourse_CourseNo
    INNER JOIN Student ON SelectCourse.SelectCourse_StudentNo = Student.Student_No
GO
```
③ 单击"执行"按钮执行该语句，即可生成视图 VIEW_STUDENTINFO。

9.3 查询视图数据

视图创建后，就可以像对表一样对视图进行查询了。执行查询时，首先要进行有效性检查，检查通过后，将视图定义中的查询和用户对视图的查询结合起来，转换成对基表的查询，对基表执行的是这种联合查询。

9.3.1 使用 SSMS 查询视图

使用 SSMS 查询视图的操作步骤如下。

① 启动 SSMS，在对象资源管理器中展开"数据库"节点。

② 展开 StudentManagement 下的"视图"节点，右键单击要查看的视图（如 VIEW_STUDENTINFO），从弹出的快捷菜单中选择"编辑前 200 行"命令，如图 9-5 所示。

③ 打开视图的"数据编辑"窗口，显示出视图中的数据，如图 9-6 所示。

9.3.2 使用 T-SQL 语句查询视图

用户可以使用 SELECT 语句查询视图的数据。

【演练 9-3】使用视图 VIEW_STUDENTINFO 查询学生"张源"所选课的成绩。操作步骤如下。

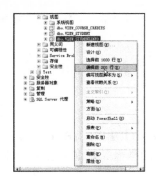

图 9-5 选择“编辑前 200 行”命令

Student_No	Student_Name	Student_Sex	Course_Name	SelectCourse_Score
200701	张源	男	计算机基础	78.0
200701	张源	男	数据库技术	89.0
200701	张源	男	高等数学	67.0
200702	宋涛	男	计算机基础	77.0
200702	宋涛	男	数据库技术	80.0
200703	程红	女	数据库技术	68.0
200707	孙洪强	男	高等数学	88.0
200801	陈一楠	女	数据库技术	80.0
200801	陈一楠	女	高等数学	76.0
200801	陈一楠	女	英语	78.0
NULL	NULL	NULL	NULL	NULL

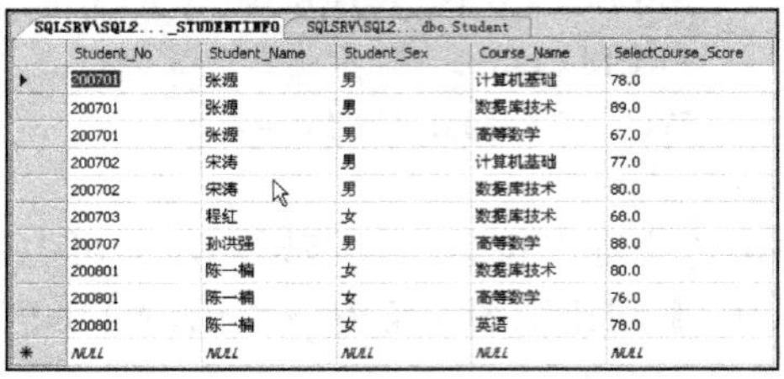

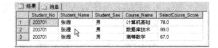

图 9-6 查询视图的结果

① 在 SSMS 中单击“新建查询”按钮新建一个查询编辑器窗口。

② 在查询窗口中输入如下 T-SQL 语句：

```
USE StudentManagement
GO
SELECT *
FROM VIEW_STUDENTINFO
WHERE Student_Name ='张源'
GO
```

	Student_No	Student_Name	Student_Sex	Course_Name	SelectCourse_Score
1	200701	张源	男	计算机基础	78.0
2	200701	张源	男	数据库技术	89.0
3	200701	张源	男	高等数学	67.0

图 9-7 查询结果

③ 单击“执行”按钮执行该语句，查询结果窗口中的输出结果如图 9-7 所示。

9.4 查看视图信息

系统存储过程 sp_help 可以显示数据库对象的特征信息，sp_helptext 可以显示视图、触发器或存储过程等在系统表中的定义，sp_depends 可以显示数据库对象所依赖的对象。它们的语法格式分别如下：

sp_help 数据库对象名称

sp_helptext 视图（触发器、存储过程）

sp_depends 数据库对象名称

【演练 9-4】使用系统存储过程 sp_help 显示视图 VIEW_STUDENTINFO 的特征信息。操作步骤如下。

① 在 SSMS 中单击“新建查询”按钮新建一个查询编辑器窗口。

② 在查询窗口中输入如下 T-SQL 语句：

```
sp_help VIEW_STUDENTINFO
```

③ 单击“执行”按钮执行该语句，查询结果窗口中的输出结果如图 9-8 所示。

	Name	Owner	Type	Created_datetime
1	VIEW_STUDENTINFO	dbo	view	2012-03-11 21:40:43.217

	Column_name	Type	Computed	Length	Prec	Scale	Nullable	TrimTrailingBlanks	FixedLenNullInSource	Collation
1	Student_No	char	no	6			no	no	no	Chinese_PRC_CI_AS
2	Student_Name	va...	no	8			yes	no	yes	Chinese_PRC_CI_AS
3	Student_Sex	char	no	2			yes	no	yes	Chinese_PRC_CI_AS
4	Course_Name	va...	no	30			yes	no	yes	Chinese_PRC_CI_AS
5	SelectCourse_Score	nu...	no	5	3	1	yes	(n/a)	(n/a)	NULL

	Identity	Seed	Increment	Not For Replication
1	No identity column defined.	NULL	NULL	NULL

	RowGuidCol
1	No rowguidcol column defined.

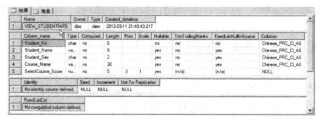

图 9-8 查询结果

【演练 9-5】使用系统存储过程 sp_helptext 显示视图 VIEW_STUDENTINFO 在系统表中的定义。操作步骤如下。

① 在 SSMS 中单击"新建查询"按钮新建一个查询编辑器窗口。

② 在查询窗口中输入如下 T-SQL 语句：

    sp_helptext VIEW_STUDENTINFO

③ 单击"执行"按钮执行该语句，查询结果窗口中的输出结果如图 9-9 所示。

【演练 9-6】使用系统存储过程 sp_depends 显示视图 VIEW_STUDENTINFO 所依赖的对象。操作步骤如下。

① 在 SSMS 中单击"新建查询"按钮新建一个查询编辑器窗口。

② 在查询窗口中输入如下 T-SQL 语句：

    sp_depends VIEW_STUDENTINFO

③ 单击"执行"按钮执行该语句，查询结果窗口中的输出结果如图 9-10 所示。

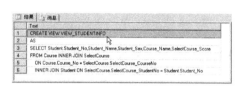

图 9-9　查询结果

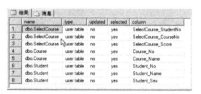

图 9-10　查询结果

9.5　修改视图

用户可以通过 SSMS 的视图设计器修改视图，也可以使用 ALTER VIEW 语句修改视图。

9.5.1　使用 SSMS 修改视图

使用 SSMS 修改视图的操作步骤如下。

① 启动 SSMS，在对象资源管理器中展开"数据库"节点。

② 展开 StudentManagement 下的"视图"节点，右键单击要修改的视图（如 VIEW_STUDENTINFO），从弹出的快捷菜单中选择"设计"命令。

③ 打开"视图设计器"窗口，视图的修改和视图的创建一样，可以在视图设计器中进行，修改也就是再创建。这里不再详述其操作过程，读者可参考视图的创建。

9.5.2　使用 T-SQL 语句修改视图

使用 ALTER VIEW 语句可以修改视图，其语法格式如下：

    ALTER VIEW 视图名

        [WITH ENCRYPTION]

        AS

        SELECT 语句

        [WITH CHECK OPTION]

【演练 9-7】修改视图 VIEW_STUDENTINFO，要求该视图修改后去除"性别"字段并添加每门课程的"学分"。操作步骤如下。

① 在 SSMS 中单击"新建查询"按钮新建一个查询编辑器窗口。

② 在查询窗口中输入如下 T-SQL 语句：

USE StudentManagement

GO

ALTER VIEW VIEW_STUDENTINFO

AS

SELECT Student.Student_No,Student_Name,Course_Name,Course_Credits,SelectCourse_Score

FROM Course INNER JOIN SelectCourse

　　ON Course.Course_No = SelectCourse.SelectCourse_CourseNo

　　INNER JOIN Student ON SelectCourse.SelectCourse_StudentNo = Student.Student_No

GO

sp_help VIEW_STUDENTINFO

GO

③ 单击"执行"按钮执行该语句，查询结果窗口中的输出结果如图 9-11 所示。

图 9-11　查询结果

9.6　通过视图修改表数据

在建立了视图对象后，用户可以使用该视图来检索表中的数据，在满足条件的情况下还可以通过视图来插入、修改和删除数据。由于视图是不存储数据的虚表，因此对视图数据的修改，最终将转换为对基表数据的修改。

对视图进行的修改操作有以下限制。

① 如果视图的字段来自表达式或常量，则不允许对该视图执行 INSERT 和 UPDATE 操作，但允许执行 DELETE 操作。

② 如果视图的字段来自集合函数，则此视图不允许修改操作。

③ 如果视图定义中含有 GROUP BY 子句，则此视图不允许修改操作。

④ 如果视图定义中含有 DISTINCT 短语，则此视图不允许修改操作。

⑤ 在一个不允许修改操作视图上定义的视图，同样也不允许修改操作。

【演练 9-8】使用 T-SQL 语句对视图 VIEW_STUDENTINFO 进行修改，修改学生"张源"的"计算机基础"课程的成绩为 90 分。操作步骤如下。

① 在 SSMS 中单击"新建查询"按钮新建一个查询编辑器窗口。

② 在查询窗口中输入如下 T-SQL 语句：

USE StudentManagement

GO

```
UPDATE VIEW_STUDENTINFO
SET SelectCourse_Score =90
WHERE Student_Name ='张源' AND Course_Name ='计算机基础'
GO
SELECT *
FROM VIEW_STUDENTINFO
WHERE Student_Name ='张源'
GO
```

图 9-12   查询结果

③ 单击"执行"按钮执行该语句，查询结果窗口中的输出结果如图 9-12 所示。

9.7   删除视图

视图的删除与表的删除类似，既可以在 SSMS 中删除，也可以通过 DROP VIEW 语句来删除。删除视图不会影响表中的数据，如果在某个视图上创建了其他数据对象，该视图仍然可以被删除，但是当执行创建在该视图上的数据对象时，操作将出错。

在确认删除视图之前，应该查看视图的依赖关系窗口，查看是否有数据库对象依赖于将被删除的视图。如果存在这样的对象，那么首先应确定是否还有必要保留该对象，如果不必继续保存，则可以直接删除掉该视图，否则只能放弃删除。

9.7.1   使用 SSMS 删除视图

【演练 9-9】删除数据库 StudentManagement 中的视图 VIEW_COURSE_CREDITS。操作步骤如下。

① 启动 SSMS，在对象资源管理器中右键单击视图 VIEW_COURSE_CREDITS，从弹出的快捷菜单中选择"删除"命令。

② 打开"删除对象"对话框，如图 9-13 所示。在删除某个数据表之前，应该首先查看它与其他数据库对象之间是否存在依赖关系。单击"显示依赖关系"按钮，会出现"依赖关系"对话框，如图 9-14 所示。

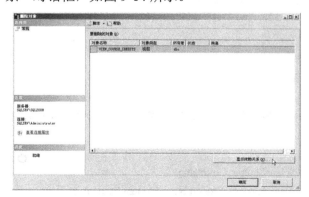

图 9-13   "删除对象"对话框   图 9-14   "依赖关系"对话框

在"依赖关系"对话框中可以查看该视图所依赖的对象和依赖于该视图的对象。当有对象依赖于该视图时，该视图就不能删除。如果没有依赖于该视图的其他数据库对象，则在"删除对象"对话框中单击"确定"按钮，即可删除此视图。显然，从图 9-14 中可以看出，视图 VIEW_COURSE_CREDITS 不存在依赖关系，因此，这里的删除操作可以实现。

③ 在"依赖关系"对话框中单击"确定"按钮，返回"删除对象"对话框。单击"确定"按钮，视图 VIEW_COURSE_CREDITS 就被成功地删除了。

9.7.2 使用 T-SQL 语句删除视图

用户可以使用 T-SQL 语句中的 DROP VIEW 命令删除视图，其语法格式如下：

    DROP VIEW 视图名 **1**, … , 视图名 *n*

可以使用该命令同时删除多个视图，只需在要删除的各视图名称之间用逗号隔开即可。

【演练 9-10】使用 T-SQL 语句删除视图 VIEW_STUDENT。操作步骤如下。

① 在 SSMS 中单击"新建查询"按钮新建一个查询编辑器窗口。

② 在查询窗口中输入如下 T-SQL 语句：

```
USE StudentManagement
GO
DROP VIEW VIEW_STUDENT
GO
```

③ 单击"执行"按钮执行该语句，在对象资源管理器中可以看到视图 VIEW_STUDENT 被删除了，如图 9-15 所示。

图 9-15　视图 VIEW_STUDENT 被删除了

9.8　实训——学籍管理系统视图的创建

在学习了以上各种视图案例的基础上，读者可以通过下面的实训练习进一步巩固使用视图的各种方法。

【实训 9-1】创建名称为 VIEW_STUDENT_SCORE 的视图，包含学生学号、总学分、平均成绩。操作步骤如下。

① 在 SSMS 中单击"新建查询"按钮新建一个查询编辑器窗口。

② 在查询窗口中输入如下 T-SQL 语句：

```
USE StudentManagement
GO
CREATE VIEW VIEW_STUDENT_SCORE
AS
SELECT  Student.Student_No,SUM(Course_Credits) AS Credits_Total,AVG(SelectCourse_Score) AS Score_Average
FROM Course INNER JOIN SelectCourse
    ON Course.Course_No = SelectCourse.SelectCourse_CourseNo
    INNER JOIN Student ON SelectCourse.SelectCourse_StudentNo = Student.Student_No
GROUP BY Student.Student_No
GO
```

```
SELECT *
FROM VIEW_STUDENT_SCORE
GO
```

③ 单击"执行"按钮执行该语句，即可生成视图 VIEW_STUDENT_SCORE，查询视图的结果如图 9-16 所示。

图 9-16　查询结果

【实训 9-2】使用视图 VIEW_STUDENT_SCORE 查找平均成绩在 80 分以上的学生的学号和平均成绩。操作步骤如下。

① 在 SSMS 中单击"新建查询"按钮新建一个查询编辑器窗口。

② 在查询窗口中输入如下 T-SQL 语句：

```
USE StudentManagement
GO
SELECT Student_No,Score_Average
FROM VIEW_STUDENT_SCORE
WHERE Score_Average > 80
GO
```

③ 单击"执行"按钮执行该语句，即可生成视图 VIEW_STUDENT_SCORE，查询视图的结果如图 9-17 所示。

图 9-17　查询结果

习题 9

一、单项选择题

1. SQL 的视图是从_____中导出的。
   - A．基本表
   - B．视图
   - C．基本表或视图
   - D．数据库
2. 在视图上不能完成的操作是_____。
   - A．更新视图数据
   - B．查询
   - C．在视图上定义新的基本表
   - D．在视图上定义新视图
3. 关于数据库视图，下列说法正确的是_____。
   - A．视图可以提高数据的操作性能
   - B．定义视图的语句可以是任何数据操作语句
   - C．视图可以提供一定程度的数据独立性
   - D．视图的数据一般是物理存储的
4. 在下列关于视图的叙述中，正确的是_____。
   - A．当某一视图被删除后，由该视图导出的其他视图也将被自动删除
   - B．若导出某视图的基本表被删除了，则该视图不受任何影响
   - C．视图一旦建立，就不能被删除
   - D．当修改某一视图时，导出该视图的基本表也随之被修改

二、简答题

1. 简答视图的作用及视图的优缺点。
2. 简答基本表与视图的区别和联系。

3．简答查看视图定义信息的方法。

三、设计题

基于图书馆数据库的 3 个表：

图书（图书号，书名，作者，出版社，单价）
读者（读者号，姓名，性别，办公电话，部门）
借阅（读者号，图书号，借出日期，归还日期）

用 T-SQL 语言建立以下视图：

① 建立视图 VIEW_BOOK，包括全体图书的图书号、书名、作者、出版社、单价。

② 建立视图 VIEW_PRESS，包括电子工业出版社、科学出版社、人民邮电出版社的图书信息。

③ 建立视图 VIEW_PRESS_PHEI，包括电子工业出版社图书的平均价格、最高价、最低价。

④ 建立视图 VIEW_READERS，包括读者的读者号、姓名、借阅的图书名、借出日期、归还日期。

第 10 章 索 引

对数据库最频繁的操作是进行数据查询。在一般情况下，数据库在进行查询操作时需要对整张表进行数据搜索。当表中的数据很多时，搜索数据就需要很长的时间，这就造成了服务器的资源浪费。为了加快查询速度，数据库引入了索引机制。

10.1 索引的基础知识

索引是数据库随机检索的常用手段，它实际上就是记录的关键字与其相应地址的对应表。通过索引可以大大提高查询速度。

10.1.1 SQL Server 中数据的存储与访问

在 SQL Server 系统中，数据存储的基本单位是页。一个页是 8KB 的磁盘物理空间。向数据库中插入数据时，数据按照插入的时间顺序被放置在数据页上。通常，放置数据的顺序与数据本身的逻辑关系之间并没有任何的关系。因此，从数据之间的逻辑关系方面来讲，数据是乱七八糟地堆放在一起的。数据的这种堆放方式称为"堆"。当一个页上的数据堆满之后，其他的数据就堆放在另外一个数据页上。

根据上面的叙述，在没有建立索引的表内，使用堆的集合方法组织数据页。在堆的集合中，数据行不按任何顺序进行存储，数据页序列也没有任何特殊顺序。因此，扫描这些数据堆集所花费的时间肯定较长。在建有索引的表内，数据行基于索引的键值按顺序存放，必将改善系统查询数据的速度。在数据存储方面，SQL Server 提供了两种数据访问的方法。

1. 表扫描法

在没有建立索引的表内进行数据访问时，SQL Server 通过表扫描法来获取所需要的数据。当 SQL Server 执行表扫描时，它从表的第一行开始逐行查找，直到找到符合查询条件的行为止。

显然，使用表扫描法所耗费的时间将直接同数据库表中存在的数据量成正比。因此，当数据库中存放大量的数据时，使用表扫描法将造成系统响应时间过长的问题。

2. 索引法

在建有索引的表内进行数据访问时，SQL Server 通过使用索引来获取所需要的数据。当 SQL Server 使用索引时，它会通过遍历索引树等更高级的针对有序数据的查询算法来查找所需行的存储位值，并通过查找的结果提取所需的行。一般而言，因为索引加速了对表中数据行的检索，所以通过使用索引可以加快 SQL Server 访问数据的速度，减少数据访问时间。

10.1.2　索引的优缺点

1．索引的优点

创建索引的优点主要有以下两点。

（1）加快数据查询

在表中创建索引后，当进行以索引为条件的查询时，由于索引是有序的，因此可以采用较优的算法来进行查找，这样就提高了查询速度。对经常用做查询条件的列应当建立索引，而不经常作为查询条件的列则可不建立索引。

（2）加快表的连接、排序和分组工作

进行表的连接、排序和分组工作，都要涉及表的查询工作，而建立索引会提高表的查询速度，从而也加快了这些操作的速度。

2．索引的缺点

创建索引的缺点主要有以下两点。

（1）创建索引需要占用数据空间和时间

创建索引时所需的工作空间大概是数据表空间的 1.2 倍，而且还要占用一定的时间。

（2）建立索引会减慢数据修改的速度

在有索引的数据表中，进行数据修改时，包括记录的插入、删除和修改操作，都要对索引进行更新，修改的数据越多，索引的维护开销就越大，因此索引的存在减慢了数据修改速度。

10.1.3　索引的分类

按照索引值的特点分类，可以将索引分为唯一索引和非唯一索引。按照索引结构的特点分类，可以将索引分为聚集索引和非聚集索引。

1．唯一索引和非唯一索引

唯一索引要求所有数据行中任意两行中的被索引列或索引列组合不能存在重复值，包括不能有两个空值 NULL；而非唯一索引则不存在这样的限制。也就是说，对于表中的任何两行记录来说，索引键的值都是不同的，若表中有多行的记录在某字段上具有相同的值，则不能在该字段上建立唯一索引。

2．聚集索引和非聚集索引

根据索引的顺序与数据表的物理顺序是否相同，可以把索引分为聚集索引和非聚集索引。聚集索引会对磁盘上的数据进行物理排序，所以这种索引对查询非常有效。表中只能有一个聚集索引。当建立主键约束时，如果表中没有聚集索引，SQL Server 会用主键列作为聚集索引键。聚集索引将数据行的键值在表内排序并存储对应的数据记录，使数据表的物理顺序与索引顺序相同。

非聚集索引与图书中的目录类似。非聚集索引不会对表进行物理排序，数据记录与索引分开存储。使用非聚集索引不会影响数据表中记录的实际存储顺序。非聚集索引中存储了组成非聚集索引的关键字值和行定位器。由于非聚集索引使用索引页存储，因此它比聚集索引需要较少的存储空间，但检索效率比聚集索引低。由于一个表只能建一个聚集索引，因此，当用户需要建立多个索引时，就需要使用非聚集索引了。每个表中最多只能创建 249 个非聚集索引。

显然，聚集索引的查询速度比非聚集索引快，但非聚集索引的维护比较容易。

10.1.4　建立索引的原则

创建索引虽然可以提供查询速度，但是它需要牺牲一定的系统性能，因此，创建索引时，哪些列适合创建索引，哪些列不适合创建索引，需要进行一番考察判断才能创建索引。

创建索引需要注意以下事项：

① 每张表只能有一个聚集索引。

② 创建聚集索引时所需要的可用空间是表数据量的 120%，因此要求数据库应有足够的空间。

③ 主键一般都建有聚集索引。

④ 唯一键（UNIQUE）将作为非聚集索引创建。

⑤ 对经常查询的数据列，最好建立索引。

10.2　创建索引

在 SQL Server 中，只有表或视图的拥有者才可以为表创建索引，即使表中没有数据也可以创建索引。索引可以在创建表的约束时由系统自动创建，也可以通过 SSMS 或使用 T-SQL 语句语句来创建。索引的命名也采用 Pascal 命名规则，名称全部大写，以 "IDX_表名_列名" 形式进行命名。

在 SQL Server 2008 中，索引可以由系统自动创建，也可以由用户手工创建。系统在创建表中的其他对象时可以附带地创建新索引，例如新建表时，如果创建主键或者唯一性约束，系统会自动创建相应的索引。如果在 SSMS 中设置主键，系统会自动创建一个唯一的聚集索引，索引名为 "PK_表名"。如果使用 T-SQL 语句添加主键约束，也会创建一个唯一索引，但索引名称为 "PK_表名_xxxxxxxx"，其中 x 是由系统自动生成的。

10.2.1　使用 SSMS 创建索引

使用 SSMS 创建索引又可以分为以下两种方式。

1. 在对象资源管理器中使用 "新建索引" 命令创建索引

【演练 10-1】创建表 Course 的课程编号 Course_No 为唯一索引（UNIQUE 约束），组织方式为聚集索引。操作步骤如下。

① 启动 SSMS，在对象资源管理器中展开 "数据库" 节点，找到要建立索引的表或视图，这里是课程表 Course。

② 右键单击其中的 "索引" 节点，从弹出的快捷菜单中选择 "新建索引" 命令，如

图 10-1 所示。

③ 打开"新建索引"对话框，输入索引名称 IDX_COURSE_NO，选择索引类型为"聚集"，选中"唯一"复选框，单击"添加"按钮，如图 10-2 所示。

④ 打开显示"选择要添加到索引键的表列"提示的对话框，选择要添加的列 Course_No，如图 10-3 所示。

⑤ 添加完毕后，单击"确定"按钮，返回"新建索引"对话框。单击"确定"按钮，完成索引的创建。刷新对象资源管理器中的"索引"节点后就可以看到新建的索引 IDX_COURSE_NO，如图 10-4 所示。

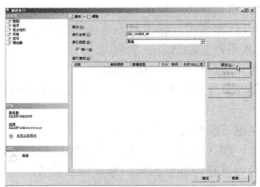

图 10-1　选择"新建索引"菜单项　　　　图 10-2　"新建索引"对话框

图 10-3　选择要添加的列　　　　　　　　图 10-4　新建的索引

2. 使用表设计器创建索引

【演练 10-2】创建表 Course 的课程名称 Course_Name 为唯一索引（UNIQUE 约束），组织方式为非聚集索引。操作步骤如下。

① 启动 SSMS，在对象资源管理器中展开"数据库"节点，找到课程表 Course。

② 右键单击表 Course，从弹出的快捷菜单中选择"设计"命令。

③ 打开"表设计器"窗口，右键单击 Course_Name 列，从弹出的快捷菜单中选择"索引/键"命令，如图 10-5 所示。

④ 打开"索引/键"对话框，单击"添加"按钮，并在右边的"标识"属性区的"名称"栏中输入新索引的名称 IDX_COURSE_NAME（也可以沿用系统默认的名称）。在右边的"常规"属性区中，单击"列"后面的█按钮，可以选择要创建索引的列；将"是唯一的"栏设定为"是"，表示课程名称不允许重复，生成的索引是唯一索引。在"表设计器"属性区中，"创建为聚集的"选项栏用于设置是否创建为聚集索引。由于课程表 Course 中已经存在聚集

索引，因此这里的这个选项不可修改，如图 10-6 所示。

图 10-5　选择"索引/键"命令

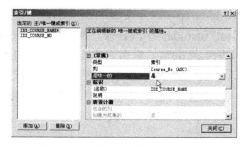
图 10-6　"索引/键"对话框

⑤ 添加完毕后，单击"完成"按钮关闭对话框。单击面板上的"保存"按钮，即完成了索引的创建。

10.2.2　使用 T-SQL 语句创建索引

利用 T-SQL 语句中的 CREATE INDEX 命令可以创建索引，其语法格式如下：

CREATE[UNIQUE][CLUSTERED| NCLUSTERED] INDEX 索引名
**　　ON 表名 (字段名[ASC/DESC,…n])　[WITH [索引选项 [,…n]]**
**　　[ON 文件组]**

各参数的含义说明如下。

UNIQUE：为表或视图创建唯一索引。

CLUSTERED：表示创建聚集索引。键值的逻辑顺序决定了表中对应行的物理顺序。

NONCLUSTERED：创建非聚集索引。

ASC/DESC：用来指定索引列的排序方式，ASC 是升序，DESC 是降序。默认值为 ASC。

ON 文件组：在给定的文件组上创建指定的索引。该文件组必须已经通过执行 CREATE DATABASE 或 ALTER DATABASE 创建。

索引选项包括：

DROP_EXISTING：指定先删除存在的聚集、非聚集索引或 XML 索引。

FILLFACTOR（填充因子）：指定在 SQL Server 创建索引的过程中，各索引页叶级的填满程度。

IGNORE_DUP_KEY：控制当尝试向属于唯一聚集索引的列插入重复的键值时所发生的情况。

【演练 10-3】为表 Student 创建一个非聚集索引，索引字段为 Student_Name，排序顺序为 Student_Name 降序，索引名为 IDX_STUDENT_NAME。操作步骤如下。

① 在 SSMS 中单击"新建查询"按钮新建一个查询编辑器窗口。

② 在查询窗口中输入如下 T-SQL 语句：

```
USE StudentManagement
GO
CREATE NONCLUSTERED INDEX IDX_STUDENT_NAME
ON Student(Student_Name DESC)
GO
```

③ 单击"执行"按钮执行该语句，即可生成索引。

【演练 10-4】为表 Student 创建一个非聚集复合索引，使用的字段为 Student_Sex 字段和 Student_Birthday 字段，排序顺序为 Student_Sex 降序，Student_Birthday 升序，索引页叶级的填满程度为 60%，索引名为 IDX_STUDENT_SEXBIRTHDAY。操作步骤如下。

① 在 SSMS 中单击"新建查询"按钮新建一个查询编辑器窗口。

② 在查询窗口中输入如下 T-SQL 语句：

```
USE StudentManagement
GO
CREATE NONCLUSTERED INDEX IDX_STUDENT_SEXBIRTHDAY
ON Student(Student_Sex DESC,Student_Birthday)
WITH FILLFACTOR = 60
GO
```

③ 单击"执行"按钮执行该语句，即可生成索引。

【演练 10-5】使用 CREATE INDEX 语句为表 SelectCourse 创建一个唯一聚集索引，使用的字段为 SelectCourse_StudentNo 字段和 SelectCourse_CourseNo 字段，索引名为 IDX_SELECTCOURSE_STUDENTCOURSE。操作步骤如下。

① 在 SSMS 中单击"新建查询"按钮新建一个查询编辑器窗口。

② 在查询窗口中输入如下 T-SQL 语句：

```
USE StudentManagement
GO
CREATE UNIQUE CLUSTERED INDEX IDX_SELECTCOURSE_STUDENTCOURSE
ON SelectCourse(SelectCourse_StudentNo,SelectCourse_CourseNo)
GO
```

③ 单击"执行"按钮执行该语句，即可生成索引。

10.3 查看和修改索引

用户可以使用 SSMS 查看和修改索引，也可以使用 T-SQL 语句完成这个任务。

10.3.1 使用 SSMS 查看和修改索引

【演练 10-6】查看表 Student 中的索引。使用 SSMS 查询索引的操作步骤如下。

① 启动 SSMS，在对象资源管理器中展开表 Student 的索引节点，找到要查看的索引，这里是索引 IDX_STUDENT_SEXBIRTHDAY。

② 右键单击索引 IDX_STUDENT_SEXBIRTHDAY，从弹出的快捷菜单上选择"属性"命令，如图 10-7 所示。

③ 打开"索引属性"对话框，显示出定义索引的各项参数，如图 10-8 所示。在对话框中可以修改索引的定义，单击"添加"按钮可以向当前索引键列中加入新的索引字段；选中某个索引字段后，单击"删除"按钮可以将其从索引键列中移走。

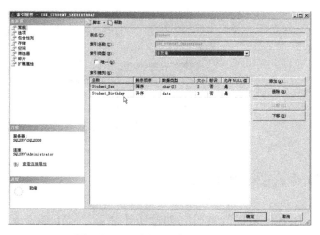

图 10-7　选择"属性"命令　　　　　　图 10-8　"索引属性"对话框

10.3.2　使用 T-SQL 语句查看和修改索引

1．查看索引信息

用户可以使用系统存储过程 sp_helpindex 查看有关表中的索引信息。

【演练 10-7】使用系统存储过程查看表 Student 中的索引信息。操作步骤如下。

① 在 SSMS 中单击"新建查询"按钮新建一个查询编辑器窗口。

② 在查询窗口中输入如下 T-SQL 语句：

USE StudentManagement

GO

sp_helpindex Student

GO

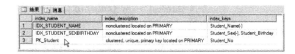

图 10-9　查询结果

③ 单击"执行"按钮执行该语句，查询
结果窗口中显示出表 Student 中的索引信息，如图 10-9 所示。

2．修改索引名称

可以使用系统存储过程 sp_rename 修改索引的名称，其语法格式如下：

　　　　sp_rename[@objname=]'object_name',[@newname=]'new_name'

【演练 10-8】使用系统存储过程修改索引 IDX_STUDENT_NAME 的名称为 IDX_
STUDENT_NAMEONE。操作步骤如下。

① 在 SSMS 中单击"新建查询"按钮新建一个查询编辑器窗口。

② 在查询窗口中输入如下 T-SQL 语句：

USE StudentManagement

GO

sp_rename 'Student.IDX_STUDENT_NAME','IDX_STUDENT_NAMEONE'

GO

③ 单击"执行"按钮执行该语句，对象资源管理器中显示出修改后的索引名称，如图 10-10
所示。

图 10-10   修改后的索引名称

10.4   统计索引

SQL Server 可以为索引列创建统计信息。SQL Server 为维护某一个索引关键值的分布统计信息，并且使用这些统计信息来确定在查询过程中哪一个索引是有用的。查询的优化依赖于这些统计信息的分布准确度。

当表中数据发生变化时，SQL Server 周期性地自动修改统计信息。索引统计被自动地修改，索引中的关键值显著变化。统计信息修改的频率由索引中的数据量和数据变化量确定。例如，如果表中有 10000 行数据，其中 1000 行数据修改了，那么统计信息可能需要修改。然而如果只有 50 行数据修改了，那么仍然保持当前的统计信息。

索引统计信息既可以在 SSMS 中自动创建（在表中建立索引的同时 SSMS 也自动建立该索引的统计信息），也可以使用 CREATE STATISTICS 语句在数据表的某一列或多列上创建。其语法格式如下：

> **CREATE STATISTICS statistics_name**
> **ON {table | view}(column [,…n])**
> **[WITH**
> **[[FULLSCAN | SAMPLE number {PERCENT | ROWS}][,]]**
> **[NORECOMPUTE]]**

各参数的含义说明如下。

statistics_name：表示要创建的统计信息名称。

Table：要在其上创建命名统计的表名。Table 是与 column 关联的表。可以选择是否指定表所有者的名称。若指定合法的数据库名称，则可以在其他数据库中的表中创建统计。

View：要在其上创建名称统计的视图名。

Column：要在其上创建统计的一列或一组列的名称。

FULLSCAN：指定应读取 table 中的所有行以收集统计信息。指定 FULLSCAN 具有与 SAMPLE 100 PERCENT 相同的行为。此选项不能与 SAMPLE 选项一起使用。

SAMPLE number {PERCENT | ROWS}：指定应使用随机采样来读取一定百分比或指定行数的数据以收集统计信息。Number 只能为整数，如果是 PERCENT，则 Number 应介于 0～100 之间；如果是 ROWS，则 number 可以是 0～n 的总行数。此选项不能与 FULLSCAN 选项一起使用。如果没有给出 SAMPLE 或 FULLSCAN 选项，SQL Server 会计算出一个自动样本。

【演练 10-9】在表 Student 中创建名为 IDX_STUDENT_SEX 的统计，该统计基于表 Student 中 Student_No 列、Student_Name 列和 Student_Sex 列的 5% 的数据计算随机采样统计。操作步骤如下。

① 在 SSMS 中单击"新建查询"按钮新建一个查询编辑器窗口。

② 在查询窗口中输入如下 T-SQL 语句：

```
USE StudentManagement
GO
CREATE STATISTICS IDX_STUDENT_SEX
ON Student(Student_No,Student_Name,Student_Sex)
WITH SAMPLE 5 PERCENT
GO
```

③ 单击"执行"按钮执行该语句，对象资源管理器中显示出新建的索引统计信息 IDX_STUDENT_SEX，如图 10-11 所示。

图 10-11　新建的索引统计信息

10.5　删除索引

如果不再需要某个索引或表中的某个索引已经对系统性能造成负面影响时，就需要删除索引。SQL Server 提供了两种方法删除索引，一种是在 SSMS 中删除索引，另一种是使用 T-SQL 语句删除索引。

10.5.1　使用 SSMS 删除索引

【演练 10-10】删除表 Student 中的索引 IDX_STUDENT_NAMEONE。操作步骤如下。

① 启动 SSMS，在对象资源管理器中展开服务器节点，找到表 Student 的索引 IDX_STUDENT_NAMEONE。右键单击该索引，从弹出的快捷菜单中选择"删除"命令。

② 打开"删除对象"对话框，对话框中显示当前要删除索引的基本情况，如图 10-12 所示。单击"确定"按钮，索引 IDX_STUDENT_NAMEONE 被成功地删除，在对象资源管理器中看不到该索引了，如图 10-13 所示。

图 10-12　"删除对象"对话框

图 10-13　索引被删除了

需要说明的是，以上操作是删除单个索引的方法。如果用户需要删除多个索引，可以在表设计器中，右键单击某个字段，从弹出的快捷菜单中选择"索引/键"命令，在打开的"索引/键"对话框中完成多个索引的删除。

10.5.2　使用 T-SQL 语句删除索引

使用 DROP INDEX 命令可以删除一个或多个当前数据库中的索引。其语法格式如下：

DROP INDEX 表名.索引名 [,…n]

在删除索引时，需要注意如下事项：

① 不能删除由 PRIMARY KEY 约束或 UNIQUE 约束创建的索引。这些索引必须通过删除 PRIMARY KEY 约束或 UNIQUE 约束，由系统自动删除。

② 在删除聚集索引时，表中的所有非聚集索引都将被重建。

③ 在系统表的索引上不能进行 DROP INDEX 操作。

【演练 10-11】删除学生表 Student 中的索引 IDX_STUDENT_SEXBIRTHDAY。操作步骤如下。

① 在 SSMS 中单击"新建查询"按钮新建一个查询编辑器窗口。

② 在查询窗口中输入如下 T-SQL 语句：

USE StudentManagement

GO

DROP INDEX Student.IDX_STUDENT_SEXBIRTHDAY

GO

③ 单击"执行"按钮执行该语句，索引被成功地删除了，如图 10-14 所示。

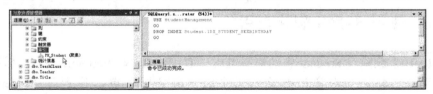

图 10-14　索引被删除了

10.6　实训——学籍管理系统索引的创建

在学习了以上各种索引案例的基础上，读者可以通过下面的实训练习进一步巩固使用索引的各种方法。

【实训 10-1】为教师表 Teacher 创建一个唯一非聚集复合索引，使用的字段为职称编号 Teacher_TitleCode 和教师编号 Teacher_No，排序顺序为 Teacher_TitleCode 升序，Teacher_No 降序，索引名为 IDX_TEACHER_TITLEANDNO。操作步骤如下。

① 在 SSMS 中单击"新建查询"按钮新建一个查询编辑器窗口。

② 在查询窗口中输入如下 T-SQL 语句：

USE StudentManagement

GO

```
CREATE UNIQUE NONCLUSTERED INDEX IDX_TEACHER_TITLEANDNO
ON Teacher(Teacher_TitleCode,Teacher_No DESC)
GO
sp_helpindex Teacher
GO
```

③ 单击"执行"按钮执行该语句，即可生成索引 IDX_TEACHER_TITLEANDNO，查询索引定义信息的结果如图 10-15 所示。

图 10-15　索引定义信息

【实训 10-2】为教师表 Teacher 创建一个非聚集复合索引，使用的字段为系编号 Teacher_DepartmentNo 和教师姓名 Teacher_Name，排序顺序为 Teacher_DepartmentNo 降序，Teacher_Name 升序，索引名称为 IDX_TEACHER_DEPARTANDNAME。操作步骤如下。

① 在 SSMS 中单击"新建查询"按钮新建一个查询编辑器窗口。

② 在查询窗口中输入如下 T-SQL 语句：

```
USE StudentManagement
GO
CREATE NONCLUSTERED INDEX IDX_TEACHER_DEPARTANDNAME
ON Teacher(Teacher_DepartmentNo DESC,Teacher_Name)
GO
sp_helpindex Teacher
GO
```

③ 单击"执行"按钮执行该语句，即可生成索引"IDX_TEACHER_ DEPARTANDNAME"，查询索引定义信息的结果如图 10-16 所示。

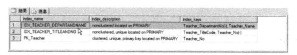

图 10-16　查询结果

按照类似的方法，读者可以继续创建学籍管理系统其余表的相关索引，这里不再赘述。

习题 10

一、填空题

1．在索引命令中使用关键字 CLUSTERED 和 NONCLUSTERED 表示将分别建立_____索引和_____索引。

2．访问数据库中的数据有两种方法，分别是：_____和_____。

3．索引一旦创建，将由_____自动管理和维护。

4．在一个表中，最多可以定义_____个聚集索引，最多可以有_____个非聚集索引。

二、单项选择题

1．为数据表创建索引的目的是_____。
   A．提高查询的检索性能　　　　　　　B．节省存储空间
   C．便于管理　　　　　　　　　　　　D．归类
2．索引是指对数据库表中_____字段的值进行排序。
   A．一个　　　　　B．多个　　　　　C．一个或多个　　　　　D．零个
3．下列_____属性不适合建立索引。
   A．经常出现在 GROUP BY 字句中的属性　　　B．经常参与连接操作的属性
   C．经常出现在 WHERE 字句中的属性　　　　　D．经常需要进行更新操作的属性

三、简答题

1．简述引入索引的主要目的。
2．简述聚集索引和非聚集索引的区别。
3．删除索引时，其所对应的数据表会被删除吗？

四、设计题

基于图书馆数据库的 3 个表：
　　图书（图书号，书名，作者，出版社，单价）
　　读者（读者号，姓名，性别，办公电话，部门）
　　借阅（读者号，图书号，借出日期，归还日期）
用 T-SQL 语言建立以下视图：
（1）建立图书表和读者表的主键索引。
（2）建立图书表的非聚合索引 IDX_BOOKS_PRICE，使用的字段为单价，排序顺序为单价降序。
（3）建立读者表的唯一非聚合索引 IDX_READERS_READERNOANDNAME，使用的字段为读者号和姓名，排序顺序为读者号降序，姓名升序。
（4）建立借阅表的唯一聚合索引 IDX_BORROW_READERANDBOOK，使用的字段为读者号和图书号。
（5）在读者表中创建名为 IDX_READERS_SEX 的统计，该统计基于读者表中读者号列、姓名列和性别列的 5%的数据计算随机采样统计。
（6）修改索引 IDX_BOOKS_PRICE 的索引名称为 IDX_BOOKS_MONEY。
（7）删除索引 IDX_BOOKS_MONEY。

第 11 章　T-SQL 语言

T-SQL 是 SQL Server 提供的查询语言，使用 T-SQL 编写应用程序可以完成所有的数据库管理工作。对于用户来说，T-SQL 是唯一可以和 SQL Server 2008 数据库管理系统进行交互的语言。

11.1　T-SQL 语言简介

T-SQL 的全称是 Transact Structured Query Language，是 SQL Server 专用标准结构化查询语言增强版。

11.1.1　SQL 语言与 T-SQL 语言

1. SQL 语言

SQL 语言的全名是结构化查询语言（Structured Query Language），是一种介于关系代数与关系演算之间的结构化查询语言，其功能并不仅仅是查询。SQL 语言是一种通用的、功能极强的关系数据库语言。IBM 公司最早在其开发的数据库系统中使用该语言。1986 年 10 月，美国 ANSI 对 SQL 进行规范后，以此作为关系数据库管理系统的标准语言。

SQL 作为关系数据库的标准语言，它已被众多商用数据库管理系统产品所采用。由于不同的数据库管理系统在其实践过程中对 SQL 规范做了某些改变和扩充，因此，实际上，不同数据库管理系统之间的 SQL 语言不能完全通用。例如，微软公司的 MS SQL-Server 支持的是 T-SQL，而甲骨文公司的 Oracle 数据库所使用的 SQL 语言则是 PL-SQL。

2. T-SQL 语言

T-SQL 是 SQL 语言的一种版本，且只能在微软 MS SQL-Server 及 Sybase Adaptive Server 系列数据库上使用。

T-SQL 是 ANSI SQL 的扩展加强版语言，除了提供标准的 SQL 命令之外，T-SQL 还对 SQL 做了许多补充，提供了类似 C、BASIC 和 Pascal 语言的基本功能，如变量说明、流控制语言、功能函数等。尽管 SQL Server 2008 提供了使用方便的图形化用户界面，但各种功能的实现基础是 T-SQL 语言，只有 T-SQL 语言才可以直接和数据库引擎进行交互。

11.1.2　T-SQL 语言的构成

在 SQL Server 数据库中，T-SQL 语言由以下几部分组成。

1. 数据定义语言（DDL）

DDL 用于执行数据库的任务，对数据库及数据库中的各种对象进行创建、删除、修改等操作。如前所述，数据库对象主要包括表、默认约束、规则、视图、触发器、存储过程。DDL 包括的主要语句及功能见表 11-1。

表 11-1   DDL 主要语句及功能

语　句	功　能	说　明
CREATE	创建数据库或数据库对象	不同数据库对象，其 CREATE 语句的语法形式不同
ALTER	对数据库或数据库对象进行修改	不同数据库对象，其 ALTER 语句的语法形式不同
DROP	删除数据库或数据库对象	不同数据库对象，其 DROP 语句的语法形式不同

2．数据操纵语言（DML）

DML 用于操纵数据库中的各种对象，检索和修改数据。DML 包括的主要语句及功能见表 11-2。

表 11-2   DML 主要语句及功能

语　句	功　能	说　明
SELECT	从表或视图中检索数据	是使用最频繁的 SQL 语句之一
INSERT	将数据插入到表或视图中	可根据需要只插入某些列的数据
UPDATE	修改表或视图中的数据	既可修改表或视图的一行数据，也可修改一组或全部数据
DELETE	从表或视图中删除数据	可根据条件删除指定的数据

3．数据控制语言（DCL）

DCL 用于安全管理，确定哪些用户可以查看或修改数据库中的数据。DCL 包括的主要语句及功能见表 11-3。

表 11-3   DCL 主要语句及功能

语　句	功　能	说　明
GRANT	授予权限	可把语句许可或对象许可的权限授予其他用户和角色
REVOKE	收回权限	与 GRANT 的功能相反，但不影响该用户或角色从其他角色中作为成员继承许可权限
DENY	收回权限，并禁止从其他角色继承许可权限	功能与 REVOKE 相似，不同之处是，除收回权限外，还禁止从其他角色继承许可权限

4．T-SQL 增加的语言元素

这部分不是 ANSI SQL 所包含的内容，而是微软公司为了用户编程的方便而增加的语言元素。这些语言元素包括变量、运算符、流程控制语句、函数等。这些 T-SQL 语句都可以在查询编辑器中交互执行。本章将介绍这部分增加的语言元素。

11.2　注释符和标识符

11.2.1　注释符

注释，也称为注解，是写在程序代码中的说明性文字，它们对程序的结构及功能进行文字说明。注释内容不被系统编译，也不被程序执行。程序中的注释可以增加程序的可读性。

在 T-SQL 语言中可以使用两种注释符：行注释和块注释。

1．行注释

行注释符为"--"，这是 ANSI 标准的注释符，用于单行注释。

2．块注释

块注释符为"/*…*/"，"/*"用于注释文字的开头，"*/"用于注释文字的末尾。块注释符可在程序中标识多行文字为注释。

11.2.2　标识符

SQL Server 的所有对象，包括服务器、数据库及数据库对象，如表、视图、列、索引、触发器、存储过程、规则、默认值和约束等都可以有一个标识符。对绝大多数对象来说，标识符是必不可少的；但对某些对象如约束来说，是否规定标识符是可选的。对象的标识符一般在创建对象时定义，作为引用对象的工具使用。

1．标识符的分类

在 SQL Server 中，标识符共有两种类型：一种是规则标识符（Regular Identifer），另一种是界定标识符（Delimited Identifer）。其中，规则标识符严格遵守标识符的有关格式的规定，所以在 T_SQL 中，凡是规则运算符都不必使用定界符。对于不符合标识符格式的标识符要使用界定符"[]"。

2．标识符格式

标识符格式有以下要求：

- 标识符必须是统一码（Unicode）2.0 标准中规定的字符，包括 26 个英文字母及其他语言字符（如汉字）。
- 标识符后的字符可以是（除条件一）"_"、"@"、"#"、"$"及数字。
- 标识符不允许是 T-SQL 的保留字。
- 标识符内不允许有空格和特殊字符。
- 标识符不区分大小写。

另外，某些以特殊符号开头的标识符在 SQL Server 中具有特定的含义。例如，以"@"开头的标识符表示这是一个局部变量或是一个函数的参数；以"#"开头的标识符表示这是一个临时表或是一个存储过程；以"##"开头的标识符表示这是一个全局的临时数据库对象。

无论是界定标识符还是规则标识符，最多都只能容纳 128 个字符。对于本地的临时表，最多可以有 116 个字符。

3．对象命名规则

SQL Server 的数据库对象名字由 1～128 个字符组成，不区分大小写。在一个数据库中创建了一个数据库对象后，数据库对象的全名应该由服务器名、数据库名、拥有者名和对象名这 4 个部分组成，格式如下：

[[[server.][database].][owner_name.]object_name

在实际引用对象时，可以省略其中某部分的名称，只留下空白的位置。

11.3　常量与变量

在学习 T-SQL 语言编程之前，首先应掌握常量、数据类型与变量的定义和使用方法。

11.3.1　常量

常量是指在程序运行过程中其值不变的量。T-SQL 的常量主要有以下几种。

1. 字符串常量

字符串常量包含在单引号之内，由字母数字（如 a～z，A～Z，0～9）及特殊符号（!，@，#）组成。如'SQL Server 2008'。如果单引号中的字符串包含引号，则使用两个单引号来表示嵌入的单引号。例如，'Tom''s birthday'即表示 Tom's birthday。

2. 数值常量

（1）Bit 常量

Bit 常量用 0 或 1 表示。如果是一个大于 1 的数，它将被转化为 1。

（2）Integer 常量

Integer 常量即整数常量，不包含小数点，如：1968。

（3）Decimal 常量

Decimal 常量可以包含小数点的数值常量，如：123.456。

（4）Float 常量和 Real 常量

Float 常量和 Real 常量使用科学计数法表示，如：101.5E6、54.8E-11 等。

（5）Money 常量

Money 常量为货币类型，以"$"作为前缀，可以包含小数点，如：$2000。

3. 日期常量

日期常量使用特定格式的字符日期表示，并用单引号括起来。SQL Server 可以识别如下格式的日期和时间：

- 字母日期格式，例如，'April 20,2012'。
- 数字日期格式，例如，'04/15/2010'，'2010-04-15'。
- 未分隔的字符串格式，例如，'20101207'。

11.3.2　变量

变量是指在程序运行过程中其值可以改变的量。变量又分为局部变量和全局变量。局部变量是一个能够保存特定数据类型实例的对象，是程序中各种类型数据的临时存储单元。全局变量是系统给定的特殊变量。

1. 局部变量

局部变量是用户在程序中定义的变量，一次只能保存一个值，它仅在定义的批处理范围内有效。局部变量可以临时存储数值。局部变量名总是以"@"符号开始，最长为 128 个字符。

（1）局部变量的声明

使用 DECLARE 语句声明局部变量，定义局部变量的名字、数据类型，有些还需要确定变量的长度。局部变量声明格式为：

      DECLARE @变量名　数据类型[,…n]

其中，变量名采用 camel 命名规则，混合使用大小写字母来构成变量的名字，每个逻辑断点都有一个大写字母或下画线来标记。同时，变量名还要符合 SQL 标识符的命名规则，并且首字母为"@"字符。

（2）给局部变量赋值

局部变量的初值为 NULL，可以使用 SELECT 或 SET 语句对局部变量进行赋值。SET 语句一次只能给一个局部变量赋值，而 SELECT 语句可以同时给一个或多个变量赋值，并将结果显示在查询结果窗口。其语法格式为：

      SET @变量名=表达式

或者

      SELECT @变量名=表达式　FROM　表名　WHERE　条件表达式

【演练 11-1】定义两个局部变量，用它们来显示当前的日期。操作步骤如下。

① 在 SSMS 中单击"新建查询"按钮新建一个查询编辑器窗口。

② 在查询窗口中输入如下 T-SQL 语句：

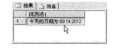

图 11-1　输出结果

```
DECLARE @todayDate CHAR(10),@dispStr VARCHAR(20)
set @todayDate=getdate()
set @dispStr='今天的日期为:'
SELECT @dispstr+@todaydate
```

③ 单击"执行"按钮执行该语句，查询结果窗口中的输出结果如图 11-1 所示。

【演练 11-2】通过 SELECT 语句来给多个变量赋值。操作步骤如下。

① 在 SSMS 中单击"新建查询"按钮新建一个查询编辑器窗口。

② 在查询窗口中输入如下 T-SQL 语句：

```
USE StudentManagement
GO
DECLARE @学号 VARCHAR(10),@姓名 VARCHAR(50),@班级 VARCHAR(50)
DECLARE @所在系 VARCHAR(80),@msgstr VARCHAR(50)
--变量赋值
SELECT @学号=Student.Student_No,@姓名=Student_Name,@班级=Class_Name,
       @所在系= Department_Name
FROM Sudent,Cass,Department
WHERE Student.Student_ClassNo = Class.Class_No
    AND Class.Class_DepartmentNo = Department.Department_No
SET @msgstr='学号:'+@学号+'    姓名:'+@姓名+'    班级:'+@班级+'    所在系:'+ @所在系
```

--显示信息

SELECT @msgstr

GO

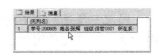

③ 单击"执行"按钮执行该语句，查询结果窗口中的输出结果如图 11-2 所示。

图 11-2　输出结果

需要说明的是，当返回的行数大于 1 时，仅最后一行的数据赋给变量。如果要一行一行地进行处理，则需要用到游标或循环的概念。

（3）局部变量的作用域

局部变量只能在声明它的批处理、存储过程或触发器中使用，而且引用它的语句必须在声明语句之后。也就是说，局部变量的使用遵循"先声明，后引用"的原则，即变量的作用域局限于定义它的批处理、存储过程或触发器中，一旦离开定义单元，局部变量也将自动消失。

【演练 11-3】局部变量引用出错的演示。操作步骤如下。

① 在 SSMS 中单击"新建查询"按钮新建一个查询编辑器窗口。

② 在查询窗口中输入如下 T-SQL 语句：

DECLARE @dispstr VARCHAR(20)

SET @dispstr='这是一个局部变量引用出错的演示'

GO

--批处理在这里结束，局部变量被清除。

SELECT @dispstr

GO

图 11-3　错误信息

③ 单击"执行"按钮执行该语句，查询结果窗口中的错误信息如图 11-3 所示。

2．全局变量

全局变量是 SQL Server 系统提供并赋值的变量。用户不能定义全局变量，也不能用 SET 语句来修改全局变量。通常将全局变量的值赋给局部变量，以便保存和处理。事实上，在 SQL Server 中，全局变量是一组特定的函数，它们的名称是以"@@"开头的，而且不需要任何参数。在调用时，无须在函数名后面加上一对圆括号。这些函数也称为无参数函数。

大部分的全局变量用于记录 SQL Server 服务器的当前状态信息，通过引用这些全局变量，查询服务器的相关信息和操作的状态等。

【演练 11-4】利用全局变量查看 SQL Server 的版本、当前使用的语言、服务器及服务器名称。操作步骤如下。

① 在 SSMS 中单击"新建查询"按钮新建一个查询编辑器窗口。

② 在查询窗口中输入如下 T-SQL 语句：

PRINT '所用 SQL sever 的版本信息'

PRINT @@version

PRINT ''

PRINT '服务器名称为：　　　'+@@servername

PRINT '所用的语言为：　　　'+@@language

PRINT '所用的服务为：　　　'+@@servicename

GO

图 11-4　输出结果

③ 单击"执行"按钮执行该语句，查询结果窗口中的输出结果如图 11-4 所示。

11.4　运算符与表达式

运算符与表达式是构成 T-SQL 语句的基础。

11.4.1　运算符

运算符是一种符号，用来指定要在一个或多个表达式中执行的操作。在 SQL Server 2008 中，运算符主要有以下六大类：算术运算符、赋值运算符、位运算符、比较运算符、逻辑运算符、字符串连接运算符。

1．算术运算符

算术运算符用于对两个表达式执行数学运算，这两个表达式可以是任何一种数值型数据。算术运算符包括加（+）、减（−）、乘（*）、除（/）和取模（%）。加（+）、减（−）运算符还可用于对日期时间类型的值进行算术运算。

2．赋值运算符

T-SQL 中只有一个赋值运算符，即等号（=）。赋值运算符使用户能够将数据值指派给特定的对象。另外，还可以使用赋值运算符在列标题和为列定义值的表达式之间建立关系。

3．位运算符

位运算符用于对两个表达式执行位操作，这两个表达式的类型可以是整型或与整型兼容的数据类型（如字符型等，但不能为 image 类型）。位运算符见表 11-4。

4．比较运算符

比较运算符也称为关系运算符，见表 11-5，用于比较两个表达式的大小或是否相同，其比较的结果是布尔值，即 True（表示表达式的结果为真）、False（表示表达式的结果为假）以及 UNKNOWN。除了 text、ntext 或 image 数据类型的表达式外，比较运算符可以用于所有的表达式。

表 11-4　位运算符

运　算　符	运　算　规　则
&	两个位均为 1 时，结果为 1，否则为 0
|	只要一个位为 1，则结果为 1，否则为 0
^	两个位值不同时，结果为 1，否则为 0

表 11-5　比较运算符

运　算　符	含　　义
=	相等
>	大于
<	小于
>=	大于等于
<=	小于等于
<>、!=	不等于
!<	不小于
!>	不大于

5．逻辑运算符

逻辑运算符用于对某个条件进行测试，运算结果为 True 或 False。SQL Server 提供的逻辑运算符见表 11-6。这里的逻辑运算符在 SELECT 语句的 WHERE 子句中使用过，此处再做一些补充。

表 11-6　逻辑运算符

运　算　符	运　算　规　则
AND	如果两个操作数值都为 True，则运算结果为 True
OR	如果两个操作数中有一个为 True，则运算结果为 True
NOT	若一个操作数值为 True，则运算结果为 False，否则为 True
ALL	如果每个操作数值都为 True，则运算结果为 True
ANY	在一系列操作数中只要有一个为 True，则运算结果为 True
BETWEEN	如果操作数在指定的范围内，则运算结果为 True
EXISTS	如果子查询包含一些行，则运算结果为 True
IN	如果操作数值等于表达式列表中的一个，则运算结果为 True
LIKE	如果操作数与一种模式相匹配，则运算结果为 True
SOME	如果在一系列操作数中，有些值为 True，则运算结果为 True

6．字符串连接运算符

加号（+）是字符串连接运算符，可以用它将字符串连接起来。在 SQL Server 2008 中，允许使用加号对两个或多个字符串进行串联。

例如，对于语句 SELECT 'abc'+'def'，其结果为 abcdef。

7．运算符的优先顺序

当一个复杂的表达式中包含多种运算符时，运算符的优先顺序将决定表达式的计算和比较顺序。在一个表达式中，按先高（优先级数字小）后低（优先级数字大）的顺序进行运算。当一个表达式中的两个运算符有相同的运算符优先级别时，将按照它们在表达式中的位置对其从左到右进行求值。运算符优先级顺序表见表 11-7。

表 11-7　运算符优先级顺序表

优　先　级	运　算　符
1	+（正）、−（负）、~（按位 NOT）
2	*（乘）、/（除）、%（模）
3	+（加）、+（连接）、−（减）
4	=、>、<、>=、<=、<>、!=、!>、!<
5	^（位异或）、&（位与）、|（位或）
6	NOT
7	AND
8	ALL、ANY、BETWEEN、IN、LIKE、OR、SOME
9	=（赋值）

11.4.2　表达式

表达式就是常量、变量、列名、复杂计算、运算符和函数的组合。表达式通常可以得到一个值，并且值也具有某种数据类型。这样，根据表达式的值的类型，表达式可分为字符型表达式、数值型表达式和日期时间型表达式。表达式一般用在 SELECT 及 SELECT 语句的 WHERE 子句中,还可以根据值的复杂性来分类。

如果表达式的结果只是一个值,如一个数值、一个单词或一个日期,则这种表达式叫做标量表达式,如 1+2, 'a'>'b'。

如果表达式的结果是由不同类型数据组成的一行值,则这种表达式叫做行表达式。例如,对于(学号, '王红', '计算机', 60*5),当学号列的值为 091101 时,这个行表达式的值就为 ('091101', '王红', '计算机', 300)。

如果表达式的结果为 0 个、1 个或多个行表达式的集合,则这个表达式叫做表达式。

11.5 流程控制语句

SQL Server 支持结构化编程方法,对顺序结构、选择分支结构和循环结构,都有相应的语句来实现。在开发设计 T-SQL 程序时,常常需要使用流程控制语句来实现较复杂的功能,SQL Server 提供的流程控制语句见表 11-8。

表 11-8 流程控制语句

关 键 字	描　　述
BEGIN…END	定义语句块
BREAK	退出最内层的 WHILE 循环
CONTINUE	重新开始 WHILE 循环
GOTO label	从 label 之后的语句处继续处理
IF…ELSE	定义条件及当一个条件为 False 时的操作
RETURN	无条件退出
WAITFOR	为语句的执行设置延迟
WHILE	当特定条件为 True 时重复语句

11.5.1 BEGIN…END 语句块

BEGIN…END 语句块用于将多条 T-SQL 语句组合成一个语句块,并将它们视为一个单元处理。在条件语句和循环语句等控制流程语句中,当符合特定条件需要执行两条或者多条语句时,就应该使用 BEGIN…END 语句将这些语句组合在一起。其语法格式如下:

BEGIN
　　{ sql_statement | statement_block }
END

其中,关键字 BEGIN 是 T-SQL 语句块的起始位置,END 用于标记同一个 T-SQL 语句块的结尾;sql_statement 是语句块中的 T-SQL 语句;BEGIN…END 可以嵌套使用,statement_block 表示使用 BEGIN…END 定义的另一个语句块。

【演练 11-5】使用 BEGIN…END 语句块分别显示学生表 Student 和课程表 Course 的记录。操作步骤如下。

① 在 SSMS 中单击"新建查询"按钮新建一个查询编辑器窗口。

② 在查询窗口中输入如下 T-SQL 语句:

```
USE StudentManagement
GO
BEGIN
    SELECT * FROM Student
    SELECT * FROM Course
END
GO
```

③ 单击“执行”按钮执行该语句，查询结果窗口中的输出结果如图 11-5 所示。

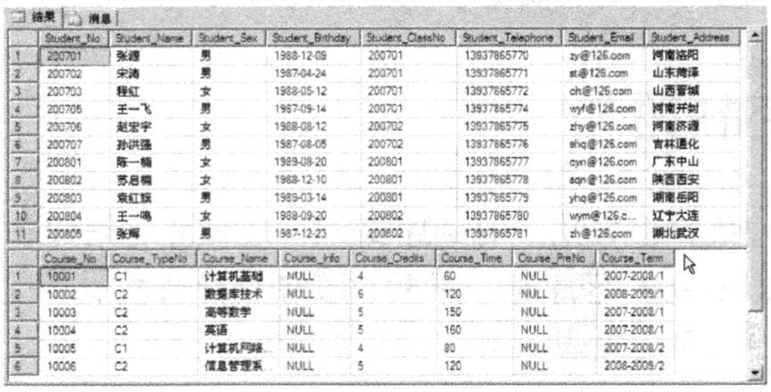

结果 消息

	Student_No	Student_Name	Student_Sex	Student_Birthday	Student_ClassNo	Student_Telephone	Student_Email	Student_Address
1	200701	张源	男	1988-12-09	200701	13937865770	zy@126.com	河南洛阳
2	200702	宋涛	男	1987-04-24	200701	13937865771	st@126.com	山东菏泽
3	200703	程红	女	1988-05-12	200701	13937865772	ch@126.com	山西晋城
4	200705	王一飞	男	1987-09-14	200701	13937865774	wyf@126.com	河南开封
5	200706	赵宏宇	女	1988-08-12	200702	13937865775	zhy@126.com	河南济源
6	200707	孙洪强	男	1987-08-05	200702	13937865776	shq@126.com	吉林通化
7	200801	陈一楠	女	1989-08-20	200801	13937865777	cyn@126.com	广东中山
8	200802	苏启楠	女	1988-12-10	200801	13937865778	sqn@126.com	陕西西安
9	200803	袁红旗	男	1989-03-14	200801	13937865779	yhq@126.com	湖南岳阳
10	200804	王一鸣	女	1988-09-20	200802	13937865780	wym@126.c...	辽宁大连
11	200805	张辉	男	1987-12-23	200802	13937865781	zh@126.com	湖北武汉

	Course_No	Course_TypeNo	Course_Name	Course_Info	Course_Credits	Course_Time	Course_PreNo	Course_Term
1	10001	C1	计算机基础	NULL	4	60	NULL	2007-2008/1
2	10002	C2	数据库技术	NULL	6	120	NULL	2008-2009/1
3	10003	C2	高等数学	NULL	5	150	NULL	2007-2008/1
4	10004	C2	英语	NULL	5	160	NULL	2007-2008/1
5	10005	C1	计算机网络...	NULL	4	80	NULL	2007-2008/2
6	10006	C2	信息管理系...	NULL	5	120	NULL	2008-2009/2

图 11-5　输出结果

11.5.2　IF…ELSE 语句

在程序中如果要对给定的条件进行判定，当条件为真或假时分别执行不同的 T-SQL 语句，可用 IF…ELSE 条件判断语句实现。其语法格式如下：

```
IF Boolean_expression
  { sql_statement | statement_block }
[ ELSE
  { sql_statement | statement_block } ]
```

其中，ELSE 子句是可选的，最简单的 IF 语句没有 ELSE 子句部分。IF…ELSE 语句用来判断当某一条件成立时执行某段程序，条件不成立时执行另一段程序。SQL Server 允许嵌套使用 IF…ELSE 语句，而且嵌套层数没有限制。

【演练 11-6】使用 IF…ELSE 语句编写程序，如果有选修 3 门课程以上的学生，就列出学生的姓名及选修课程门数；否则，输出没有学生符合条件的信息。操作步骤如下。

① 在 SSMS 中单击“新建查询”按钮新建一个查询编辑器窗口。

② 在查询窗口中输入如下 T-SQL 语句：

```
USE StudentManagement
GO
BEGIN
    DECLARE @num INT
    SET @num=3
    IF EXISTS(SELECT COUNT(SelectCourse_CourseNo) FROM SelectCourse
    GROUP BY SelectCourse_StudentNo HAVING COUNT(SelectCourse_CourseNo)>=@num)
        BEGIN
            SELECT '选课'+CAST(@num AS CHAR(2))+'门以上的学生名单'
```

```
        SELECT  姓名= Student_Name,COUNT(SelectCourse_CourseNo)  选课门数
        FROM SelectCourse,Student
        WHERE Student.Student_No = SelectCourse.SelectCourse_StudentNo
        GROUP BY Student_Name HAVING COUNT(SelectCourse_CourseNo)>=@num
        ORDER BY COUNT(SelectCourse_CourseNo) DESC
    END
  ELSE
        PRINT '没有选课'+CAST(@num AS CHAR(2))+'门以上的学生'
  END
  GO
```

③ 单击"执行"按钮执行该语句，查询结果窗口中的输出结果如图 11-6 所示。

图 11-6 输出结果

【演练 11-7】使用嵌套的 IF…ELSE 语句编写程序，从成绩表中读出学生"程红"的成绩，并将百分制转换为等级制（优、良、中、及格、不及格）。操作步骤如下。

① 在 SSMS 中单击"新建查询"按钮新建一个查询编辑器窗口。

② 在查询窗口中输入如下 T-SQL 语句：

```
USE StudentManagement
GO
DECLARE @score NUMERIC(4,1),@step VARCHAR(6)
BEGIN
SELECT @score= SelectCourse_Score FROM Student,SelectCourse
    WHERE Student.Student_No=SelectCourse.SelectCourse_StudentNo AND Student_Name='程红'
    IF @score>=90 and @score<=100 SET @step='优'
    ELSE
        IF @score>=80 SET @step='良'
        ELSE
            IF @score>=70 SET @step='中'
            ELSE
                IF @score>=60 SET @step='及格'
                ELSE SET @step='不及格'
    PRINT @step
END
GO
```

图 11-7 输出结果

③ 单击"执行"按钮执行该语句，查询结果窗口中的输出结果如图 11-7 所示。

11.5.3 CASE 语句

CASE 语句用于多重选择的情况，可以根据条件表达式的值进行判断，并将其中一个满足条件的结果表达式返回。CASE 语句按照使用形式的不同，分为简单 CASE 语句和搜索 CASE 语句。

1. 简单 CASE 语句

简单 CASE 语句将一个测试表达式与一组简单表达式进行比较，如果某个简单表达式与测试表达式的值相等，则返回相应结果表达式的值，否则返回 ELSE 后面的表达式。其语法格式如下：

CASE input_expression
WHEN when_expression THEN result_expression [,…n]
[ELSE else_result_expression]
END

其中，input_expression 是要判断的值或表达式，接下来是一系列的 WHEN-THEN 块，每块的 when_expression 参数指定要与 input_expression 进行比较的值，如果为真，则执行 result_expression 中的 T-SQL 语句。如果前面的每块都不匹配，就会执行 ELSE 块指定的语句。CASE 语句最后以 END 关键字结束。

【演练 11-8】从学生表 Student 中输出学生的学号、姓名及性别，当性别为"男"时输出"Man"，当性别为"女"时输出"Woman"。操作步骤如下。

① 在 SSMS 中单击"新建查询"按钮新建一个查询编辑器窗口。

② 在查询窗口中输入如下 T-SQL 语句：

```
USE StudentManagement
GO
SELECT  学号= Student_No,姓名= Student_Name,性别=CASE Student_Sex
                                 WHEN '男' THEN 'Man'
                                 WHEN '女' THEN 'Woman'
                                 END
FROM Student
GO
```

③ 单击"执行"按钮执行该语句，查询结果窗口中的输出结果如图 11-8 所示。

图 11-8　输出结果

2. 搜索 CASE 语句

与简单 CASE 语句不同的是，在搜索 CASE 语句中，CASE 关键字后面不跟任何表达式，在各 WHEN 关键字后面跟的都是逻辑表达式，其语法格式如下：

CASE　WHEN Boolean_expression THEN result_expression
[,…n]　[ELSE else_result_expression]
END

搜索 CASE 语句的执行过程为：如果 WHEN 后面的逻辑表达式 Boolean_expression 为真，则返回 THEN 后面的表达式 result_expression，然后判断下一个逻辑表达式；如果所有的逻辑表达式都为假，则返回 ELSE 后面的表达式。与第一种 CASE 语句格式相比，这种格式能够实现更为复杂的条件判断，使用起来更方便。

【演练 11-9】给出课程号为 10002 的学生成绩单，凡成绩为空的输出"未考"，低于 60 分的输出"不及格"，60 分到 70 分之间的输出"及格"，70 分到 80 分之间的输出"中"，80 分到 90 分之间的输出"良好"，高于或等于 90 分的输出"优秀"。操作步骤如下。

① 在 SSMS 中单击"新建查询"按钮新建一个查询编辑器窗口。

② 在查询窗口中输入如下 T-SQL 语句：

```
USE StudentManagement
GO
BEGIN
    DECLARE @C_name CHAR(20),@Cno CHAR(5)
    SET @Cno='10002'
    IF EXISTS (SELECT COUNT(*) FROM SelectCourse WHERE SelectCourse_CourseNo=@Cno)
        BEGIN
        SET @C_name=(SELECT DISTINCT Course_Name FROM SelectCourse,Course
                        WHERE SelectCourse.SelectCourse_CourseNo =Course.Course_No
                        AND SelectCourse.SelectCourse_CourseNo =@Cno)
        SELECT '选修课程：'+ @C_name + '的学生成绩单'
        SELECT  学号=Student.Student_No,姓名=Student_Name,成绩=CASE
                        WHEN SelectCourse_Score IS NULL THEN '未考'
                        WHEN SelectCourse_Score <60 THEN '不及格'
                        WHEN SelectCourse_Score >=60 AND SelectCourse_Score <70 THEN '及格'
                        WHEN SelectCourse_Score >=70 AND SelectCourse_Score <80 THEN '中'
                        WHEN SelectCourse_Score >=80 AND SelectCourse_Score <90 THEN '良好'
                        WHEN SelectCourse_Score >=90 THEN '优秀'
                        END
        FROM Student,SelectCourse
        WHERE Student.Student_No = SelectCourse.SelectCourse_StudentNo
            AND SelectCourse_CourseNo =@Cno
        END
    ELSE
        PRINT '没有选修'+ @C_name + '课程的学生'
END
GO
```

图 11-9　输出结果

③ 单击"执行"按钮执行该语句，查询结果窗口中的输出结果如图 11-9 所示。

11.5.4　循环语句

如果需要重复执行程序中的一部分语句，则可使用 WHILE 循环语句实现，其语法格式如下：

WHILE Boolean_expression
{ sql_statement | statement_block }
[BREAK]
{ sql_statement | statement_block }
[CONTINUE]

WHILE…CONTINUE…BREAK 语句的功能是重复执行 SQL 语句或语句块。当 WHILE 后面的条件为真时，重复执行语句。CONTINUE 语句一般用在循环语句中，用于结束本次循环，重新转到下一次循环条件的判断。BREAK 语句一般用在循环语句中，用于退出本层循环。当程序中有多层循环嵌套时，使用 BREAK 语句只能退出其所在的这一层循环。

【演练 11-10】使用 WHILE…CONTINUE…BREAK 语句求 5 的阶乘。操作步骤如下。

① 在 SSMS 中单击"新建查询"按钮新建一个查询编辑器窗口。

② 在查询窗口中输入如下 T-SQL 语句：

```
DECLARE @Result INT,@i INT
SELECT @Result=1,@i=5
WHILE @i>0
    BEGIN
        SET @Result=@Result*@i
        SET @i=@i-1
        IF @i>1

            CONTINUE
        ELSE
        BEGIN
            PRINT '5 的阶乘为： '
            PRINT @Result
            BREAK
        END
    END
END
```

图 11-10　输出结果

③ 单击"执行"按钮执行该语句，查询结果窗口中的输出结果如图 11-10 所示。

【演练 11-11】将班级编号为 200702 的班级的总人数使用循环语句修改到 80，每次只加 10，并判断循环了多少次。操作步骤如下。

① 在 SSMS 中单击"新建查询"按钮新建一个查询编辑器窗口。

② 在查询窗口中输入如下 T-SQL 语句：

```
USE StudentManagement
GO
DECLARE @num INT
SET @num=0
WHILE (SELECT Class_Amount FROM Class WHERE Class_No ='200702')<80
BEGIN
    UPDATE Class SET Class_Amount = Class_Amount +10 WHERE Class_No ='200702'
    SET @num=@num+1
END
SELECT @num AS 循环次数
GO
```

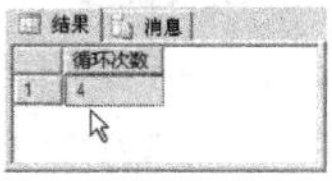

图 11-11　输出结果

③ 单击"执行"按钮执行该语句，查询结果窗口中的输出结果如图 11-11 所示。

11.5.5　无条件转向语句

无条件转向 GOTO 语句可以使程序直接跳到指定的标有标识符的位置处继续执行，而位

于 GOTO 语句和标识符之间的程序将不会被执行。GOTO 语句可以用在语句块、批处理和存储过程中。其语法格式如下:

      GOTO   label

其中,label 是指向的语句标号。标号必须符合标识符规则,标号的定义形式为:

      label:语句

【演练 11-12】使用 GOTO 语句求出从 1 累加到 5 的总和。操作步骤如下。

① 在 SSMS 中单击"新建查询"按钮新建一个查询编辑器窗口。

② 在查询窗口中输入如下 T-SQL 语句:

```
DECLARE @sum INT,@count INT
SELECT @sum=0, @count=1
label_1:
SELECT @sum=@sum+@count
SELECT @count=@count+1
IF @count<=5
GOTO label_1
SELECT @sum AS  总和
```

图 11-12　输出结果

③ 单击"执行"按钮执行该语句,查询结果窗口中的输出结果如图 11-12 所示。

11.5.6　返回语句

RETURN 语句用于无条件地终止一个查询、存储过程或者批处理,此时位于 RETURN 语句之后的程序将不会被执行。RETURN 语句与 BREAK 语句的作用类似,但 RETURN 语句可以返回一个整数值,可以将 RETURN 的返回值作为程序执行是否成功的一个判断标志。RETURN 语句的语法形式为:

      RETURN [integer_expression]

其中,参数 integer_expression 为返回的整型值。如果不提供 integer_expression,则退出程序并返回一个空值;如果用在存储过程中,则可以返回整型值 integer_expression。

【演练 11-13】判断是否存在班级编号为 200803 的班级,如果存在则返回,不存在则插入班级编号为 200803 的班级信息。操作步骤如下。

① 在 SSMS 中单击"新建查询"按钮新建一个查询编辑器窗口。

② 在查询窗口中输入如下 T-SQL 语句:

```
USE StudentManagement
GO
IF EXISTS(SELECT * FROM Class WHERE Class_No='200803')
    RETURN
ELSE
    INSERT INTO Class VALUES('200803', '01', '0002', '多媒体 0801',50)
GO
SELECT * FROM Class
GO
```

③ 单击"执行"按钮执行该语句,查询结果窗口中的输出结果如图 11-13 所示。

图 11-13　输出结果

11.5.7　等待语句

WAITFOR 语句用于暂时停止执行 SQL 语句、语句块或者存储过程等。WAITFOR 语句的语法格式为：

WAITFOR { DELAY 'time' | TIME 'time' }

其中，DELAY 用于指定时间间隔，TIME 用于指定某一时刻，其数据类型为 datetime，格式为 "hh:mm:ss"。

【演练 11-14】设定在早上 10 点时执行查询语句。操作步骤如下。

① 在 SSMS 中单击"新建查询"按钮新建一个查询编辑器窗口。

② 在查询窗口中输入如下 T-SQL 语句：

```
BEGIN
    WAITFOR TIME '10:00'
    SELECT * FROM Student
END
```

11.6　批处理与脚本

T-SQL 语言的基本成分是语句，由一条或多条语句可以构成一个批处理，由一个或多个批处理可以构成一个查询脚本（以 sql 作为文件扩展名）并保存到磁盘文件中，供以后需要时使用。

11.6.1　批处理

批处理就是一条或多条 T-SQL 语句的集合，用户或应用程序一次将它发送给 SQL Server，由 SQL Server 编译成一个执行单元，此单元称为执行计划。执行计划中的语句每次执行一条。批处理的种类较多，如存储过程、触发器、函数内的所有语句都可构成批处理。

建立批处理类似于编写 SQL 语句，区别在于它是多条语句同时执行的，用 GO 语句作为一个批处理的结束。

1. 使用批处理的优点

在数据库应用的客户端适当使用批处理具有如下优点：

① 减少数据库服务器与客户端之间的数据传输次数，消除过多的网络流量。

② 减少数据库服务器与客户端之间的数据传输量。

③ 缩短完成逻辑任务或事务所需的时间。

④ 较短的事务不会占用数据库资源，能尽快释放锁，有效地避免出现死锁现象。

⑤ 增加逻辑任务处理的模块化，提高代码的可复用度，减少维护修改工作量。

2. 编写批处理的规则

某些 SQL 语句不能放在同一个批处理中执行，它们需要遵循下述规则：

① 多数 CREATE 命令要在单个批处理中执行，但 CREATE DATABASE、CREATE

TABLE、CREATE INDEX 除外。

② 调用存储过程时，如果它不是批处理中第一条语句，则在它前面必须加上 EXECUTE。

③ 不能在把规则和默认值绑定到用户定义的数据类型上后，在同一个批处理中使用它们。

④ 不能在给表字段定义了一个 CHECK 约束后，在同一个批处理中使用该约束。

⑤ 不能在修改表的字段名后，在同一个批处理中引用该新字段名。

⑥ 在一个批处理中，只能引用全局变量或自己定义的局部变量。

3. 批处理的执行

批处理的执行过程如下：

① 在查询编辑器中，编辑批处理命令脚本，并请求系统执行批处理。

② 当系统收到用户的请求后，由编译器扫描批处理程序，并进行语法检查。如果在扫描到 GO 语句后，每条 SQL 语句都无语法错误，就将扫描完成的各条语句，按顺序编译成一个可执行单元，准备执行。同时，向用户返回"命令已成功完成"的信息，表示语法分析完成，未发现语法错误（但操作并未执行）。如果 SQL 语句有语法错误，则返回相应的语法错误，不产生可执行单元。

③ 凡是无语法错误的批处理，都可以执行。用户在发出执行请求后，系统将按执行计划，逐条语句执行。如果在执行过程中发现隐含的错误（例如，其操作破坏约束条件等），有错误的语句将不能执行，但不影响批处理作业中其他语句的执行。

【演练 11-15】建立批处理作业，统计学生的总人数和男、女学生人数。操作步骤如下。

① 在 SSMS 中单击"新建查询"按钮新建一个查询编辑器窗口。

② 在查询窗口中输入如下 T-SQL 语句：

```
USE StudentManagement
SELECT COUNT(*) 学生总人数 FROM Student
SELECT 性别= Student_Sex,COUNT(Student_Sex) 人数 FROM Student
GROUP BY Student_Sex
GO
```

③ 单击"执行"按钮执行该语句，查询结果窗口中的输出结果如图 11-14 所示。

图 11-14 输出结果

在上面这个批处理中，有 3 条可执行语句。执行第 1 条语句打开数据库；第 2 条语句是查询统计；第 3 条语句也是查询统计。

需要说明的是，GO 语句本身并不是 T-SQL 语句的组成部分，它只是一个用于表示批处理结束的前端命令。

11.6.2 脚本

在数据库应用过程中，经常需要把编写好的 SQL 语句（例如，创建数据库对象、调试通过的 SQL 语句集合）保存起来，以便在下一次执行同样（或类似）操作时，调用这些语句集合。这样可以省去重新编写调试 SQL 语句的麻烦，提高工作效率。这些用于执行某项操作的 T-SQL 语句集合称为脚本。T-SQL 脚本存储为扩展名为.sql 的文件。

使用脚本文件对重复操作或几台计算机之间交换 SQL 语句是非常有用的。

脚本是一系列按顺序提交的批处理作业，也就是 SQL 语句的组合。脚本通常以文本的形式存储。SQL 脚本与 Java 的脚本类似，可以脱机编辑、修改。一个 SQL 脚本，可以包含一个或多个批处理。不同的批处理之间用 GO 语句分隔。

脚本是批处理的存在方式，将一个或多个批处理组织到一起就是一个脚本。例如，用户在查询编辑器中执行的各个实例都可以称为一个脚本。

在查询编辑器中，创建新查询，编辑 SQL 语句，调试通过后，使用文件保存功能，将 SQL 语句保存在一个脚本文件中。脚本文件可以调入查询编辑器查看其内容，也可以通过记事本等浏览器查看其内容。

脚本文件还可以随时被调入查询编辑器中执行。操作方法是，执行"文件"→"打开"菜单命令，从打开的对话框中选择需要执行的脚本，在查询编辑器中修改执行即可。

11.7 游标及其使用

数据库的游标是类似于 C 语言指针一样的语言结构。在通常情况下，数据库执行的大多数 SQL 命令都是同时处理集合内部的所有数据的。但是，有时用户也需要对这些数据集合中的每行进行操作。在没有游标的情况下，这种工作不得不放到数据库前端，用高级语言来实现。这将导致不必要的数据传输，从而延长执行的时间。通过使用游标，可以在服务器端有效地解决这个问题。游标提供了一种在服务器内部处理结果集的方法，它可以识别一个数据集合内部指定的工作行，从而可以有选择地按行采取操作。

游标的功能比较复杂，要灵活使用游标需要花费较长的时间练习和积累经验。本教材只介绍使用游标最基本和最常用的方法。如果想进一步地学习，可以参考数据库的相关书籍。

游标主要用在存储过程、触发器和 T-SQL 脚本中。

SELECT 语句返回所有满足条件的完整记录集，但是，在数据库应用程序中常常需要处理结果集的一行或多行。游标（CURSOR）是结果集的逻辑扩展，可以看做指向结果集的一个指针，通过使用游标，应用程序可以逐行访问并处理结果集。

游标支持以下功能：
- 在结果集中定位特定行。
- 从结果集的当前位置检索行。
- 支持对结果集中当前位置的行进行数据修改。

用户在使用游标时，应先声明游标，然后打开并使用游标，使用完后应关闭游标、释放资源。

11.7.1 声明游标

使用 DECLARE CURSOR 语句声明一个游标。声明的游标应该指定产生该游标的结果集的 SELECT 语句。声明游标有两种语法格式，即基于 SQL-92 标准的语法格式和 Transact-SQL 扩展的语法格式。

1. 基于 SQL-92 标准的语法格式

基于 SQL-92 标准的语法格式如下：

```
DECLARE cursor_name [ INSENSITIVE ] [ SCROLL ] CURSOR
    FOR select_statement
    [FOR {READ ONLY|UPDATE [OF column_name [,…n ] ] } ]
```
各个参数的含义说明如下。

cursor_name 为声明的游标所取的名字,声明游标必须遵守 T-SQL 对标识符的命名规则。

使用 INSENSITIVE 定义的游标,把提取出来的数据放入一个在 tempdb 数据库中创建的临时表里。任何通过这个游标进行的操作,都在这个临时表中进行。因此所有对基本表的改动都不会在用游标进行的操作中体现出来。如果省略了 INSENSITIVE 关键字,那么用户对基本表所做的任何操作,都将在游标中得到体现。

使用 SCROLL 关键字定义的游标,具有以下取数功能:

- FIRST: 取第一行数据;
- LAST: 取最后一行数据;
- PRIOR: 取前一行数据;
- NEXT: 取后一行数据;
- RELATIVE: 按相对位置取数据;
- ABSOLUTE: 按绝对位置取数据。

如果没有在声明时使用 SCROLL 关键字,那么所声明的游标只具有默认的 NEXT 功能。

select_statement 是定义结果集的 SELECT 语句。应当注意的是,在游标中不能使用 COMPUTE、COMPUTE BY、FOR BROWSE、INTO 语句。

READ ONLY 声明为只读游标。不允许通过只读游标进行数据的更新。

UPDATE [OF column_name[,…n]]定义在这个游标中可以更新的列。如果不指出要更新的列,那么所有的列都将被更新。

2. T-SQL 扩展的语法格式

T-SQL 扩展的语法格式如下:
```
DECLARE cursor_name CURSOR
    [ LOCAL | GLOBAL ]
    [ FORWARD_ONLY | SCROLL ]
    [ STATIC | KEYSET | DYNAMIC | FAST_FORWARD ]
    [ READ_ONLY | SCROLL_LOCKS | OPTIMISTIC ]
    [ TYPE_WARNING ]
    FOR select_statement
    [ FOR UPDATE [ OF column_name [,…n ] ] ]
```
各个参数的含义说明如下。

LOCAL: 指定该游标的作用域对在其中创建它的批处理、存储过程或触发器是局部的。即,该游标名称仅在这个作用域内有效。在批处理、存储过程、触发器或存储过程 OUTPUT 参数中,该游标可由局部游标变量引用。OUTPUT 参数用于将局部游标传递回调用批处理、存储过程或触发器,它们可以在存储过程终止后给游标变量指派参数使其引用游标。除非 OUTPUT 参数将游标传递回来,否则游标将在批处理、存储过程或触发器终止时隐性释放。如果 OUTPUT 参数将游标传递回来,则游标在最后引用它的变量释放或离开作用域时释放。

GLOBAL: 指定该游标的作用域对连接是全局的。在由连接执行的任何存储过程或批处理中，都可以引用该游标名称。该游标仅在脱接时隐性释放。

FORWARD_ONLY：指定游标只能从第一行滚动到最后一行。FETCH NEXT 是唯一受支持的提取选项。如果在指定 FORWARD_ONLY 时不指定 STATIC、KEYSET 和 DYNIMIC 关键字，则游标作为 DYNAMIC 游标进行操作。如果 FORWARD_ONLY 和 SCROLL 均未指定，除非指定 STATIC、KEYSET 或 DYNAMIC 关键字，否则默认为 FORWARD_ONLY。STATIC、KEYSET 和 DYNAMIC 游标默认为 SCROLL。与 ODBC 和 ADO 这类数据库 API 不同，STATIC、KEYSET 和 DYNAMIC T-SQL 游标支持 FORWARD_ONLY。FAST_FORWARD 和 FORWARD_ONLY 是互斥的，如果指定其中一个，则不能指定另外一个。

STATIC：定义一个游标，以创建由该游标使用的数据的临时副本。对游标的所有请求都从 tampdb 中的临时表中得到应答，因此，在对该游标进行提取操作时返回的数据中不会反映对基表所做的修改，并且该游标不允许修改。

KEYSET：当游标打开时，指定游标中行的成员资格和顺序为固定。对行进行唯一标识的键集内置在 tempdb 内一个称为 keyset 的表中。对基表中的非键值所做的更改（由游标所有者更改或其他用户提交）在用户滚动游标时是可视的。其他用户进行的插入操作是不可视的（不能通过 T-SQL 服务器游标进行插入操作）。如果某行已删除，则对该行进行提取操作将返回@@FETCH_STATUS 值为–2。从游标外更新键值类似于删除旧行后接着插入新行的操作。含有新值的行不可视，对含有旧值的行进行提取操作将返回@@ FETCH_STATUS 值为–2。如果通过指定 WHERE CURRENT OF 子句用游标完成更新，则新值可视。

DYNAMIC：定义一个游标，以反映在滚动游标时对结果集内的行所做的所有数据更改。行的数据值、顺序和成员在每次提取时都会更改。动态游标不支持 ABSOLUTE 提取选项。

FAST_FORWARD：指定启用性能优化的 FORWARD_ONLY、READ_ONLY 游标。如果指定 FAST_FORWARD，则不能再指定 SCROLL 或 FOR_UPDATE。FAST_FORWARD 和 FORWARD_ONLY 是互斥的，如果指定其中一个，则不能指定另外一个。

SCROLL_LOCKS：用于确保通过游标完成的定位更新或定位删除可以成功。当将行读入游标以确保它们可用于以后的修改时，SQL Server 会锁定这些行。如果还指定了 FAST_FORWARD，则不能指定 SCROLL_LOCKS。

OPTIMISTIC：如果行自从被读入游标以来已得到更新，则通过游标进行的定位更新或定位删除不成功。当将行读入游标时，SQL Server 不锁定行，相反，SQL Server 使用 timestamp 的列值进行比较，或者如果表中没有 timestamp 列，则使用校验值，以确定将行读入游标后是否已修改该行。如果已修改该行，则尝试进行的定位更新或定位删除将失败。如果还指定了 FAST_FORWARD，则不能指定 OPTIMISTIC。

TYPE_WARNING：如果游标从所请求的类型隐性转换为另一种类型，则给客户端发警告信息。

11.7.2　使用游标

游标声明后就可以使用，使用的方法是：先打开游标，然后通过游标获取数据。

1. 打开游标

使用 OPEN 语句填充游标。该语句将执行 DECLARE CURSOR 语句中的 SELECT 语句。

语法格式如下：

OPEN [GLOBAL] cursor_name

其中，GLOBAL 参数表示要打开的是全局游标。要判断打开游标是否成功，可以通过判定全局变量@@ERROR 是否为 0 来确定：等于 0 则表示成功，否则表示失败。

当游标打开成功后，可以通过全局变量@@CURSOR_ROWS 来获取这个游标中的记录行数，其返回值的含义如下。

−m：表示表中的数据已部分填入游标。m 是数据子集中的当前行数。

−1：表示游标为动态的，符合游标的行数不断变化。

0：表示没有被打开的游标，或最后打开的游标已被关闭或被释放。

n：表示表中的数据已完全填入游标，返回值 n 是游标中的总行数。

打开游标，将执行相应的 SELECT 语句，把满足查询条件的所有记录，从表中取到缓冲区中。此时游标被激活，指针指向结果集中的第一个记录。

2．从游标中获取数据

使用 FETCH 语句，将缓冲区中的当前记录取出送至主变量供宿主语言进一步处理。同时，把游标指针向前推进一个记录。使用 FETCH 语句，能够从结果集中检索单独的行。其语法格式如下：

FETCH [NEXT | PRIOR | FIRST | LAST | ABSOLUTE{n|@nvar}|RELATIVE {n|@nvar}]
　　FROM [GLOBAL] cursor_name
　　[INTO @variable_name [,⋯n]]

通过@@FETCH_STATUS 返回被 FETCH 语句执行的最后游标的状态，返回类型为 integer。其返回值含义如下。

0：FETCH 语句成功。

−1：FETCH 语句失败或此行不在结果集中。

−2：被提取的行不存在。

在任何提取操作出现前，@@FETCH_STATUS 的值没有定义。

推进游标的目的是为了取出缓冲区中的下一个记录。因此 FETCH 语句通常用在循环结构的语句中，逐条取出结果集中的所有记录进行处理。如果记录已被取完，则 SQLCA.SQLCODE 返回值为 100。

3．关闭游标

用 CLOSE 语句关闭游标，释放结果集占用的缓冲区及其他资源。但是，被关闭的游标可以用 OPEN 语句重新初始化，与新的查询结果相联系。语法格式如下：

CLOSE cursor_name

4．释放游标

使用 DEALLOCATE 语句从当前的会话中移除游标的引用。该过程完全释放分配给游标的所有资源。游标释放之后不可以用 OPEN 语句重新打开，必须使用 DECLARE 语句重建游标。语法格式如下：

DEALLOCATE cursor_name

【演练 11-16】统计"数据库技术"课程考试成绩的各分数段的分布情况。操作步骤如下。

① 在 SSMS 中单击"新建查询"按钮新建一个查询编辑器窗口。

② 在查询窗口中输入如下 T-SQL 语句：

```
DECLARE course_grade CURSOR
FOR SELECT SelectCourse_Score FROM SelectCourse
        WHERE SelectCourse_CourseNo =(SELECT Course_No FROM Course
                                WHERE Course_Name ='数据库技术')
DECLARE @G_100 SMALLINT,@G_90 SMALLINT,@G_80 SMALLINT
DECLARE @G_70 SMALLINT,@G_60 SMALLINT,@G_others SMALLINT
DECLARE @G_grade SMALLINT
SET @G_100=0
SET @G_90=0
SET @G_80=0
SET @G_70=0
SET @G_60=0
SET @G_others =0
SET @G_grade =0
OPEN course_grade
LOOP:
FETCH NEXT FROM course_grade INTO @G_grade
IF (@G_grade=100) SET @G_100=@G_100+1
    ELSE IF (@G_grade>=90) SET @G_90=@G_90+1
        ELSE IF (@G_grade>=80) SET @G_80=@G_80+1
            ELSE IF (@G_grade>=70) SET @G_70=@G_70+1
                ELSE IF (@G_grade>=60) SET @G_60=@G_60+1
                    ELSE SET @G_others =@G_others+1
IF (@@FETCH_STATUS=0) GOTO LOOP
PRINT '100 分:'+STR(@G_100,2)+','+'90~99 分:'+STR(@G_90,2)+','+'80~89 分:'+STR(@G_80,2)+','
PRINT '70~79 分:'+STR(@G_70,2)+','+'60~69 分:'+STR(@G_60,2)+','+'不及格:'+STR(@G_others,2)
CLOSE course_grade
DEALLOCATE course_grade
```

③ 单击"执行"按钮执行该语句，查询结果窗口中的输出结果如图 11-15 所示。

图 11-15　输出结果

【演练 11-17】定义一个游标，将所有教师的姓名、职称显示出来。操作步骤如下。

① 在 SSMS 中单击"新建查询"按钮新建一个查询编辑器窗口。

② 在查询窗口中输入如下 T-SQL 语句：

```
DECLARE @t_name VARCHAR(8),@t_profession VARCHAR(16)
DECLARE teacher_cursor SCROLL CURSOR
FOR SELECT Teacher_Name,Title_Info FROM Teacher,Title
    WHERE Teacher.Teacher_TitleCode =Title.Title_Code FOR READ ONLY
```

```
OPEN teacher_cursor
FETCH FROM teacher_cursor INTO @T_name,@T_profession
WHILE @@FETCH_STATUS=0
    BEGIN
        PRINT '教师姓名：'+@T_name+'            '+'职称：'+@T_profession
        FETCH FROM teacher_cursor INTO @T_name,@T_profession
    END
CLOSE teacher_cursor
DEALLOCATE teacher_cursor
```

③ 单击"执行"按钮执行该语句，查询结果窗口中的输出结果如图 11-16 所示。

图 11-16　输出结果

【演练 11-18】定义一个游标，将教师表中记录号为 5 的教师的职称由"副教授"改为"正教授"。操作步骤如下。

① 在 SSMS 中单击"新建查询"按钮新建一个查询编辑器窗口。

② 在查询窗口中输入如下 T-SQL 语句：

```
DECLARE teacher_update SCROLL CURSOR
FOR SELECT Teacher_Name,Title_Info FROM Teacher,Title
    WHERE Teacher.Teacher_TitleCode =Title.Title_Code
        FOR UPDATE OF Teacher.Teacher_TitleCode
OPEN teacher_update
FETCH ABSOLUTE 5 FROM teacher_update
UPDATE teacher
SET Teacher_TitleCode ='04'
WHERE CURRENT OF teacher_update
FETCH ABSOLUTE 5 FROM teacher_update
CLOSE teacher_update
DEALLOCATE teacher_update
SELECT Teacher_Name,Title_Info FROM Teacher,Title
    WHERE Teacher.Teacher_TitleCode =Title.Title_Code
```

图 11-17　输出结果

③ 单击"执行"按钮执行该语句，查询结果窗口中的输出结果如图 11-17 所示。

11.8　函数

在 T-SQL 语言中，函数被用来执行一些特殊的运算以支持 SQL Server 的标准命令。SQL Server 包含多种不同的函数用以完成各种工作，每个函数都有一个名称，在名称之后有一对圆括号，如：GETDATE( )。大部分的函数在圆括号中需要一个或者多个参数。

T-SQL 编程语言提供了 4 种系统内置函数：行集函数、聚合函数、Ranking 函数、标量函数。SQL Server 不仅提供了系统内置函数，还允许用户创建自己的函数。

有些函数在前面已经介绍过，例如，集合函数 SUM( )、AVG( )、COUNT( )等。本节主要讲解常用的标量函数和用户自定义函数。

11.8.1 标量函数

标量函数的特点是：输入参数的类型为基本类型，返回值也为基本类型。SQL Server 提供的常用标量函数包括：数学函数、字符串函数、日期和时间函数、转换函数、游标函数、元数据函数、配置函数、系统函数等。下面介绍前 4 种函数。

1. 数学函数

SQL Server 的数学函数主要用于对数值表达式进行数学运算并返回运算结果。数学函数可以对 SQL Server 提供的数值数据（decimal、integer、float、real、money、smallint 和 tinyint）进行处理。常用的数学函数见表 11-9。

表 11-9　常用数学函数

函　数	说　明
ASIN(n)	反正弦函数，n 为以弧度表示的角度值
ACOS(n)	反余弦函数，n 为以弧度表示的角度值
ATAN(n)	反正切函数，n 为以弧度表示的角度值
SIN(n)	正弦函数，n 为以弧度表示的角度值
COS(n)	余弦函数，n 为以弧度表示的角度值
TAN(n)	正切函数，n 为以弧度表示的角度值
PI	π的常量值 3.14159265358979
RAND	返回 0～1 之间的随机数
SIGN(n)	求 n 的符号，正（+1）、零（0）或负（−1）
ABS(n)	求 n 的绝对值
EXP(n)	求 n 的指数值
MOD(m,n)	求 m 除以 n 的余数
CEILING(n)	返回大于等于 n 的最小整数
FLOOR(n)	返回小于等于 n 的最大整数
ROUND(n,m)	对 n 做四舍五入处理，保留 m 位
SQRT(n)	求 n 的平方根
LOG10(n)	求以 10 为底的对数
LOG(n)	求自然对数
POWER(n,m)	求 n 的 m 次方
GOUARE(n)	求 n 的平方

例如，在同一表达式中使用 CEILING( )，FLOOR( )，ROUND( )函数。
程序代码如下：

SELECT CEILING(13.4), FLOOR(13.4), ROUND(13.4567,3)

运行结果如图 11-18 所示。

图 11-18　程序运行结果

2．字符串函数

字符串函数可以对二进制数据、字符串和表达式执行不同的运算，大多数字符串函数只能用于 char 和 varchar 数据类型。常用的字符串函数见表 11-10。

表 11-10　常用字符串函数

种类	函数名	参　　数	说　　明
基本字符串函数	UPPER	char_expr	将小写字符串转换为大写字符串
	LOWER	char_expr	将大写字符串转换为小写字符串
	SPACE	integer_expr	产生指定个数的由空格组成的字符串
	REPLICATE	char_expr, Integer_expr	按指定的次数重复字符串
	STUFF	char_expr1,start,length,char_expr2	在 char_expr1 字符串中用 char_expr2 代替从 start 开始的长度为 length 的字符串
	REVERSE	char_expr	反转字符串 char_expr
	LTRIM	char_expr	删除字符串前面的空格
	RTRIM	char_expr	删除字符串后面的空格
字符串查找函数	CHARINDEX	char_expr1, char_expr2[,start]	在 char_expr2 中搜索 char_expr1 的起始位置
	PATINDEX	'%pattern%',char_expr	在字符串中搜索 pattern 出现的位置
长度和分析函数	SUBSTRING	char_expr,start,length	从 start 开始，搜索长度为 length 的子串
	LEFT	char_expr,integer_expr	从左边开始搜索指定长度的子串
	RIGHT	char_expr,integer_expr	从右边开始搜索指定长度的子串
转换函数	ASCII	char_expr	字符串最左端字符的 ASCII 代码值
	CHAR	integer_expr	将 ASCII 码转换为字符
	STR	float_expr[,length[,decimal]]	将数值转换为字符型数据

由于字符串函数较多，这里只介绍几个常用的函数。

SPACE(integer_expr)：返回 N 个由空格组成的字符串。

CHARINDEX(char_expr1，char_expr2，[start])：返回 char_expr1 在 char_expr2 中的 start，从所给出的"start"开始查找。如果没指定 start，或者指定为负数或零，则默认从 char_expr2 的开始位置进行查找。

REPLICATE(char_expr，integer_expr)：将 char_expr 重复多次，integer_expr 给出重复的次数。

【演练 11-19】给出"计算机"在"深圳现代计算机股份有限公司"中的位置。程序代码如下：

```
SELECT CHARINDEX('计算机','深圳现代计算机公司') 开始位置
DECLARE @StrTarget varchar(30)
set @StrTarget='深圳现代计算机公司计算机公司'
SELECT CHARINDEX('计算机', @StrTarget) 开始 1 位置,
        CHARINDEX ('计算机',@StrTarget,8) 开始 2 位置
```

运行结果如图 11-19 所示：

图 11-19　程序运行结果

【演练 11-20】REPLICATE 和 SPACE 函数的练习。程序代码如下：

    PRINT REPLICATE('*',10)+SPACE(10)+REPLICATE('大家好！',2)+SPACE(10)+REPLICATE('*',10)

运行结果如图 11-20 所示。

图 11-20　程序运行结果

3．日期和时间函数

日期和时间函数用于对日期和时间进行各种不同的处理和运算，并返回一个字符串、一个数字值或一个日期和时间值。日期和时间函数见表 11-11。

表 11-11　日期和时间函数

函　　数	说　　明
DATEADD(datepart,number,date)	以 datepart 指定的方式，给出 date 与 number 之和（datepart 为日期型数据）
DATEDIFF(datepart,date1,date2)	以 datepart 指定的方式，给出 date1 与 date2 之差
DATENAME(datepart,date)	给出 date 中 datepart 指定部分所对应的字符串
DATEPART(datepart,date)	给出 date 中 datepart 指定部分所对应的整数值
GETDATE()	给出系统当前的日期时间
DAY(date)	从 date 日期和时间类型数据中提取天数
MONTH(date)	从 date 日期和时间类型数据中提取月份数
YEAR(date)	从 date 日期和时间类型数据中提取年份数

【演练 11-21】 给出服务器当前的系统日期和时间，给出系统当前的月份和月份名字。程序代码如下：

    SELECT GETDATE() 当前日期和时间,
        DATEPART(YEAR,GETDATE()) 年,
        DATEPART(MONTH,GETDATE()) 月份,
        DATEPART(DAY,GETDATE()) 日

运行结果如图 11-21 所示。

图 11-21　程序运行结果

【演练 11-22】Mary 的生日为 1980/8/13，请使用日期函数计算 Mary 的年龄和对应的天数。程序代码如下：

    SELECT 年龄= DATEDIFF(YEAR,'1980/8/13',GETDATE()),
            天= DATEDIFF(DAY,'1980/8/13',GETDATE())

运行结果如图 11-22 所示。

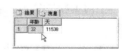

图 11-22　程序运行结果

4．转换函数

常用的类型转换函数见表 11-12。

表 11-12　转换函数

函　　数	参　　数	说　　明
CAST	expression AS data_type	将表达式 expression 转换为指定的数据类型 data_type
CONVERT	data_type[(length)],expression[,style]	data_type 为 expression 转换后的数据类型；length 表示转换后的数据长度；将日期时间类型的数据转换为字符类型的数据时，style 用于指定转换后的样式

【演练 11-23】检索班级人数在 40～49 人之间的班级名称，并将班级人数的数据类型转换为 CHAR(20)。程序代码如下：

```
USE StudentManagement
GO
SELECT Class_Name 班级名称,Class_Amount 班级人数
FROM Class
WHERE CAST(Class_Amount AS CHAR(20)) LIKE '4_' AND Class_Amount>=40
SELECT Class_Name 班级名称,Class_Amount 班级人数
FROM Class
WHERE CONVERT(CHAR(20),Class_Amount) LIKE '4_' AND Class_Amount>=40
GO
```

运行结果如图 11-23 所示。

图 11-23　程序运行结果

11.8.2　用户自定义函数

SQL Server 不仅提供了系统内置函数，还允许用户创建自己的函数。用户定义的函数由一条或多条 T-SQL 语句组成，一般是为了方便重用而创建的。

在 SQL Server 中，使用用户自定义函数有以下优点：允许模块化程序设计，执行速度更快，减少网络流量。

1．基本概念

尽管系统提供了许多内置函数，用户可以在编程时按需要调用，但由于应用环境的千差万别，还需要使用用户自定义函数，以提高应用程序的开发效率，保证程序的高质量。

用户定义函数可以有输入参数并返回值，但没有输出参数。当函数的参数有默认值时，调用该函数时必须明确指定 DEFAULT 关键字才能获取默认值。

使用 CREATE FUNCTION 语句创建用户定义函数，使用 ALTER FUNCTION 语句修改用户定义函数，使用 DROP FUNCTION 语句删除用户定义函数。

根据用户定义函数返回值的类型，可将用户定义函数分为如下两类。

标量函数：用户定义函数返回值为标量值，这样的函数称为标量函数。

表值函数：返回值为整个表的用户定义函数，称为表值函数。根据函数主体的定义方式，表值函数又可分为内嵌表值函数或多语句表值函数。如果用户定义函数包含单条 SELECT 语句且该语句可更新，则该函数返回的表也可更新，这样的函数称为内嵌表值函数；如果用户定义函数包含多条 SELECT 语句，则该函数返回的表不可更新，这样的函数称为多语句表值函数。

2．创建用户自定义函数

（1）建立标量函数

创建标量函数的语法格式如下：

```
CREATE FUNCTION [所有者名称.]函数名
[（{@参数名 [AS] 参数数据类型=[默认值]}[,…n]）]
RETURNS 标量数据类型
[AS]
BEGIN
    函数体
    RETURN 标量表达式
END
```

各个参数的含义说明如下。

所有者名称：一般可以省略，谁创建谁拥有。

函数名：采用 camel 命名规则。

参数表：函数名后圆括号内的内容称做参数表。参数表中可以有一个或多个参数，各参数之间用逗号分隔。每个参数必须以字符"@"开头，然后给出一个"参数名"，之后为"参数数据类型"，还可以根据需要设置一个默认值。

标量数据类型：一个标量函数只能有一个返回值。标量数据类型用于指定返回值的数据类型。

函数体：通常由一条或多条 SQL 语句组成，实现函数的功能。

标量表达式：一个与标量数据类型相一致的表达式。函数返回的就是此类型的一个标量值。

【演练 11-24】自定义一个函数，其功能是将一个百分制的成绩按范围转换成"优秀"、"良好"、"及格"、"不及格"。程序代码如下：

```
USE StudentManagement
GO
CREATE FUNCTION Score_Grade        --给出函数名
(@Grade INT)                       --在参数表中定义了一个参数
RETURNS CHAR(8)                     --返回值是字符类型
AS
BEGIN                              --函数体的开始
    DECLARE @info CHAR(8)          --定义一个字符变量，用于存放返回结果
    IF @Grade>=90 SET @info='优秀'
    ELSE IF @Grade>=80 SET @info='良好'
    ELSE IF @Grade>=60 SET @info='及格'
    ELSE SET @info='不及格'
    RETURN @info
END
GO
```

单击"执行"按钮执行该语句，在对象资源管理器中展开数据库 StudentManagement 节点，在其中的"可编程性"节点下的"标量值函数"列表中可以看到新建的用户自定义函数 Score_Grade，如图 11-24 所示。

【演练 11-25】自定义一个函数，其功能是将学生考试成绩转换成学分。如果考试通过，则获得该课程的学分，否则学分为 0。入口参数：成绩和课程学分；返回：应得学分。程序代码如下：

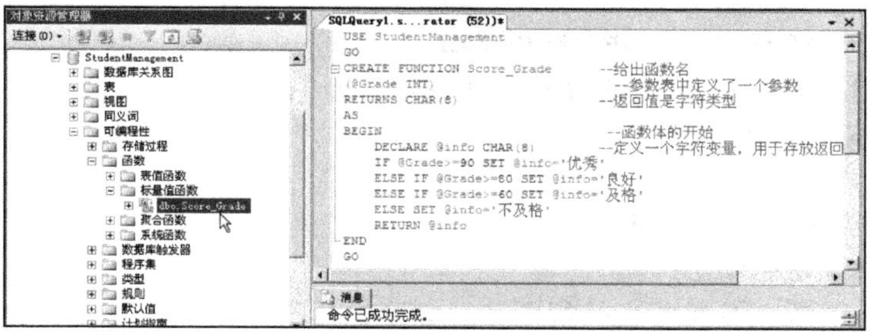

图 11-24　新建的用户自定义函数

```
USE StudentManagement
GO
CREATE FUNCTION CreditConvert
(@score NUMERIC(3,1),@CCredits NUMERIC (3,1))    --@score：考试成绩，@CCredits：课程学分
RETURNS NUMERIC(5,2)                             --应得学分
AS
BEGIN
    RETURN
    CASE SIGN(@score-60)
        WHEN 1 THEN @CCredits
        WHEN 0 then @CCredits
        WHEN−1 then 0
    END
END
GO
```

单击"执行"按钮执行该语句。

【演练 11-26】自定义一个函数，其功能是进行年龄的计算。程序代码如下：

```
USE StudentManagement
GO
CREATE FUNCTION GetAge
(@StuBrith DATETIME,@Today DATETIME)
RETURNS INT
AS
BEGIN
    DECLARE @StuAge INT
    SET @StuAge=(YEAR(@Today) −YEAR(@StuBrith))
    RETURN @StuAge
END
GO
```

单击"执行"按钮执行该语句。

（2）建立内嵌表值函数

因为标量函数规定一次调用只能返回一个单值，所以它一般用于表达式中，其功能有局限性。如果想通过一次函数调用，返回多个值，则标量函数无法实现。因此，T-SQL 提供了功能强大的内嵌表值函数。创建内嵌表值函数的语法格式如下：

```
CREATE FUNCTION [所有者名称.]函数名
[（{@参数名称 [AS] 参数数据类型=[默认值]}[,…n]）]
RETURNS TABLE
[AS]
RETURN [(SELECT 语句)]
```

各个参数的含义说明如下：

所有者名称、函数名及参数表的规则和功能同标量函数。

RETURNS TABLE：表示函数返回的不是一个值，而是一个数据表。

SELECT 语句：给出内嵌表值函数返回的值。

【演练 11-27】定义一个内嵌表值函数，通过课程名、系名称，可以查询某系中选修了该课程的全部学生名单和成绩。程序代码如下：

```
USE StudentManagement
GO
CREATE FUNCTION DeptCourse_Grade
(@cname varchar(40),@dept char(16))
RETURNS TABLE
AS
RETURN(SELECT 姓名= Student_Name,课程名 = Course_Name,SelectCourse_Score 成绩
FROM SelectCourse,Student,Course,Class,Department
WHERE SelectCourse.SelectCourse_StudentNo =Student.Student_No AND
    SelectCourse.SelectCourse_CourseNo =Course.Course_No AND
    Course.Course_Name =@cname AND Student.Student_ClassNo =Class.Class_No AND
    Class.Class_DepartmentNo =Department.Department_No AND
    Department. Department_Name =@dept)
GO
```

单击"执行"按钮执行该语句。

（3）建立多语句表值函数

创建多语句表值函数的语法格式如下：

```
CREATE FUNCTION [所有者名称.]函数名
[（{@参数名 [AS] 参数数据类型=[默认值]}[,…n]）]
RETURNS @表名变量 TABLE 表的定义
[AS]
BEGIN
    函数体
    RETURN
END
```

【演练 11-28】创建一个多语句表值函数，其功能是：查询指定班级中每个学生的选课数，该函数接收输入的班级编号，返回学生的选课数。程序代码如下：

```
USE StudentManagement
GO
CREATE FUNCTION Class_CourseCount
(@classno char(6))
```

```
            RETURNS @STU_CLASS TABLE(学号 CHAR(8) PRIMARY KEY,
                                     姓名 CHAR(10),
                                     选课数 INT)
        AS
        BEGIN
            DECLARE @OrderCls TABLE(学号 CHAR(8),
                                    选课数 INT)
            INSERT @OrderCls
                SELECT 学号= SelectCourse_StudentNo,选课数=COUNT(SelectCourse_CourseNo)
                FROM SelectCourse GROUP BY SelectCourse_StudentNo
            INSERT @STU_CLASS
                SELECT 学号=Student.Student_No,姓名= Student_Name,B.选课数
                FROM Student,@OrderCls B
                WHERE Student.Student_No =B.学号 AND Student_ClassNo = @classno
            RETURN
        END
        GO
```

单击"执行"按钮执行该语句。

3. 函数的调用

函数定义好后,可以供其他 T-SQL 语句调用。在调用时,实际参数的数据类型必须与形式参数的数据类型一致;否则,系统不能执行,返回错误信息。

【演练 11-29】标量函数的调用,使用演练 11-24 定义的函数 Score_Grade,查询课程编号为 10001 的学生的成绩。程序代码如下:

```
USE StudentManagement
GO
SELECT 姓名=Student_Name,课程名称=Course_Name,成绩=dbo.Score_Grade(SelectCourse_Score)
FROM SelectCourse,Course,Student
WHERE SelectCourse.SelectCourse_StudentNo =Student.Student_No AND
    SelectCourse.SelectCourse_CourseNo =Course.Course_No AND
    SelectCourse.SelectCourse_CourseNo ='10001'
GO
```

图 11-25 输出结果

单击"执行"按钮执行该语句,查询结果窗口中的输出结果如图 11-25 所示。

【演练 11-30】标量函数的调用,使用演练 11-25 定义的函数 CreditConvert,查询班级编号为 200701 的学生的学分。程序代码如下:

```
USE StudentManagement
GO
SELECT 姓名=Student_Name,课程名称=Course_Name,
    学分=dbo.CreditConvert(SelectCourse_Score,Course_Credits)
FROM SelectCourse,Course,Student
WHERE SelectCourse.SelectCourse_StudentNo =Student.Student_No AND
```

```
SelectCourse.SelectCourse_CourseNo =Course.Course_No AND
Student.Student_ClassNo ='200701'
GO
```
单击"执行"按钮执行该语句，查询结果窗口中的输出结果如图 11-26 所示。

【演练 11-31】内嵌表值函数的调用，使用演练 11-27 定义的函数 DeptCourse_Grade，查询系名称为"信息工程系"，课程名称为"数据库技术"的学生的成绩单。程序代码如下：

```
USE StudentManagement
GO
SELECT * FROM dbo.DeptCourse_Grade('数据库技术','信息工程系')
GO
```
单击"执行"按钮执行该语句，查询结果窗口中的输出结果如图 11-27 所示。

【演练 11-32】多语句表值函数的调用，使用演练 11-28 定义的函数 Class_CourseCount，查询班级编号为 200701 的学生的选课数。程序代码如下：

```
USE StudentManagement
GO
SELECT  班级编号='200701',* FROM dbo.Class_CourseCount('200701')
GO
```
单击"执行"按钮执行该语句，查询结果窗口中的输出结果如图 11-28 所示。

图 11-26 输出结果

图 11-27 输出结果

图 11-28 输出结果

11.9 实训——学籍管理系统自定义函数设计

在学习了各种自定义函数案例的基础上，读者可以通过下面的实训练习进一步巩固使用自定义函数的各种方法。

【实训 11-1】自定义一个函数，其功能是进行学期转换。例如将用 2008-2009/1 表述的字符串方式转换成用 1、2、3、4 等表述的数字方式，如学号为 200701 的学生在 2008-2009/1 学期对应的学期编号是 3。入口参数：学期和学号；返回：数字表示的学期。操作步骤如下。

① 在 SSMS 中单击"新建查询"按钮新建一个查询编辑器窗口。

② 在查询窗口中输入如下 T-SQL 语句：

```
USE StudentManagement
GO
CREATE FUNCTION TermConvert
(@trem CHAR(11),@sno CHAR(6))
--@trem 学期，格式如：2008-2009/1
--@sno 学号，格式如：200701，前 4 位代表入学年份
RETURNS INT              --第几学期
```

```
AS
BEGIN
    RETURN (CONVERT(NUMERIC,SUBSTRING(@trem,1,4))-CONVERT(NUMERIC,
        SUBSTRING(@sno,1,4)))*2+CONVERT(NUMERIC,SUBSTRING(@trem,11,1))
END
GO
```

③ 单击"执行"按钮执行该语句，生成学期转换函数 TermConvert。

【实训 11-2】使用函数 TermConvert，查询所有学生在 2008-2009/1 学期的学期数字编号。操作步骤如下。

① 在 SSMS 中单击"新建查询"按钮新建一个查询编辑器窗口。

② 在查询窗口中输入如下 T-SQL 语句：

```
USE StudentManagement
GO
SELECT  学号=Student_No,学期='2008-2009/1',
        学期数字编号=dbo.TermConvert('2008-2009/1',Student_ClassNo)
FROM Student
GO
```

图 11-29　输出结果

③ 单击"执行"按钮执行该语句，查询结果窗口中的输出结果如图 11-29 所示。

按照类似的方法，读者可以根据需要继续创建学籍管理系统的其他自定义函数，这里不再赘述。

习题 11

一、填空题

1．T-SQL 中的变量分为局部变量与全局变量，局部变量用＿＿＿＿开头，全局变量用＿＿＿＿开头。

2．T-SQL 提供了＿＿＿＿运算符，用于将两个字符数据连接起来。

3．在 WHILE 循环体内可以使用 BREAK 和 CONTINUE 语句，其中＿＿＿＿语句用于终止循环的执行，＿＿＿＿语句用于将循环返回到 WHILE 开始处，重新判断条件，以决定是否重新执行新的一次循环。

4．在 T-SQL 中，若循环体内包含多条语句，则必须用＿＿＿＿语句括起来。

5．在 T-SQL 中，可以使用嵌套的 IF…ELSE 语句来实现多分支选择，也可以使用＿＿＿＿语句来实现多分支选择。

6．在自定义函数中，语句 RETURNS INT 表示该函数的返回值是一个整型数据，＿＿＿＿表示该函数的返回值是一个表。

二、简答题

1．什么是批处理？编写批处理时应注意哪些问题？

2．什么是游标？如何使用游标？

3．简答常用函数的分类。

三、设计题

1．使用 WHILE 语句求 1～100 之和。

2．使用学籍管理数据库编写以下程序。

① 在学生表 Student 中查找名为"宋涛"的同学，如果存在，则显示该同学的信息；否则显示"查无此人"。

② 查询有无选修 10002 号课程的记录，如果有，则显示"有"，并查询选修 10002 号课程的人数。

③ 查询 200701 班的学生信息，要求列出的字段为：本班学生的学号、姓名、性别、出生日期、住址。

④ 使用学籍管理数据库，定义一个游标 student_delete，删除学生表 Student 中的第一行数据。

⑤ 使用学籍管理数据库，定义一个游标 student_display，将所有学生的姓名、住址显示出来。

第 12 章　存储过程

在使用 T-SQL 语言编程的过程中，用户可以将某些需要多次调用的、实现某个特定任务的代码段编写成过程，将其保存在数据库中，并由 SQL Server 服务器通过过程名来调用它们，这就是本章要讲的存储过程。

12.1　存储过程的基本概念

数据库操作既可以通过图形界面完成，也可以通过 T-SQL 语句完成。在实际应用中，数据库管理员经常使用 T-SQL 语句来完成数据库的操作。存储过程可以将一些 T-SQL 语句打包成一个数据库对象并存储在 SQL Server 服务器中，用户不必每次重复编写 T-SQL 语句，只要编写一次，便可以随时调用，大大加快了数据库的操作速度。

12.1.1　存储过程的定义与特点

1. 存储过程的定义

存储过程是一组编译在单个执行计划中的 T-SQL 语句，它将一些固定的操作集中起来交给 SQL Server 数据库服务器完成，以实现某个任务。

存储过程就是预先编译和优化并存储于数据库中的过程，是由一系列对数据库进行复杂操作的 SQL 语句、流程控制语句或函数组成的批处理作业。它像规则、视图一样作为一个独立的数据库对象进行存储管理。存储过程通常在 SQL Server 服务器中预先定义并编译成可执行计划。在调用它时，可以接收参数，返回状态值和参数值，并允许嵌套调用。

2. 存储过程的特点

（1）大大增强了 SQL 语言的功能和灵活性

存储过程可以用流控制语句编写，有很强的灵活性，可以完成复杂的判断和较复杂的运算。

（2）可保证数据的安全性和完整性

通过存储过程，可以使没有权限的用户在控制之下间接地存取数据库，从而保证数据的安全；通过存储过程，可以使相关的动作在一起发生，从而维护数据库的完整性。

（3）更快的执行速度

在运行存储过程前，数据库已对其进行了语法和句法分析，并给出了优化执行方案。这种已经编译好的过程可极大地改善 SQL 语句的性能。因为执行 SQL 语句的大部分工作已经完成，所以存储过程能以极快的速度执行。

（4）将体现企业规则的运算程序放入数据库服务器中以便集中控制

企业规则的特点是经常变化，如果把体现企业规则的运算程序放入应用程序中，则当企业规则发生变化时，就需要修改应用程序，工作量非常之大（修改、发行和安装应用程序）。

如果把体现企业规则的运算放入存储过程中，则当企业规则发生变化时，只要修改存储过程就可以了，无须修改应用程序。

12.1.2　存储过程的类型

在 SQL Server 2008 中，存储过程分为 3 类：系统存储过程、扩展存储过程和用户存储过程。

1．系统存储过程

系统存储过程是由 SQL Server 提供的存储过程，可以作为命令执行。系统存储过程定义在系统数据库 master 中，其前缀是"sp_"。例如，常用的显示系统对象信息的 sp_help 系统存储过程，为检索系统表中的信息提供了方便快捷的方法。

系统存储过程允许系统管理员执行修改系统表的数据库管理任务，可以在任何一个数据库中执行。SQL Server 2008 提供了很多系统存储过程，通过执行系统存储过程，可以实现一些比较复杂的操作。

2．扩展存储过程

扩展存储过程是指在 SQL Server 2008 环境之外，使用编程语言（如 C++语言）创建的外部例程形成的动态链接库（DLL）。使用时，先将 DLL 加载到 SQL Server 2008 系统中，然后按照使用系统存储过程的方法执行。扩展存储过程在 SQL Server 实例地址空间中运行。但因为扩展存储过程不易撰写，而且可能会引发安全性问题，所以微软公司可能会在未来的 SQL Server 版本中删除这一功能。本章将不详细介绍扩展存储过程。

3．用户存储过程

在 SQL Server 2008 中，用户存储过程可以使用 T-SQL 语言编写，也可以使用 CLR 方式编写。T-SQL 存储过程一般也称为存储过程。

（1）存储过程

存储过程保存 T-SQL 语句集合，可以接收和返回用户提供的参数。存储过程中可以包含根据客户端应用程序提供的信息，以及在一个或多个表中插入新行所需的语句。存储过程也可以从数据库向客户端应用程序返回数据。例如，电子商务 Web 应用程序可能根据联机用户指定的搜索条件，使用存储过程返回有关特定产品的信息。

（2）CLR 存储过程

CLR 存储过程是对 Microsoft .NET Framework 公共语言运行时（CLR）方法的引用，可以接收和返回用户提供的参数。它们在".NET Framework 程序集"中是作为类的公共静态方法实现的。简单地说，CLR 存储过程就是可以使用 Microsoft Visual Studio 2008 环境下的语言作为脚本编写的，可以对 Microsoft .NET Framework 公共语言运行时（CLR）方法进行引用的存储过程。

12.2　创建存储过程

在 SQL Server 中，用户既可以使用 SSMS 创建存储过程，也可以使用 T-SQL 语句创建存储过程。当创建存储过程时，需要确定存储过程的以下 3 个组成部分：

① 所有的输入参数及传给调用者的输出参数。

② 被执行的针对数据库的操作语句，包括调用其他存储过程的语句。

③ 返回给调用者的状态值，以指明调用是成功还是失败。

存储过程在命名时同样采用 Pascal 命名规则，全部大写，以"UP_表名_操作"形式命名。

12.2.1 使用 SSMS 创建存储过程

使用 SSMS 创建存储过程的操作步骤如下。

① 启动 SSMS，在对象资源管理器中展开数据库 StudentManagement 下的"可编程性"节点。

② 右键单击"存储过程"节点，从弹出的快捷菜单中选择"新建存储过程"命令，如图 12-1 所示。

③ 打开存储过程脚本编辑窗口，如图 12-2 所示。在该窗口中输入要创建的存储过程的代码，输入完成后单击"执行"按钮。若执行成功则创建完成。

图 12-1 选择"新建存储过程"命令

图 12-2 存储过程脚本编辑窗口

12.2.2 使用 T-SQL 语句创建存储过程

用户可以使用 CREATE PROCEDURE 命令创建存储过程，但要注意下列几个事项：

① CREATE PROCEDURE 语句不能与其他 SQL 语句在单个批处理中组合使用。

② 必须具有数据库的 CREATE PROCEDURE 权限。

③ 只能在当前数据库中创建存储过程。

④ 不要创建任何使用 sp_作为前缀的存储过程。

CREATE PROCEDURE 的语法格式如下：

```
CREATE { PROC | PROCEDURE } [schema_name.] procedure_name
    [ { @parameter [ type_schema_name. ] data_type }
    [ VARYING ] [ = default ] [ OUT | OUTPUT ] ] [,…n ] [ WITH ENCRYPTION ]
AS { <sql_statement> [;][,…n ] }[;]
<sql_statement> ::= { [ BEGIN ] statements [ END ] }
```

各参数的含义说明如下。

schema_name：过程所属架构的名称。

procedure_name：新存储过程的名称。

@parameter：过程中的参数。

[type_schema_name.] data_type：参数及所属架构的数据类型。

VARYING：指定作为输出参数支持的结果集，仅适用于 cursor 参数。

default：参数的默认值。

OUTPUT：指示参数是输出参数。

ENCRYPTION：将 CREATE PROCEDURE 语句的原始文本加密。

<sql_statement>：包含在过程中的一条或多条 Transact-SQL 语句。

1. 创建不带参数的存储过程

【演练 12-1】在数据库 StudentManagement 中，创建一个名为 UP_TEACHER_INFO 的存储过程，用于查询所有男教师的信息。操作步骤如下。

① 在 SSMS 中单击"新建查询"按钮新建一个查询编辑器窗口。

② 在查询窗口中输入如下 T-SQL 语句：

```
USE StudentManagement
GO
CREATE PROCEDURE UP_TEACHER_INFO
AS
SELECT * FROM Teacher WHERE Teacher_Sex='男'
GO
```

③ 单击"执行"按钮执行该语句，在对象资源管理器中展开数据库 StudentManagement 下的"可编程性"下的"存储过程"节点，就能看见新建的用户存储过程 UP_TEACHER_INFO，如图 12-3 所示。

不带参数的简单存储过程类似于给一组 SQL 语句起个名字，然后就可以在需要时反复调用，而复杂的存储过程则要有输入和输出参数。

图 12-3　新建的用户存储过程

2. 创建带输入参数的存储过程

一个存储过程可以带一个或多个输入参数。输入参数是由调用程序向存储过程传递的参数，它们在创建存储过程语句中被定义，在执行存储过程中给出相应的参数值。

【演练 12-2】使用输入参数"课程名称"，创建一个存储过程 UP_COURSE_INFO，用于查询某门课程的选修情况，包括学号、姓名、课程名称和成绩。操作步骤如下。

① 在 SSMS 中单击"新建查询"按钮新建一个查询编辑器窗口。

② 在查询窗口中输入如下 T-SQL 语句：

```
USE StudentManagement
GO
CREATE PROCEDURE UP_COURSE_INFO
@scname VARCHAR(30)
AS
```

```
SELECT Student.Student_No,Student_Name,Course_Name,SelectCourse_Score
FROM Student,SelectCourse,Course
WHERE Student.Student_No = SelectCourse.SelectCourse_StudentNo AND
    SelectCourse.SelectCourse_CourseNo = Course.Course_No AND Course_Name=@scname
GO
```
③ 单击"执行"按钮执行该语句。

3．创建带输出参数的存储过程

如果用户需要从存储过程中返回一个或多个值，可以通过在创建存储过程的语句中定义输出参数来实现。为了使用输出参数，需要在 CREATE PROCEDURE 语句中指定 OUTPUT 关键字。

【演练 12-3】创建一个存储过程 UP_COURSE_COUNT，获得选取某门课程的选课人数。操作步骤如下。

① 在 SSMS 中单击"新建查询"按钮新建一个查询编辑器窗口。

② 在查询窗口中输入如下 T-SQL 语句：

```
USE StudentManagement
GO
CREATE PROCEDURE UP_COURSE_COUNT
@scname VARCHAR(30),@ccount INT OUTPUT
AS
SELECT @ccount=COUNT(*)
FROM SelectCourse,Course
WHERE SelectCourse.SelectCourse_CourseNo = Course.Course_No AND Course_Name=@scname
GO
```
③ 单击"执行"按钮执行该语句。

12.3　执行存储过程

存储过程创建成功后，该存储过程作为数据库对象已经存在，其名称和文件分别存放在 sysobjects 和 syscomments 系统表中。用户可以使用 T-SQL 的 EXECUTE 语句执行存储过程。如果该存储过程是批处理中第一条语句，则 EXEC 关键字可以省略。其语法格式如下：

[[EXEC[UTE]] {[@return_status=] {procedure_name|@procedure_name_var}
[[@parameter=]{value|@variable[OUTPUT]|[DEFAULT]}[,…n]]}]

各参数的含义说明如下：

EXECUTE：执行存储过程的命令关键字。

@return_status：可选的整型变量，用于保存存储过程的返回状态。

procedure_name：指定执行的存储过程的名称。

@procedure_name_var：局部定义的变量名，代表存储过程名称。

@parameter：在创建存储过程时定义的过程参数。

12.3.1　执行不带参数的存储过程

执行不带参数的存储过程非常简单，直接使用"EXEC 存储过程名"命令即可完成。

【演练 12-4】执行演练 12-1 创建的名为 UP_TEACHER_INFO 的存储过程，用于查询所有男教师的信息。操作步骤如下。

① 在 SSMS 中单击"新建查询"按钮新建一个查询编辑器窗口。

② 在查询窗口中输入如下 T-SQL 语句：

    EXEC UP_TEACHER_INFO

③ 单击"执行"按钮执行该语句，查询结果窗口中的输出结果如图 12-4 所示。

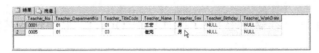

图 12-4　输出结果

12.3.2　执行带参数的存储过程

在执行存储过程的语句中，有两种方式来传递参数值：使用参数名传递参数值和按参数位置传递参数值。

使用参数名传递参数值，就是通过语句"@参数名=参数值"给参数传递值。当存储过程有多个输入参数时，参数值可以按任意顺序指定。对于允许空值和具有默认值的输入参数，可以不给出参数的传递值。

1. 使用参数名传递参数值

【演练 12-5】执行演练 12-2 创建的存储过程 UP_COURSE_INFO，使用输入参数课程名称，查询某门课程的选修情况，包括学号、姓名、课程名称和成绩。操作步骤如下。

① 在 SSMS 中单击"新建查询"按钮新建一个查询编辑器窗口。

② 在查询窗口中输入如下 T-SQL 语句：

    EXEC UP_COURSE_INFO @scname ='数据库技术'

③ 单击"执行"按钮执行该语句，查询结果窗口中的输出结果如图 12-5 所示。

图 12-5　输出结果

【演练 12-6】执行演练 12-3 创建的存储过程 UP_COURSE_COUNT，获得选取某门课程的选课人数。操作步骤如下。

① 在 SSMS 中单击"新建查询"按钮新建一个查询编辑器窗口。

② 在查询窗口中输入如下 T-SQL 语句：

    DECLARE @ccount INT
    EXEC UP_COURSE_COUNT @scname ='数据库技术',@ccount=@ccount OUTPUT
    SELECT '选修数据库技术课程的人数为：',@ccount

③ 单击"执行"按钮执行该语句，查询结果窗口中的输出结果如图 12-6 所示。

图 12-6　输出结果

2．按位置传送参数值

当存储过程有多个输入参数时，在执行存储过程的语句中可以不参照被传递的参数而直接给出参数的传递值，但要注意传递值的顺序必须与存储过程中定义的输入参数的顺序相一致。

【演练 12-7】执行演练 12-2 创建的存储过程 UP_COURSE_INFO，使用输入参数课程名称，查询某门课程的选修情况，包括学号、姓名、课程名称和成绩。操作步骤如下。

① 在 SSMS 中单击"新建查询"按钮新建一个查询编辑器窗口。

② 在查询窗口中输入如下 T-SQL 语句：

```
EXEC UP_COURSE_INFO '数据库技术'
```

③ 单击"执行"按钮执行该语句，查询结果窗口中的输出结果如图 12-5 所示。

【演练 12-8】执行演练 12-3 创建的存储过程 UP_COURSE_COUNT，获得选取某门课程的选课人数。操作步骤如下。

① 在 SSMS 中单击"新建查询"按钮新建一个查询编辑器窗口。

② 在查询窗口中输入如下 T-SQL 语句：

```
DECLARE @ccount INT
EXEC UP_COURSE_COUNT '数据库技术',@ccount OUTPUT
SELECT '选修数据库技术课程的人数为：',@ccount
```

③ 单击"执行"按钮执行该语句，查询结果窗口中的输出结果如图 12-6 所示。

可以看到，按参数位置传递参数值比按参数名传递参数值简捷，比较适合参数值较少的情况；而按参数名传递参数使程序可读性增强，特别是在参数数量较多时，建议使用按参数名称传递参数的方法，这样的程序可读性、可维护性都要好一些。

12.4　查看存储过程

建立存储过程之后，可以通过 SSMS 查看存储过程的源代码，也可以通过 SQL Server 提供的系统存储过程来查看用户创建的存储过程信息。

12.4.1　使用 SSMS 查看存储过程

使用 SSMS 查看存储过程的操作步骤如下。

① 启动 SSMS，在对象资源管理器中展开数据库 StudentManagement 下的"可编程性"下的"存储过程"节点。

② 右键单击需要查看的存储过程，从弹出的快捷菜单中选择"编写存储过程脚本为"→"CREATE 到"→"新查询编辑器窗口"命令，如图 12-7 所示。

③ 打开存储过程脚本编辑窗口，就可以看到该存储过程的源代码，如图 12-8 所示。

12.4.2　使用系统存储过程查看用户存储过程

用于查看用户存储过程的系统存储过程及其语法格式如下。

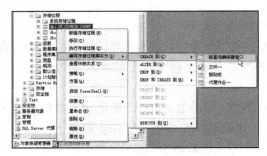

图 12-7　选择"新查询编辑器窗口"命令　　　　　图 12-8　存储过程脚本编辑窗口

1. sp_help

sp_help 用于显示存储过程的参数及其数据类型，其语法格式为：

sp_help [[@objname=] name]

其中，参数 name 为要查看的存储过程的名称。

2. sp_helptext

sp_helptext 用于显示存储过程的源代码，其语法格式为：

sp_helptext [[@objname=] name]

其中，参数 name 为要查看的存储过程的名称。

3. sp_depends

sp_depends 用于显示与存储过程相关的数据库对象，其语法格式为：

sp_depends [@objname=] 'object'

其中，参数 object 为要查看依赖关系的存储过程的名称。

4. sp_stored_procedures

sp_stored_procedures 用于返回当前数据库中的存储过程列表，其语法格式为：

sp_stored_procedures[[@sp_name=]'name'][,[@sp_owner=]'owner']

[,[@sp_qualifier =] 'qualifier']

其中，参数[@sp_name =] 'name'用于指定返回目录信息的过程名，[@sp_owner =] 'owner'用于指定过程所有者的名称，[@qualifier =] 'qualifier'用于指定过程限定符的名称。

【演练 12-9】使用系统存储过程查看用户存储过程 UP_COURSE_INFO 的参数和相关性。操作步骤如下。

① 在 SSMS 中单击"新建查询"按钮新建一个查询编辑器窗口。

② 在查询窗口中输入如下 T-SQL 语句：

```
EXEC sp_helptext UP_COURSE_INFO
EXEC sp_help UP_COURSE_INFO
EXEC sp_depends UP_COURSE_INFO
EXEC sp_stored_procedures UP_COURSE_INFO
```

③ 单击"执行"按钮执行该语句，查询结果窗口中的输出结果如图 12-9 所示。

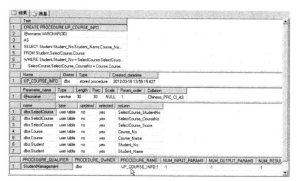

图 12-9　输出结果

12.5　修改存储过程

修改存储过程通常是指编辑它的参数和 T-SQL 语句。用户既可以通过 SSMS 修改存储过程，也可以使用 T-SQL 语句修改存储过程。

12.5.1　使用 SSMS 修改存储过程

使用 SSMS 修改存储过程的操作步骤如下。

① 启动 SSMS，在对象资源管理器中展开数据库 StudentManagement 下"可编程性"下的"存储过程"节点。

② 右键单击需要修改的存储过程，从快捷菜单中选择"修改"命令，如图 12-10 所示。

③ 打开与创建存储过程时类似的存储过程脚本编辑窗口，如图 12-11 所示。在该窗口中，用户可以直接修改定义该存储过程的 T-SQL 语句。

图 12-10　选择"修改"命令

图 12-11　存储过程脚本编辑窗口

12.5.2　使用 T-SQL 语句修改存储过程

使用 ALTER PROCEDURE 语句可以修改存储过程，但不会更改权限，也不影响相关的存储过程或触发器。其语法格式如下：

ALTER { PROC | PROCEDURE } [schema_name.] procedure_name[{ @parameter [type_schema_name.] data_type } [VARYING] [= default] [[OUT [PUT]] [,…n] [WITH ENCRYPTION]
AS sql_statement [;] [,…n]

修改存储过程时，应该注意以下几点：

① 如果原来的过程定义是使用 ENCRYPTION 创建的，那么只有在 ALTER PROCEDURE 中也包含这个选项时，该选项才有效。

② 每次只能修改一个存储过程。

③ 用 ALTER PROCEDURE 修改的存储过程的权限保持不变。

【演练 12-10】修改前面创建的 UP_COURSE_INFO 存储过程，使之完成以下功能：使用输入参数"学号"，查询此学生的学号、姓名、课程名称和成绩。操作步骤如下。

① 在 SSMS 中单击"新建查询"按钮新建一个查询编辑器窗口。

② 在查询窗口中输入如下 T-SQL 语句：

```
USE StudentManagement
GO
ALTER PROCEDURE UP_COURSE_INFO
@sno CHAR(6)
AS
SELECT Student.Student_No,Student_Name,Course_Name,SelectCourse_Score
FROM Student,SelectCourse,Course
WHERE Student.Student_No = SelectCourse.SelectCourse_StudentNo AND
    SelectCourse.SelectCourse_CourseNo = Course.Course_No AND Student.Student_No =@sno
GO
```

③ 单击"执行"按钮执行该语句，完成存储过程的修改。

④ 存储过程修改后，执行存储过程 UP_COURSE_INFO，代码如下：

```
EXEC UP_COURSE_INFO '200702'
```

查询结果窗口中的输出结果如图 12-12 所示。

图 12-12　输出结果

12.6　删除存储过程

当不再使用一个存储过程时，要把它从数据库中删除。在删除之前，必须确认该存储过程没有任何依赖关系。用户既可以通过 SSMS 删除存储过程，也可以使用 T-SQL 语句删除存储过程。

12.6.1　使用 SSMS 删除存储过程

使用 SSMS 删除存储过程的操作步骤如下。

① 启动 SSMS，在对象资源管理器中展开数据库 StudentManagement 下的"可编程性"下的"存储过程"节点。

② 右键单击需要删除的存储过程，从快捷菜单中选择"删除"命令，如图 12-13 所示。

③ 打开"删除对象"对话框，如图 12-14 所示。单击"确定"按钮，即可完成删除操作。单击"显示依赖关系"按钮，可以在删除前查看与该存储过程有依赖关系的其他数据库对象名称。

图 12-13 选择"删除"命令

图 12-14 "删除对象"对话框

12.6.2 使用 T-SQL 语句删除存储过程

存储过程也可以使用 T-SQL 语言中的 DROP 命令删除。DROP 命令可以将一个或者多个存储过程或者存储过程组从当前数据库中删除，其语法格式如下：

DROP { PROC | PROCEDURE } { [schema_name.] procedure } [,…n]

【演练 12-11】删除数据库 StudentManagement 中的存储过程 UP_TEACHER_INFO。操作步骤如下。

① 在 SSMS 中单击"新建查询"按钮新建一个查询编辑器窗口。

② 在查询窗口中输入如下 T-SQL 语句：

```
USE StudentManagement
GO
DROP PROCEDURE UP_TEACHER_INFO
GO
```

③ 单击"执行"按钮执行该语句，完成存储过程的删除。

12.7 实训——学籍管理系统存储过程设计

在学习了以上各种存储过程案例的基础上，读者可以通过下面的实训练习进一步巩固使用存储过程的各种方法。

【实训 12-1】执行修改后的存储过程 UP_COURSE_INFO 时，如果没有给出学号参数，则系统会报错。修改存储过程 UP_COURSE_INFO，使用默认值参数实现以下功能：当执行存储过程时，如果不提供参数，则查询所有学生的选课情况。操作步骤如下。

① 在 SSMS 中单击"新建查询"按钮新建一个查询编辑器窗口。

② 在查询窗口中输入如下 T-SQL 语句：

```
USE StudentManagement
GO
ALTER PROCEDURE UP_COURSE_INFO
@sno CHAR(6) = NULL
AS
IF @sno IS NULL
```

```
        BEGIN
            SELECT Student.Student_No,Student_Name,Course_Name,SelectCourse_Score
            FROM Student,SelectCourse,Course
            WHERE Student.Student_No = SelectCourse.SelectCourse_StudentNo AND
                SelectCourse.SelectCourse_CourseNo = Course.Course_No
        END
    ELSE
        BEGIN
            SELECT Student.Student_No,Student_Name,Course_Name,SelectCourse_Score
            FROM Student,SelectCourse,Course
            WHERE Student.Student_No = SelectCourse.SelectCourse_StudentNo AND
                SelectCourse.SelectCourse_CourseNo = Course.Course_No AND Student.Student_No=@sno
        END
    GO
```

③ 单击"执行"按钮执行该语句，完成存储过程的修改。

④ 存储过程修改后，分别以默认值参数和运行参数执行存储过程 UP_COURSE_INFO，代码如下：

图 12-15　输出结果

```
EXEC UP_COURSE_INFO
EXEC UP_COURSE_INFO '200702'
```

查询结果窗口中的输出结果如图 12-15 所示。

按照类似的方法，读者可以根据需要继续创建学籍管理系统的其他存储过程，这里不再赘述。

习题 12

一、填空题

1．存储过程是 SQL Server 服务器中_____T-SQL 语句的集合。

2．SQL Server 2008 中的存储过程包括_____、_____和_____三种类型。

3．创建存储过程实际上是对存储过程进行定义的过程，主要包含存储过程名称及其_____和存储过程的主体两部分。

4．在定义存储过程时，若有输入参数，则应放在关键字 AS 的_____说明，若有局部变量，则应放在关键字 AS 的_____定义。

5．在存储过程中，若在参数的后面加上_____，则表明此参数为输出参数，执行该存储过程时必须声明变量来接收返回值，并且在变量后必须使用关键字　。

二、选择题

1．在 SQL Server 服务器中，存储过程是一组预先定义并_____的 T-SQL 语句。

　　A．保存　　　　　　B．编译　　　　　　C．解释　　　　　　D．编写

2．使用 EXECUTE 语句来执行存储过程时，在_____情况下可以省略该关键字。

　　A．EXECUTE 语句如果是批处理中的第一条语句时

B．EXECUTE 语句在 DECLARE 语句之后

C．EXECUTE 在 GO 语句之后

D．任何时候

3．用于查看表的行数及表使用的存储空间信息的系统存储过程是_____。

A．sq_spaceused　　　B．sq_depends　　　C．sq_help　　　D．sq_rename

三、简答题

1．什么是存储过程？请分别写出使用 SSMS 和 T-SQL 语句创建存储过程的主要步骤。

2．如何将数据传递给一个存储过程？如何将存储过程的结果值返回？

四、设计题

使用学籍管理数据库设计以下存储过程。

① 查询选课表 SelectCourse 中的课程编号为 10001 的学生学号和成绩的信息。

② 查询选课表 SelectCourse 中成绩排名前三位的学生信息。

③ 查询选修某门课程的学生总人数。

④ 创建一个返回执行状态码的存储过程，它接收课程号作为输入参数。如果执行成功，则返回 0；如果没有给课程号，则返回错误码 1；如果给出的课程号不存在，则返回错误码 2；如果出现其他错误，则返回错误码 3。

第13章 触 发 器

触发器是一种特殊的存储过程，类似于其他编程语言中的事件函数，通常用于实现强制业务规则和数据完整性。存储过程通过存储过程名称被调用执行，而触发器则通过事件触发驱动由系统自动执行。触发器可以用于 SQL Server 约束、默认值和规则的完整性检查，还可以完成难以用普通约束实现的复杂功能。

13.1 触发器的基本概念

在 SQL Server 中，存储过程和触发器都是 SQL 语句和流程控制语句的集合。就本质而言，触发器是一种专用类型的存储过程，它被捆绑到数据表或视图上。换言之，触发器是一种在数据表或视图被修改时自动执行的内嵌存储过程，主要通过事件触发而被执行。触发器不允许带参数，也不能直接调用，只能自动被激发。

当创建数据库对象或者在数据表中插入记录、修改记录、删除记录时，SQL Server 就会自动执行触发器定义的 SQL 语句，从而确保对数据的处理必须符合由这些 SQL 语句所定义的规则。触发器和引起触发器执行的 SQL 语句被当做一次事务处理，如果这次事务未获得成功，SQL Server 将会自动返回该事务执行前的状态。

13.1.1 触发器的类型

在 SQL Server 2008 中，按照触发事件的不同可以将触发器分为两大类：DML 触发器和 DDL 触发器。

1．DML 触发器

DML 触发器在用户使用数据操作语言（DML）事件编辑数据时触发。DML 事件针对的是表或视图的 INSERT、UPDATE 或 DELETE 语句。DML 触发器有助于在表或视图中修改数据时实现强制业务规则，扩展数据完整性。

DML 触发器又分为 AFTER 触发器和 INSTEAD OF 触发器两种。

（1）AFTER 触发器

这种类型的触发器在数据变动（INSERT、UPDATE 和 DELETE 操作）完成以后才被触发。AFTER 触发器只能在表上定义。

（2）INSTEAD OF 触发器

INSTEAD OF 触发器在数据变动以前被触发，并取代变动数据的操作，转而去执行触发器定义的操作。INSTEAD OF 触发器可以在表或视图上定义。每个 INSERT、UPDATE 和 DELETE 语句最多定义一个 INSTEAD OF 触发器。

2．DDL 触发器

DDL 触发器是由相应的事件触发的，但 DDL 触发器触发的事件是数据定义语句（DDL）。

这些语句主要以 CREATE、ALTER、DROP 等关键字开头。DDL 触发器的主要作用是执行管理操作，如审核系统、控制数据库的操作等。在通常情况下，DDL 触发器主要用于以下一些操作需求：防止对数据库架构进行某些修改；希望数据库中发生某些变化以利于相应数据库架构的更改；记录数据库架构中的更改或事件。DDL 触发器只在响应由 T-SQL 语法所指定的 DDL 事件时才会触发。

13.1.2 触发器的优点

由于在触发器中可以包含复杂的处理逻辑，因此触发器用来保持低级的数据完整性，而不是返回大量的查询结果。使用触发器主要优点如下：

① 实现数据库中相关表层叠更改。触发器可以通过数据库中的相关表进行层叠更改。

② 强制使用更为复杂的约束。与 CHECK 约束不同，触发器可以引用其他表中的列。例如，触发器可以使用另一个表中的 SELECT 语句对比插入或更新的数据，以及执行其他操作，如修改数据或显示用户定义的错误信息。

③ 评估数据修改前后的表状态并采取对策。一个表中的多个同类触发器（INSERT、UPDATE 或 DELETE）允许采取多个不同的对策以响应同一条修改语句。

④ 使用自定义的错误信息。用户有时需要在数据完整性遭到破坏或其他情况下，发出预先定义好的错误信息或动态定义的错误信息。通过使用触发器，用户可以捕获破坏数据完整性的操作，并返回自定义的错误信息。

⑤ 维护非规范化数据。用户可以使用触发器来保证非规范数据库中低级数据的完整性。

13.2 创建触发器

在创建触发器之前应该考虑以下几个问题：

- CREATE TRIGGER 必须是批处理中的第一条语句。
- 触发器只能在当前的数据库中创建。
- TRUNCATE TABLE 语句不会引发 DELETE 触发器。
- WRITETEXT 语句不会引发 INSERT 或 UPDATE 触发器。
- 表的所有者具有创建触发器的默认权限，并且不能将该权限传给其他用户。
- 一个触发器只能对应一个表，这是由触发器的机制所决定的。

触发器在命名时同样采用 Pascal 命名规则，全部大写，以"TR_功能"形式进行命名。

13.2.1 使用 SSMS 创建触发器

使用 SSMS 创建存储过程的操作步骤如下。

① 启动 SSMS，在对象资源管理器中展开数据库 StudentManagement 下要创建触发器的数据表节点。

② 右键单击"触发器"节点，从弹出的快捷菜单中选择"新建触发器"命令，如图 13-1 所示。

③ 打开触发器脚本编辑窗口，显示新建触发器的模板，如图 13-2 所示。在该窗口中输

入要创建的触发器的代码，输入完成后单击"执行"按钮。若执行成功，则创建完成。

图 13-1　选择"新建触发器"命令　　　图 13-2　触发器脚本编辑窗口

13.2.2　使用 T-SQL 语句创建触发器

1．创建 DML 触发器

当数据库中发生数据操作语言（DML）事件时将调用 DML 触发器，从而确保对数据的处理必须符合由这些 SQL 语句所定义的规则。

使用 T-SQL 语言中的 CREATE TRIGGER 命令可以创建 DML 触发器，其语法格式如下：

> **CREATE TRIGGER [schema_name .]trigger_name ON { table | view }**
> **[WITH <dml_trigger_option> [,···n]]{ FOR | AFTER | INSTEAD OF } { [INSERT] [,]**
> **[UPDATE] [,] [DELETE] }**
> **AS { sql_statement　[;] [,···n] }**
> **<dml_trigger_option> ::=[ENCRYPTION] [EXECUTE AS Clause]**

各参数的含义说明如下。

schema_name：DML 触发器所属架构的名称。

trigger_name：触发器的名称。

table | view：对其执行 DML 触发器的表或视图。

ENCRYPTION：对 CREATE TRIGGER 语句的文本进行加密处理。

EXECUTE AS：指定用于执行该触发器的安全上下文。

FOR | AFTER：FOR 与 AFTER 同义，指定触发器仅在触发 SQL 语句中指定的所有操作都已成功执行时才被触发。不能对视图定义 FOR | AFTER 触发器。

INSTEAD OF：指定执行 DML 触发器而不是触发 SQL 语句。

[,] [INSERT] [,] [UPDATE][DELETE]：指定数据修改语句。必须至少指定其中一个选项。

sql_statement：触发条件和操作。

DML 触发器创建两个特殊的临时表，它们分别是 inserted 表和 deleted 表。这两个表都存在内存中。它们在结构上类似于定义了触发器的表。

在 inserted 表中存储着被 INSERT 和 UPDATE 语句影响的新数据行。在执行 INSERT 或 UPDATE 语句时，新的数据行被添加到基本表中，同时这些数据行的备份被复制到 inserted

临时表中。

在 deleted 表中存储着被 DELETE 和 UPDATE 语句影响的旧数据行。在执行 DELETE 或 UPDATE 语句时，指定的数据行从基本表中删除，然后被转移到 deleted 表中。在基本表和 deleted 表中一般不会存在相同的数据行。

一个 UPDATE 操作实际上是由一个 DELETE 操作和一个 INSERT 操作组成的。在执行 UPDATE 操作时，旧的数据行从基本表中转移到 deleted 表中，然后将新的数据行同时插入基本表和 inserted 表中。

（1）创建 INSERT 触发器

【演练 13-1】建立插入数据触发器，实现当插入新同学的记录时，触发器将自动显示"欢迎新同学的到来！！"的提示信息。操作步骤如下。

① 在 SSMS 中单击"新建查询"按钮新建一个查询编辑器窗口。

② 在查询窗口中输入如下 T-SQL 语句：

```
CREATE TRIGGER TR_WELCOME
ON Student
AFTER INSERT
AS
PRINT   '欢迎新同学的到来！！'
GO
INSERT Student
VALUES('200811','张绍峰','男','1988-09-22','200802','13937865782','zsf@126.com','广东河源')
GO
```

③ 单击"执行"按钮执行该语句，在对象资源管理器中展开表 Student 下的"触发器"节点，在其下能看见新建的触发器 TR_WELCOME，如图 13-3 所示。

图 13-3　新建的触发器

以上操作完成后，表 Student 中插入的新同学记录如图 13-4 所示。

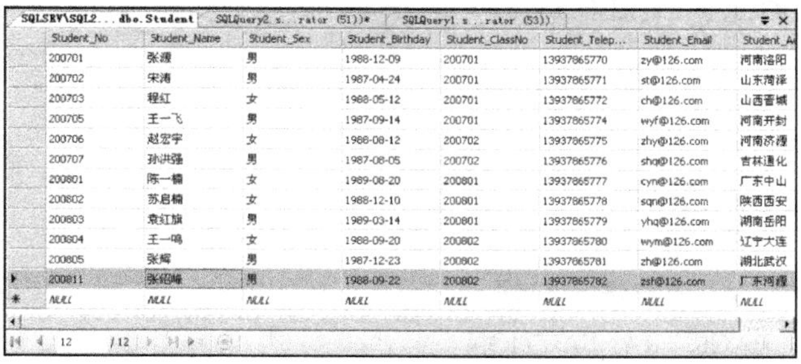

图 13-4　插入的新同学记录

【演练 13-2】建立 INSERT 触发器，确保选课表 SelectCourse 的参照完整性，以维护其外码与参照表中的主码一致。操作步骤如下。

① 在 SSMS 中单击"新建查询"按钮新建一个查询编辑器窗口。

② 在查询窗口中输入如下 T-SQL 语句：

```
CREATE TRIGGER TR_SELECTCOURSE
ON SelectCourse
FOR INSERT
AS
IF(SELECT COUNT(*)
   FROM Student,inserted,Course
   WHERE Student.Student_No=inserted.SelectCourse_StudentNo AND
   Course.Course_No=inserted.SelectCourse_CourseNo)=0
     BEGIN
          PRINT '输入的学号或课程号错误'
          ROLLBACK TRANSACTION
     END
```

③ 单击"执行"按钮执行该语句，完成触发器的创建。

④ 接着向选课表 SelectCourse 中插入一个记录，该记录中的学号 200810 在学生表 Student 中不存在，代码如下：

```
INSERT SelectCourse
VALUES('200810','10001',85)
GO
```

触发器的执行结果如图 13-5 所示。

图 13-5　触发器的执行结果

本例中的触发器名为 TR_SELECTCOURSE，它是选课表 SelectCourse 的 INSERT 触发器。当进行插入记录操作时，它要保证 inserted 表中的学号包含在学生表 Student 中，同时要保证 inserted 表中的课程号包含在课程表 Course 中。如果条件不满足，则回滚事务（ROLLBACK TRANSACTION），数据恢复到 INSERT 操作前的情况。

（2）创建 UPDATE 触发器

【演练 13-3】在课程表 Course 中建立一个 UPDATE 触发器，当用户修改课程的学分时，显示不允许修改学分的提示。操作步骤如下。

① 在 SSMS 中单击"新建查询"按钮新建一个查询编辑器窗口。

② 在查询窗口中输入如下 T-SQL 语句：

```
CREATE TRIGGER TR_CREDITS
ON Course
AFTER UPDATE
AS
IF UPDATE(Course_Credits)
    BEGIN
         PRINT '学分不能进行修改！'
         ROLLBACK TRANSACTION
    END
GO
```

③ 单击"执行"按钮执行该语句，完成触发器的创建。

④ 接着修改课程表 Course 中课程编号为 10001 的记录的学分值，代码如下：

```
UPDATE Course SET Course_Credits =8 WHERE Course_No = '10001'
GO
```

触发器的执行结果如图 13-6 所示。

图 13-6　触发器的执行结果

【演练 13-4】创建触发器，当修改学生表 Student 中的学号时，同时也要将选课表 SelectCourse 中的学号修改成相应的学号（假设两个表之间没有定义外键约束）。操作如下。

① 在 SSMS 中单击"新建查询"按钮新建一个查询编辑器窗口。

② 在查询窗口中输入如下 T-SQL 语句：

```
CREATE TRIGGER TR_STUDENTNO
ON Student
AFTER UPDATE
AS
BEGIN
    DECLARE @old_num CHAR(6), @new_num CHAR(6)
    SELECT @old_num= Student_No
    FROM deleted
    SELECT @new_num= Student_No
    FROM inserted
    UPDATE SelectCourse
    SET SelectCourse_StudentNo =@new_num
    WHERE SelectCourse_StudentNo =@old_num
END
```

③ 单击"执行"按钮执行该语句，完成触发器的创建。

④ 接着将学生表 Student 中学号为 200707 的学生的学号修改为 200708，代码如下：

```
UPDATE Student SET Student_No ='200708' WHERE Student_No = '200707'
GO
```

以上命令执行后，读者可以看到，在修改学生表 Student 中的学号同时，选课表 SelectCourse 中的学号也被修改成相应的学号，如图 13-7 所示。

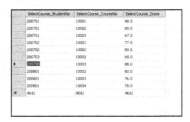

图 13-7　触发器的执行结果

【演练 13-5】创建一个触发器，当插入或更新选课表 SelectCourse 中的成绩列时，该触发器检查插入或更新的数据是否处于设定的数值范围 0～100 内。操作步骤如下。

① 在 SSMS 中单击"新建查询"按钮新建一个查询编辑器窗口。

② 在查询窗口中输入如下 T-SQL 语句：

```
CREATE TRIGGER TR_SCORE
ON SelectCourse
FOR INSERT,UPDATE
AS
DECLARE @cj NUMERIC(3,1)
SELECT @cj=inserted.SelectCourse_Score
FROM inserted
IF(@cj<0 OR @cj > 100)
BEGIN
    PRINT '成绩的取值必须在 0 到 100 之间'
    ROLLBACK TRANSACTION
END
```

③ 单击"执行"按钮执行该语句，完成触发器的创建。

④ 接着修改选课表 SelectCourse 中成绩为 77 分的记录的成绩为–20，代码如下：

```
UPDATE  SelectCourse  SET  SelectCourse_Score  =-20  WHERE
SelectCourse_Score = 77
GO
```

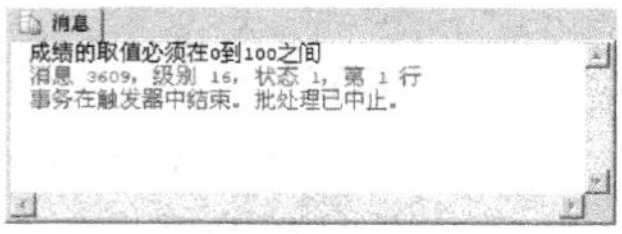

触发器的执行结果如图 13-8 所示。

图 13-8　触发器的执行结果

（3）创建 DELETE 触发器

【演练 13-6】创建 DELETE 触发器，实现当某个学生退学后，即在删除学生表 Student 中的相应数据时，系统自动将该学生的相关成绩记录也同时删除。操作步骤如下。

① 在 SSMS 中单击"新建查询"按钮新建一个查询编辑器窗口。

② 在查询窗口中输入如下 T-SQL 语句：

```
CREATE TRIGGER TR_DELETESTUDENT
ON Student
FOR DELETE
AS
DECLARE @d_sno CHAR(6)
SELECT @d_sno = Student_No
FROM deleted
DELETE FROM SelectCourse
WHERE SelectCourse.SelectCourse_StudentNo =@d_sno
GO
```

③ 单击"执行"按钮执行该语句，完成触发器的创建。

④ 接着删除学生表 Student 中学号被修改为 200708 的学生记录，代码如下：

```
DELETE FROM Student WHERE Student_No = '200708'
GO
```

以上命令执行后，读者可以看到，当删除学生表 Student 中某个学生的记录时，选课表 SelectCourse 中相应学号的记录也被删除了，如图 13-9 所示。

（4）创建 INSTEAD OF 触发器

AFTER 触发器是在触发语句执行后触发的。与 AFTER 触发器不同的是，INSTEAD OF 触发器触发时只执行触发器内部的 SQL 语句，而不执行激活该触发器的 SQL 语句。一个表或视图中只能有一个 INSTEAD OF 触发器。

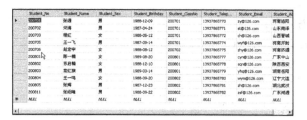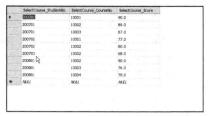

图 13-9 触发器的执行结果

【演练 13-7】在数据库 StudentManagement 中创建视图 VIEW_SCORE，包含学生的学号、姓名、课程号和成绩。该视图依赖于学生表 Student、课程表 Course 和选课表 SelectCourse，是不可更新视图。可以在视图上创建 INSTEAD OF 触发器，当向视图中插入数据时分别向表 Student 和 SelectCourse 插入数据，从而实现向视图插入数据的功能。操作步骤如下。

① 在 SSMS 中单击"新建查询"按钮新建一个查询编辑器窗口。

② 创建视图 VIEW_SCORE，在查询窗口中输入如下 T-SQL 语句：

```
USE StudentManagement
GO
CREATE VIEW VIEW_SCORE
AS
SELECT Student.Student_No,Student_Name,Course_No,SelectCourse_Score
FROM Course INNER JOIN SelectCourse
    ON Course.Course_No = SelectCourse.SelectCourse_CourseNo
    INNER JOIN Student ON SelectCourse.SelectCourse_StudentNo = Student.Student_No
GO
```

③ 创建 INSTEAD OF 触发器 TR_VIEW_SCORE。新建一个查询编辑器窗口，在查询窗口中输入如下 T-SQL 语句：

```
CREATE TRIGGER TR_VIEW_SCORE
ON VIEW_SCORE
INSTEAD OF INSERT
AS
BEGIN
    DECLARE @sno CHAR(6),@sname CHAR(8),@cno CHAR(5),@score NUMERIC(3,1)
    SELECT @sno=Student_No,@sname=Student_Name,
        @cno=Course_No,@score=SelectCourse_Score
    FROM inserted
    INSERT Student(Student_No,Student_Name)
        VALUES(@sno,@sname)
    INSERT SelectCourse(SelectCourse_StudentNo,SelectCourse_CourseNo,SelectCourse_Score)
        VALUES(@sno,@cno,@score)
END
```

④ 单击"执行"按钮执行该语句，完成触发器的创建。

⑤ 接着向视图 VIEW_SCORE 中插入一行数据，代码如下：

```
INSERT INTO VIEW_SCORE VALUES('200813','王五可','10001',85)
GO
```

⑥ 查看视图中数据是否插入，代码如下：

SELECT * FROM VIEW_SCORE WHERE Student_No = '200813'

执行结果如图 13-10 所示。

⑦ 查看与视图关联的表 Student 的情况，代码如下：

SELECT * FROM Student WHERE Student_No = '200813'

执行结果如图 13-11 所示。

图 13-10　视图中插入的记录　　　　　　图 13-11　表 Student 中插入的记录

⑧ 查看与视图关联的表 SelectCourse 的情况，代码如下：

SELECT * FROM SelectCourse WHERE SelectCourse_StudentNo = '200813'

执行结果如图 13-12 所示。

图 13-12　表 Student 中插入的记录

2．创建 DDL 触发器

DDL 触发器会为响应多种数据定义语言（DDL）语句而激发。这些语句主要以 CREATE、ALTER 和 DROP 开头。DDL 触发器可用于管理任务，如审核和控制数据库操作。其语法格式如下：

CREATE TRIGGER trigger_name
ON {ALL SERVER|DATABASE}[WITH <ddl_trigger_option> [,…n]]
{FOR|AFTER} {event_type|event_group}[,…n]
AS {sql_statement [;] [,…n]|EXTERNAL NAME <method specifier>[;]}

在响应当前数据库或服务器中处理的 T-SQL 事件时，可以激发 DDL 触发器。触发器的作用域取决于事件。

【演练 13-8】创建服务器作用域的 DDL 触发器，当删除一个数据库时，提示禁止该操作并回滚删除数据库的操作。操作步骤如下。

① 在 SSMS 中单击"新建查询"按钮新建一个查询编辑器窗口。

② 在查询窗口中输入如下 T-SQL 语句：

```
CREATE TRIGGER TR_SERVER
ON ALL SERVER
AFTER DROP_DATABASE
AS
BEGIN
    PRINT '不能删除该数据库'
    ROLLBACK TRANSACTION
END
```

③ 单击"执行"按钮执行该语句，完成服务器作用域的 DDL 触发器的创建，如图 13-13 所示。

④ 接着执行删除数据库 StudentManagement 的语句，代码如下：

```
DROP DATABASE StudentManagement
GO
```

触发器的执行结果如图 13-14 所示。

图 13-13　服务器作用域的 DDL 触发器

图 13-14　触发器的执行结果

【演练 13-9】创建数据库 StudentManagement 作用域的 DDL 触发器，当删除一个表时，提示禁止该操作，然后回滚删除表的操作。操作步骤如下。

① 在 SSMS 中单击"新建查询"按钮新建一个查询编辑器窗口。

② 在查询窗口中输入如下 T-SQL 语句：

```
USE StudentManagement
GO
CREATE TRIGGER TR_DATABASE
ON DATABASE
AFTER DROP_TABLE
AS
BEGIN
    PRINT '不能删除该表'
    ROLLBACK TRANSACTION
END
```

图 13-15　数据库作用域的 DDL 触发器

③ 单击"执行"按钮执行该语句，完成数据库 StudentManagement 作用域的 DDL 触发器的创建，如图 13-15 所示。

④ 接着执行数据库 StudentManagement 中表 Title 的语句，代码如下：

```
DROP Table Title
GO
```

触发器的执行结果如图 13-16 所示。

图 13-16　触发器的执行结果

13.3　查看触发器

如果要显示作用于表上的触发器究竟对表有哪些操作，必须查看触发器信息。用户既可以通过 SSMS 查看触发器的源代码，也可以通过 SQL Server 提供的系统存储过程来查看触发器信息。

13.3.1　使用 SSMS 查看触发器源代码

使用 SSMS 查看触发器源代码的操作步骤如下。

① 启动 SSMS，在对象资源管理器中展开"触发器"节点。

② 右键单击需要查看的触发器，从弹出的快捷菜单中选择"编写触发器脚本为"→"CREATE 到"→"新查询编辑器窗口"命令，如图 13-17 所示。

③ 打开触发器脚本编辑窗口，可以查看触发器的源代码，如图 13-18 所示。

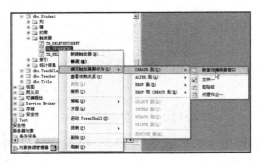

图 13-17　选择"新查询编辑器窗口"命令

图 13-18　触发器脚本编辑窗口

13.3.2　使用系统存储过程查看触发器信息

使用系统存储过程 sp_help、sp_helptext 和 sp_depends 可以分别查看触发器的不同信息。

【演练 13-10】使用系统存储过程查看用户存储过程 UP_COURSE_INFO 的参数和相关性。
操作步骤如下。

① 在 SSMS 中单击"新建查询"按钮新建一个查询编辑器窗口。

② 在查询窗口中输入如下 T-SQL 语句：

  EXEC sp_helptext TR_STUDENTNO

  EXEC sp_help TR_STUDENTNO

  EXEC sp_depends TR_STUDENTNO

③ 单击"执行"按钮执行该语句，查询结果窗口中的
输出结果如图 13-19 所示。

图 13-19　输出结果

13.4　修改触发器

用户既可以通过 SSMS 修改触发器，也可以使用 T-SQL 语句修改触发器。

13.4.1　使用 SSMS 修改触发器

使用 SSMS 修改触发器的操作步骤如下。

① 启动 SSMS，在对象资源管理器中展开"触发器"节点。

② 右键单击需要修改的触发器，从弹出的快捷菜单中选择"修改"命令，如图 13-20 所示。

③ 打开与创建触发器时类似的触发器脚本编辑窗口，如图 13-21 所示。在该窗口中，用
户可以直接修改定义该触发器的 T-SQL 语句。

13.4.2　使用 T-SQL 语句修改触发器

用户可以使用 ALTER TRIGGER 语句修改触发器。

图 13-20　选择"修改"命令　　　　　　　　图 13-21　触发器脚本编辑窗口

修改 DML 触发器的语法格式如下：

ALTER TRIGGER [schema_name .]trigger_name ON { table | view }
[WITH <dml_trigger_option> [,…n]]{ FOR | AFTER | INSTEAD OF } { [INSERT] [,]
[UPDATE][,] [DELETE] }
AS { sql_statement 　[;] [,…n] }
<dml_trigger_option> ::=[ENCRYPTION] [EXECUTE AS Clause]

修改 DDL 触发器的语法格式如下：

ALTER TRIGGER trigger_name
　　ON {ALL SERVER | DATABASE}[WITH <ddl_trigger_option> [,…n]]
　　{FOR | AFTER} {event_type | event_group}[,…n]
　　AS {sql_statement [;] [,…n] | EXTERNAL NAME <method specifier> [;] }

【演练 13-11】为学生表 Student 创建一个不允许执行添加、更新操作的触发器，然后将其修改为不允许执行添加操作。操作步骤如下。

① 在 SSMS 中单击"新建查询"按钮新建一个查询编辑器窗口。

② 为学生表 Student 创建一个不允许执行添加、更新操作的触发器 TR_REMINDER，在查询窗口中输入如下 T-SQL 语句：

```
CREATE TRIGGER TR_REMINDER
ON Student
WITH ENCRYPTION
AFTER INSERT,UPDATE
AS
BEGIN
    PRINT '不能对该表执行添加、更新操作'
    ROLLBACK
END
```

③ 单击"执行"按钮执行该语句，完成触发器的创建。

④ 接着修改触发器 TR_REMINDER 存储过程，将其修改为不允许执行添加操作。在 SSMS 中单击"新建查询"按钮新建一个查询编辑器窗口，在查询窗口中输入如下 T-SQL 语句：

```
ALTER TRIGGER TR_REMINDER
ON Student
AFTER INSERT
AS
BEGIN
```

```
    PRINT '不能对该表执行添加操作'
    ROLLBACK
END
```

13.5　禁用与启用触发器

在有些情况下，用户可能希望暂停触发器的使用，但并不删除它，此时，可以先"禁用"触发器。已禁用的触发器还可以再"启用"。

13.5.1　使用 SSMS 禁用与启用触发器

使用 SSMSS 禁用与启用触发器的操作步骤如下。

① 启动 SSMS，在对象资源管理器中展开"触发器"节点。

② 右键单击需要禁用的触发器，从弹出的快捷菜单中选择"禁用"命令，如图 13-22 所示。已禁用的触发器还可以再"启用"，右键单击需要启动的触发器，从弹出的快捷菜单中选择"启用"命令，如图 13-23 所示。

图 13-22　"禁用"触发器　　　　　　　图 13-23　"启用"触发器

13.5.2　使用 T-SQL 语句禁用与启用触发器

禁用与启用触发器的语法格式如下：

```
ALTER TABLE table_name
    {ENABLE|DISABLE} TRIGGER
    {ALL| trigger_name [,…n]}
```

使用该语句可以禁用或启用指定表上的某些触发器或所有触发器。

13.6　删除触发器

触发器本身是存在于表中的，因此，当表被删除时，表中的触发器也将一起被删除。由于某种原因，需要从表中删除触发器或者使用新的触发器，必须首先删除旧的触发器。只有触发器所有者才有权删除触发器。用户既可以通过 SSMS 删除触发器，也可以使用 T-SQL 语句删除触发器。

13.6.1 使用 SSMS 删除触发器

使用 SSMS 删除触发器的操作步骤如下。

① 启动 SSMS，在对象资源管理器中展开"触发器"节点。

② 右键单击需要禁用的触发器，从快捷菜单中选择"删除"命令，如图 13-24 所示。

③ 打开"删除对象"对话框，如图 13-25 所示。单击"确定"按钮，即可删除该触发器。

图 13-24 选择"删除"命令   图 13-25 "删除对象"对话框

13.6.2 使用 T-SQL 语句删除触发器

使用系统命令 DROP TRIGGER 删除指定的触发器，其语法格式如下：

DROP TRIGGER { trigger } [,…n]

【演练 13-12】使用系统命令删除触发器 TR_REMINDER。操作步骤如下。

① 在 SSMS 中单击"新建查询"按钮新建一个查询编辑器窗口。

② 在查询窗口中输入如下 T-SQL 语句：

DROP TRIGGER TR_REMINDER

GO

③ 单击"执行"按钮执行该语句，完成触发器的删除。

13.7 实训——学籍管理系统触发器设计

在学习了以上各种触发器案例的基础上，读者可以通过下面的实训练习进一步巩固使用触发器的各种方法。

【实训 13-1】班级表 Class 中的字段 Class_Amount 表示该班级当前最新的学生人数，该字段的值随着学生信息表中记录数的改变而改变，即：当学生表中新增学生记录，并且分配了具体的所属班级后，该班级的学生人数自动加 1；当学生表中删除某记录并且删除的记录有所属班级时，该班级的学生人数自动减 1；当学生信息表中的所属班级值发生改变时，原来班级的学生人数自动减 1，新的班级的学生人数自动加 1。以上处理要求分别使用 INSERT、DELETE、UPDATE 触发器实现其处理功能。操作步骤如下。

① 在 SSMS 中单击"新建查询"按钮新建一个查询编辑器窗口。

② 首先建立 INSERT 触发器，在查询窗口中输入如下 T-SQL 语句：

```
--INSERT 触发器
USE StudentManagement
GO
CREATE TRIGGER TR_ADDSTUDENT
ON Student
AFTER INSERT
AS
DECLARE @newclno CHAR(6)
SELECT @newclno= Student_ClassNo
FROM inserted
UPDATE Class SET Class_Amount =ISNULL(Class_Amount,0)+1
WHERE Class_No = @newclno
GO
```

③ 然后测试 INSERT 触发器。新建一个查询编辑器窗口，输入如下 T-SQL 语句：

```
SELECT * FROM Class
WHERE Class_No ='200701'    --插入学生之前的数据
GO
INSERT INTO Student VALUES('200709','李飞','男','1987-10-10','200701')
GO
SELECT * FROM Class
WHERE Class_No ='200701'    --插入学生之后的数据
GO
```

单击"执行"按钮执行该以上代码，查询结果窗口中的输出结果如图 13-26 所示。

图 13-26　输出结果

④ 接着建立 DELETE 触发器，新建一个查询编辑器窗口，输入如下 T-SQL 语句：

```
--DELETE 触发器
USE StudentManagement
GO
CREATE TRIGGER TR_DELSTUDENT
ON Student
AFTER DELETE
AS
DECLARE @oldclno CHAR(6)
SELECT @oldclno = Student_ClassNo
FROM deleted
UPDATE Class SET Class_Amount =ISNULL(Class_Amount,0)-1
WHERE Class_No = @oldclno
GO
```

⑤ 然后测试 DELETE 触发器。新建一个查询编辑器窗口，输入如下 T-SQL 语句：

```
SELECT * FROM Class
WHERE Class_No ='200701'     --删除学生之前的数据
GO
```

```
DELETE FROM Student WHERE Student_No ='200709'
GO
SELECT * FROM Class
WHERE Class_No ='200701'        --删除学生之后的数据
GO
```

单击"执行"按钮执行该以上代码,查询结果窗口
中的输出结果如图 13-27 所示。

图 13-27 输出结果

⑥ 再建立 UPDATE 触发器,新建一个查询编辑器窗口,输入如下 T-SQL 语句:

```
--UPDATE 触发器
USE StudentManagement
GO
CREATE TRIGGER TR_UPDATESTUDENT
ON Student
AFTER UPDATE
AS
DECLARE @oldclno CHAR(6),@newclno CHAR(6)
IF UPDATE(Student_ClassNo)
BEGIN
    SELECT @oldclno= Student_ClassNo FROM deleted
    SELECT @newclno= Student_ClassNo FROM inserted
    UPDATE Class SET Class_Amount=ISNULL(Class_Amount,0)-1 WHERE Class_No = @oldclno
    UPDATE Class SET Class_Amount=ISNULL(Class_Amount,0)+1 WHERE Class_No=@newclno
END
GO
```

⑦ 然后测试 UPDATE 触发器,将学号为 200701 学生的班级编号改为 200702。新建一
个查询编辑器窗口,输入如下 T-SQL 语句:

```
SELECT * FROM Class
GO
SELECT * FROM Class
WHERE Class_No ='200701'        --更新学生之前的数据
GO
UPDATE Student SET Student_ClassNo ='200702' WHERE Student_No ='200701'
GO
SELECT * FROM Class
GO
SELECT * FROM Class
WHERE Class_No ='200701'        --更新学生之后的数据
GO
```

单击"执行"按钮执行该以上代码,查询结果窗口中的输出结果如图 13-28 所示。
按照类似的方法,读者可以根据需要继续创建学籍管理系统的其他触发器,这里不再
赘述。

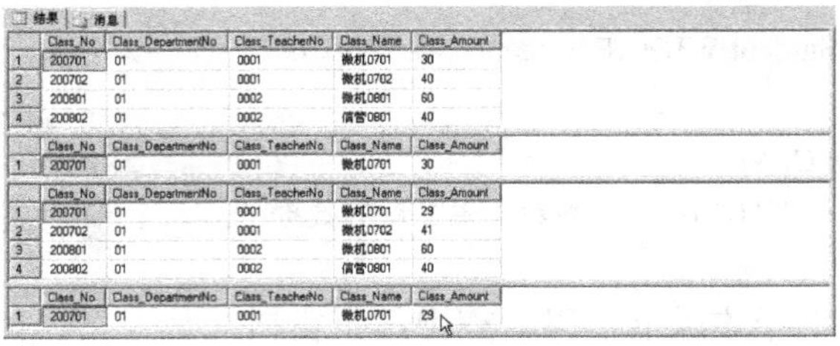

结果 消息

	Class_No	Class_DepartmentNo	Class_TeacherNo	Class_Name	Class_Amount
1	200701	01	0001	微机0701	30
2	200702	01	0001	微机0702	40
3	200801	01	0002	微机0801	60
4	200802	01	0002	信管0801	40

	Class_No	Class_DepartmentNo	Class_TeacherNo	Class_Name	Class_Amount
1	200701	01	0001	微机0701	30

	Class_No	Class_DepartmentNo	Class_TeacherNo	Class_Name	Class_Amount
1	200701	01	0001	微机0701	29
2	200702	01	0001	微机0702	41
3	200801	01	0002	微机0801	60
4	200802	01	0002	信管0801	40

	Class_No	Class_DepartmentNo	Class_TeacherNo	Class_Name	Class_Amount
1	200701	01	0001	微机0701	29

图 13-28　输出结果

习题 13

一、填空题

1．触发器是一种特殊的________，基于表而创建，主要用来保证数据的完整性。

2．触发器可以在对一个表进行________、________和________操作中的任一种或几种操作时被自动调用执行。

3．替代触发器（INSTEAD OF）在数据变动前被触发。对于每个触发操作，只能定义________个 INSTEAD OF 触发器。

4．当某个表被删除后，该表上的________将自动被删除。

二、选择题

1．在 SQL Server 中，触发器不具有________类型。

A．INSERT 触发器　　B．UPDATE 触发器

C．DELETE 触发器　　D．SELECT 触发器

2．SQL Server 为每个触发器建立了两个临时表，它们是________。

A．inserted 和 updated　　B．inserted 和 deleted

C．updated 和 deleted　　D．selected 和 inserted

三、简答题

1．什么是触发器？SQL Server 有哪几种类型的触发器？

2．举例说明如何创建 INSERT、UPDATE、DELETE 触发器。

四、设计题

1．使用学籍管理数据库，在表 Student 中建立 INSERT 触发器，实现当新插入学生记录时，向选课表中自动添加所有课程的成绩信息。

2．使用学籍管理数据库，在表 Student 中建立 DELETE 触发器，实现表 Student 和表 SelectCourse 的级联删除。

3．使用学籍管理数据库，在 SelectCourse 表上编写触发器，实现根据成绩自动汇总每个学生获得的总学分，并修改学生总学分的功能。

第 14 章   数据库的安全与保护

随着数据库应用领域的日益广泛以及网络数据库技术的普遍应用，数据库中数据的安全问题也越来越受到重视。数据库往往集中存储着一个部门、一个企业甚至一个国家的大量重要信息，是整个计算机信息系统的核心，如何有效地保证其不被窃取、不遭破坏，保持数据正确有效，是目前人们普遍关心和积极研究的课题。

本章从数据保护的角度研究在软件技术中可能实现的数据库可靠性保障。这种可靠性保障主要由数据库管理系统（DBMS）和操作系统共同来完成，也称做数据控制，包括数据库的安全性、完整性及数据库的备份和恢复。

14.1   数据库的安全性

数据库的一大特点是数据可以共享，但数据共享必然带来数据库的安全性问题。数据库系统中的数据共享不能是无条件的共享，必须是在 DBMS 统一的、严格的控制之下的共享，即只允许有合法使用权限的用户访问允许其存取的数据。

14.1.1   数据库系统的安全性

数据库系统的安全保护措施是否有效是数据库系统主要的性能指标之一。数据库系统的安全性控制是指保护数据库，防止因用户非法使用数据库造成数据泄露、更改或破坏。非法使用数据库称为数据库的滥用，数据库的滥用分为无意滥用和恶意滥用两种。前者主要是指由于已授权用户的不当操作所引起的系统故障、数据库异常等现象；而后者主要是指未经授权的读取数据（即偷窃信息）和未经授权的修改数据（即破坏数据）。

数据库系统自身的安全性控制主要由 DBMS 通过访问控制来实现。目前普遍采用的关系数据库系统，如 SQL Server 和 Oracle 等，一般通过外模式或视图机制及授权机制来进行安全性控制。

1. 外模式或视图机制

外模式或视图都是数据库的子集，前面已经讲过，它们可以提高数据的独立性。除此之外，因为对于某个用户来说，他只能接触到自己的外模式或视图，这样可以将其能看到的数据与其他数据隔离开。因此，外模式或视图是重要的安全性措施。

为不同的用户定义不同的视图，可以限制各个用户的访问范围。例如，要求学生用户只能看到自己的成绩信息，不能看到别人的成绩信息，可以建立一个带 WHERE 子句的视图将其他人的成绩信息屏蔽掉。

2. 授权机制

授权就是给予用户一定的权限，这种访问权限是针对整个数据库和某些数据库对象的某些操作的特权。未经授权的用户若要访问数据库，则该用户被认为是非法用户；数据库的合法用户要访问其可访问数据之外的数据或执行其可操作之外的操作，则被认为是非法操作。例如，数据库管理员（DBA）为一个登录到 SQL Server 的用户授予数据库用户权限，则其成为该数据库的合法用户。同时，DBA 还将数据库中某个表的查询权限和该表中各列的修改权限授予该用户，则该用户可以查询这个表，还可以修改这个表中各列的值，但除此之外的其他操作，对该用户而言是非法操作。

除了上述两种主要的安全机制外，还可以采用数据加密和数据库系统内部的安全审核机制实现数据库系统的安全性控制。

数据加密是指利用加密技术将数据文件中的数据进行加密形成密文，在进行合法查询时，将其解密还原成原文的过程。因其加密过程会带来较大的时间和空间开销，故除非是一些极其敏感或机密的数据，否则不必实施这项机制。

目前大多数数据库系统都提供审核功能，用以跟踪和记录数据库系统中已发生的活动（如成功和失败的记录）。例如，SQL Server 通过"SQL 事件探查器"，使系统管理员可以监视数据库系统中的事件，捕获有关各个事件的数据并将其保存到文件或表中供以后分析复查。

14.1.2　SQL Server 2008 的安全机制

SQL Server 2008 的安全机制是比较健全的，它为数据库和应用程序设置了 4 层安全防线。用户要想获得 SQL Server 2008 数据库及其对象，必须通过这 4 层安全防线。SQL Server 2008 为 SQL 服务器提供两种安全验证模式，系统管理员可选择合适的安全验证模式。

1. SQL Server 2008 的安全体系结构

（1）操作系统的安全防线

用户在使用客户计算机通过网络实现对 SQL Server 服务器的访问前，首先要获得客户计算机操作系统的使用权。

Windows 操作系统网络管理员负责建立用户组，设置账号并注册，同时决定不同的用户对不同系统资源的访问级别。用户只有拥有了一个有效的 Windows 操作系统登录账号后，才能对网络系统资源进行访问。

（2）服务器的安全防线

SQL Server 服务器的安全性是建立在控制服务器登录账号和口令的基础上的。SQL Server 采用标准的 SQL Server 登录和集成 Windows 登录两种方式。无论是哪种登录方式，用户在登录时提供的登录账号和口令决定了用户能否获得对 SQL Server 服务器的访问权，以及在获得访问权后用户可以利用的资源。设计和管理合理的登录方式是 DBA 的重要任务，因此，在 SQL Server 的安全体系中，DBA 是发挥主动性的第一道防线。

（3）SQL Server 数据库的安全防线

在用户通过 SQL Server 服务器的安全性检查以后，将直接面对不同的数据库入口。这是用户接受的第三次安全性检查。

在建立用户的登录账号信息时，SQL Server 会提示用户选择默认的数据库。以后用户每次连接上服务器后，都会自动转到默认的数据库中。如果在设置登录账号时没有指定默认的数据库，则用户的权限将局限在 Master 数据库中。

在默认情况下，只有数据库的所有者才可以访问该数据库中的对象，数据库的所有者可以给其他用户分配访问权限，以便让其他用户也拥有针对该数据库的访问权。在 SQL Server 中并不是所用的权限都可以自由地转让和分配的。

SQL Server 提供了许多固定的数据库角色，用来在当前数据库内向用户分配部分权限。同时，还可以创建用户自定义的角色，来实现特定权限的授予。

（4）SQL Server 数据库对象的安全防线

数据库对象的安全性是核查用户权限的最后一个安全等级。在创建数据库对象时，SQL Server 自动将该数据库对象的所有权赋予该对象的创建者。对象的所有者可以实现对该对象的完全控制。

在默认情况下，只有数据库的所有者可以在该数据库下进行操作。当一个普通用户想访问数据库内的对象时，必须事先由数据库的所有者赋予该用户关于某指定对象的指定操作权限。用户想访问某数据库表中的信息，他必须在成为数据库的合法用户的前提下，获得由数据库所有者分配的针对该表的访问许可。

例如，一个数据库使用者，要登录服务器上的 SQL Server 数据库，并对数据库中的表执行数据更新操作，则该使用者必须经过如图 14-1 所示的安全验证。

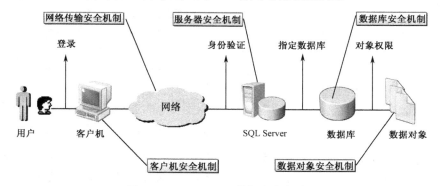

图 14-1　SQL Server 数据库安全验证

2. SQL Server 2008 的身份验证模式

安全身份验证用来确认登录 SQL Server 的用户的登录账号和密码的正确性，由此来验证该用户是否具有连接 SQL Server 的权限。SQL Server 2008 有两种身份验证模式：Windows 验证模式和 SQL Server 验证模式。

（1）Windows 验证模式

只在用户登录 Windows 时进行身份验证，而登录 SQL Server 时不再进行身份验证。以下是对于 Windows 验证模式登录的两点重要说明。

① 必须将 Windows 账户加入到 SQL Server 中，才能采用 Windows 账户登录 SQL Server。

② 如果使用 Windows 账户登录到另一个网络的 SQL Server，则必须在 Windows 中设置彼此的托管权限。

（2）SQL Server 验证模式

在 SQL Server 验证模式下，SQL Server 服务器要对登录的用户进行身份验证。当 SQL Server 在 Windows XP 或 Windows 2003 等操作系统上运行时，系统管理员设定登录验证模式的类型可为 Windows 验证模式和混合模式。当采用混合模式时，SQL Server 系统既允许使用 Windows 登录名登录，也允许使用 SQL Server 登录名登录。

在该验证模式下，用户在连接 SQL Server 时必须提供登录名和登录密码，这些登录信息存储在系统表 syslogins 中，与 Windows 的登录账号无关。SQL Server 自身执行验证处理，如果输入的登录信息与系统表 syslogins 中的某条记录相匹配，则表明登录成功。

3. 设置 SQL Server 的安全验证模式

用户可以在 SSMS 中设置验证模式，操作步骤如下。

① 启动 SSMS，右键单击要设置验证模式的服务器，从弹出的快捷菜单中选择"属性"命令，如图 14-2 所示。

② 打开 SQL Server"服务器属性"对话框，选择"安全性"页，如图 14-3 所示。

 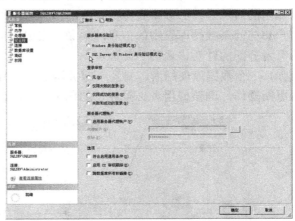

图 14-2 选择"属性"命令　　　　　　图 14-3 "服务器属性"对话框

③ 在"服务器身份验证"栏中，可以选择要设置的验证模式，同时在"登录审核"栏中还可以选择跟踪记录用户登录时的哪种信息，例如登录成功或登录失败的信息等。

④ 在"服务器代理账户"栏中，设置当启动并运行 SQL Server 时默认使用登录者中的哪位用户。

改变验证模式后，用户必须停止并重新启动 SQL Server 服务，设置才会生效。通过了验证并不代表用户就能访问 SQL Server 中的数据，用户只有在具有访问数据库的权限之后，才能够对服务器上的数据库进行权限许可下的各种操作，这种用户访问数据库权限的设置是通过用户账号来实现的。

14.1.3 用户和角色管理

在 SQL Server 安全防线中突出两种管理：一是用户和角色管理，即控制合法用户使用数据库；二是权限管理，即控制具有数据操作权限的用户进行合法的数据存取操作。用户是指具有合法身份的数据库使用者，角色是指具有一定权限的用户组合。SQL Server 用户和角色分为两级：一种是服务器级用户和角色；另一种是数据库级用户和角色。

1. 登录用户的管理

登录（Login）用户，即 SQL 服务器用户。服务器用户通过账号和口令访问 SQL Server 的数据库。SQL Server 2008 有一些默认的登录用户，其中，sa 和 BUILTIN/Administors 最重要。sa 是系统管理员的简称，BUILTIN/Administors 是 Windows 管理员的简称，它们是特殊的用户账号，拥有 SQL Server 系统中所有数据库的全部操作权限。

（1）使用 SSMS 创建登录用户

使用 SSMS 创建登录用户的操作步骤如下。

① 右键单击登录文件夹，从弹出的快捷菜单中选择"登录名"命令，打开"登录名-新建"对话框，如图 14-4 所示。

② 选择"常规"页，在其中输入用户名，并选择用户的安全验证模式及默认数据库和模式语言。如果选择 Windows 身份验证模式，则需要单击"登录名"框右侧的"搜索"按钮，打开"选择用户或组"对话框，显示 Windows 已有的登录用户，如图 14-5 所示，从中选择登录用户名称。

图 14-4　"登录名-新建"对话框

图 14-5　Windows 系统已有的登录用户

如果使用 SQL Server 身份验证模式，则在"登录名"框中输入新的登录名，如 NewUser，然后输入密码，并取消选中"强制密码过期"复选框，如图 14-6 所示。设置完后单击"确定"按钮即可。

③ 为了测试创建的登录名能否连接 SQL Server，可以使用新建的登录名 NewUser 来进行登录测试，登录后的对象资源管理器如图 14-7 所示。

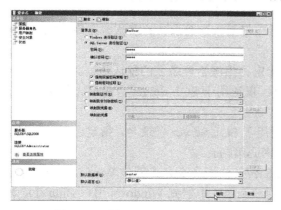

图 14-6　设置 SQL Server 身份验证

图 14-7　测试新建的登录名

（2）使用 T-SQL 语句创建登录名

在 SQL Server 2008 中，创建登录名可以使用 CREATE LOGIN 命令。语法格式如下：

```
CREATE LOGIN login_name
{ WITH PASSWORD = 'password' [ HASHED ] [ MUST_CHANGE ]
        [ , <option_list> [,…n] ]              /*WITH 子句用于创建 SQL Server 登录名*/
    | FROM                                     /*FROM 子句用于创建其他登录名*/
      {
        WINDOWS [ WITH <windows_options> [,…n] ]
        | CERTIFICATE certname
        | ASYMMETRIC KEY asym_key_name
      }
}
```

其中：

```
<option_list> ::=
        SID = sid
    | DEFAULT_DATABASE = database
    | DEFAULT_LANGUAGE = language
    | CHECK_EXPIRATION = { ON | OFF}
    | CHECK_POLICY = { ON | OFF}
    [ CREDENTIAL = credential_name ]
<windows_options> ::=
    DEFAULT_DATABASE = database
    | DEFAULT_LANGUAGE = language
```

各个参数的含义说明如下。

login_name：指定创建的登录名。

WINDOWS：指定将登录名映射到 Windows 登录名上。

PASSWORD = 'password'：仅适用于 SQL Server 登录名，指定正在创建的登录名的密码。

HASHED：仅适用于 SQL Server 登录名，指定在 PASSWORD 参数后输入的密码已经通过哈希运算。

MUST_CHANGE：仅适用于 SQL Server 登录名，SQL Server 将在首次使用新登录名时提示用户输入新密码。

DEFAULT_DATABASE = database：指定将指派给登录名的默认数据库。如果未使用此选项，则默认数据库将设置为 master。

DEFAULT_LANGUAGE = language：指定将指派给登录名的默认语言。

CHECK_EXPIRATION = { ON | OFF }：仅适用于 SQL Server 登录名，指定是否对此登录账户强制实施密码过期策略。

CHECK_POLICY = { ON | OFF }：仅适用于 SQL Server 登录名，指定应对此登录名强制实施运行 SQL Server 的计算机的 Windows 密码策略。

【演练 14-1】假设本地计算机名为 SQLSRV，使用命令方式创建 Windows 登录名 BingYi（用户需要事先在"计算机管理"的"本地用户和组"中建立 Windows 用户 BingYi），默认数据库设为 StudentManagement。操作步骤如下。

① 在 SSMS 中单击"新建查询"按钮新建一个查询编辑器窗口。

② 在查询窗口中输入如下 T-SQL 语句：

```
CREATE LOGIN [SQLSRV\BingYi]
    FROM WINDOWS
        WITH DEFAULT_DATABASE= StudentManagement
```

③ 单击"执行"按钮执行该语句，在对象资源管理器中展开"安全性"下的"登录名"节点，就能看见新建的 Windows 登录名 BingYi，如图 14-8 所示。

图 14-8　新建的 Windows 登录名

【演练 14-2】创建 SQL Server 登录名 SQL_BingYi，密码设置为 12345，默认数据库设为 StudentManagement。操作步骤如下。

① 在 SSMS 中单击"新建查询"按钮新建一个查询编辑器窗口。

② 在查询窗口中输入如下 T-SQL 语句：

```
CREATE LOGIN SQL_BingYi
    WITH PASSWORD='12345',
        DEFAULT_DATABASE = StudentManagement
```

③ 单击"执行"按钮执行该语句，在对象资源管理器中展开"安全性"下的"登录名"节点，就能看见新建的 SQL Server 登录名 SQL_BingYi，如图 14-9 所示。

图 14-9　新建的 SQL Server 登录名

（3）使用 T-SQL 语句删除登录名

删除登录名使用 DROP LOGIN 命令。语法格式如下：

DROP LOGIN login_name

【演练 14-3】删除 Windows 登录名 BingYi。操作步骤如下。

① 在 SSMS 中单击"新建查询"按钮新建一个查询编辑器窗口。

② 在查询窗口中输入如下 T-SQL 语句：

```
DROP LOGIN [SQLSRV\BingYi]
```

③ 单击"执行"按钮执行该语句，在对象资源管理器中展开"安全性"下的"登录名"节点，可以看见 Windows 登录名 BingYi 已被删除了，如图 14-10 所示。

图 14-10　删除 Windows 登录名

2．数据库用户的管理

数据库中的用户账号和登录账号是两个不同的概念。一个合法的登录账号只表明该账号通过了 Windows 认证或 SQL Server 认证，不能表明其可以对数据库数据和对象进行操作。一个登录账号总是与一个或多个数据库用户账号相对应，即一个合法的登录账号必须要映射为一个数据库用户账号，才可以访问数据库。SQL Server 的任意一个数据库中都有两个默认用户：dbo（数据库拥有者用户）和（guest 客户用户）。

dbo 用户即数据库拥有者，dbo 用户在其所拥有的数据库中拥有所有的操作权限。dbo 用户的身份可被重新分配给另一个用户，系统管理员 sa 可以作为他所管理系统的任何数据库的 dbo 用户。

如果 guest 用户在数据库中存在，则允许任意一个登录用户作为 guest 用户访问数据库，其中包括那些不是数据库用户的 SQL 服务器用户。除系统数据库 master 和临时数据库 tempdb 的 guest 用户不能被删除外，其他数据库都可以将自己的 guest 用户删除，以防止非数据库用户的登录对数据库进行访问。

（1）使用 SSMS 创建数据库用户

【演练 14-4】在学籍管理数据库 StudentManagement 中创建一个数据库用户 SM_User。操作步骤如下。

① 启动 SSMS，展开数据库 StudentManagement 的"安全性"节点，右键单击"用户"节点，从弹出的快捷菜单中选择"新建用户"命令，如图 14-11 所示。

② 打开"数据库用户-新建"对话框，在"用户名"框中输入数据库用户名 SM_User，在"登录名"框中输入登录用户名 NewUser，然后在下面的"数据库角色成员身份"列表框中选择该数据库用户的角色，如图 14-12 所示。

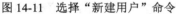

图 14-11　选择"新建用户"命令

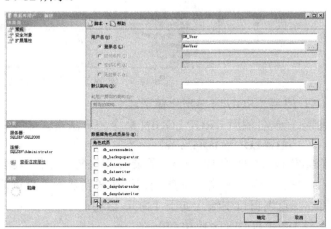

图 14-12　设置数据库用户属性

③ 单击"确定"按钮，完成数据库用户的创建。

用户也可以在 SSMS 中修改指定用户的角色，这里不再赘述。

（2）使用 T-SQL 语句创建数据库用户

用户可以使用 CREATE USER 语句添加数据库用户，其基本语法格式如下：

```
CREATE USER user_name  [ {  FOR | FROM }{ LOGIN login_name }| WITHOUT LOGIN   ]
    [ WITH DEFAULT_SCHEMA = schema_name ]
```

各个参数的含义说明如下。

user_name：指定在此数据库中用于识别该用户的名称。user_name 的长度最多为 128 个字符。

LOGIN login_name：指定要创建数据库用户的 SQL Server 登录名。login_name 必须是服务器中有效的登录名。

DEFAULT_SCHEMA = schema_name：指定服务器为此数据库用户解析对象名时将搜索的第一个架构。

WITHOUT LOGIN：指定不应将用户映射到现有登录名上。

在使用上述语句时，需要注意以下几点：

① 如果已忽略 FOR LOGIN，则新的数据库用户将被映射到同名的 SQL Server 登录名上。

② 如果未定义 DEFAULT_SCHEMA，则数据库用户将使用 dbo 作为默认架构名。

③ 如果用户是 sysadmin 固定服务器角色的成员，则忽略 DEFAULT_SCHEMA 的值。

【演练 14-5】使用 SQL Server 登录名 SQL_BingYi 在数据库 StudentManagement 中创建数据库用户 SM_BingYi，默认架构名使用 dbo。操作步骤如下。

① 在 SSMS 中单击"新建查询"按钮新建一个查询编辑器窗口。

② 在查询窗口中输入如下 T-SQL 语句：

```
USE StudentManagement
GO
CREATE USER SM_BingYi
    FOR LOGIN SQL_BingYi
    WITH DEFAULT_SCHEMA=dbo
```

③ 单击"执行"按钮执行该语句，在对象资源管理器中展开"安全性"下的"用户"节点，就能看见新建的数据库用户 SM_BingYi，如图 14-13 所示。

图 14-13　新建的数据库用户

（3）使用 T-SQL 语句删除数据库用户

删除数据库用户使用 DROP USER 语句。其语法格式如下：

DROP USER user_name

其中，user_name 为要删除的数据库用户名，在删除之前要使用 USE 语句指定数据库。

【演练 14-6】删除数据库 StudentManagement 的数据库用户 SM_User。操作步骤如下。

① 在 SSMS 中单击"新建查询"按钮新建一个查询编辑器窗口。

② 在查询窗口中输入如下 T-SQL 语句：

```
USE StudentManagement
GO
DROP USER SM_User
```

③ 单击"执行"按钮执行该语句，完成数据库用户的删除。

3．服务器角色的管理

SQL Server 管理者可以将某一组用户设置为某种角色，这样，只要对角色进行权限设置便可以实现对所有用户权限的设置，大大减少了管理员的工作量。登录账户可以被指定给角色，因此，角色又是若干账户的集合。角色分为服务器角色和数据库角色两种。

（1）服务器角色的基本概念

服务器角色是指根据 SQL Server 的管理任务，以及这些任务相对的重要性等级，把具有 SQL Server 管理职能的用户划分为不同的用户组，每组所具有的管理 SQL Server 的权限都是 SQL Server 内置的。服务器角色存在于各个数据库之中。要想添加用户，则该用户必须有登录账号以便加入到角色中。

服务器角色是系统预定义的，也称为 Fixed Server Roles，即固定的服务器角色。SQL Server 在安装后给定了几个固定服务器角色，它们具有固定的权限。用户不能创建新的服务器角色，只能选择合适的已固定的服务器角色。固定服务器角色的信息存储在系统库 master 的 syslogins 表中。

（2）常用的固定服务器角色

SQL Server 2008 提供了 8 种常用的固定服务器角色，其具体含义说明如下。

系统管理员（sysadmin）：拥有 SQL Server 所有的权限许可。

服务器管理员（Serveradmin）：管理 SQL Server 服务器端的设置。

磁盘管理员（diskadmin）：管理磁盘文件。

进程管理员（processadmin）：管理 SQL Server 系统进程。

安全管理员（securityadmin）：管理和审核 SQL Server 系统登录。

安装管理员（setupadmin）：增加、删除连接服务器，建立数据库副本以及管理扩展存储过程。

数据库创建者（dbcreator）：创建数据库，并对数据库进行修改。

批量数据输入管理员（bulkadmin）：管理同时输入大量数据的操作。

登录用户可以通过两种方法加入到服务器角色中：一种方法是在创建登录时，通过服务器页面中的服务器角色选项，确定登录用户应属于的角色；另一种方法是对已有登录，可以添加或移出服务器角色。

（3）使用 SSMS 添加服务器角色成员

操作步骤如下。

① 以系统管理员身份登录 SQL Server 服务器，在对象资源管理器中展开"安全性"下的"登录名"节点，选择登录名，如 NewUser，右键单击登录名，从弹出的快捷菜单中选择"属性"命令，如图 14-14 所示。

② 打开"登录属性"对话框，选择"服务器角色"页，在右边列出了所有的固定服务器角色，默认 public 服务器角色。用户可以根据需要，选中服务器角色前的复选框中，来为登录名添加相应的服务器角色，如图 14-15 所示。

图 14-14　选择"属性"命令

图 14-15　SQL Server 服务器角色设置

③ 单击"确定"按钮，完成服务器角色成员的添加。

（4）使用系统存储过程添加服务器角色成员

利用系统存储过程 sp_addsrvrolemember 可将登录名添加到某一固定服务器角色中，使其成为固定服务器角色的成员。其语法格式如下：

sp_addsrvrolemember [@loginame =] 'login', [@rolename =] 'role'

各个参数的含义说明如下：

login 指定添加到固定服务器角色 role 的登录名，login 可以是 SQL Server 登录名或 Windows 登录名；对于 Windows 登录名，如果还没有授予 SQL Server 访问权限，将自动对其授予访问权限。

固定服务器角色名 role 必须为 sysadmin、securityadmin、serveradmin、setupadmin、processadmin、diskadmin、dbcreator、bulkadmin 和 public 之一。

【演练 14-7】将 SQL Server 登录名 NewUser 添加到 sysadmin 固定服务器角色中。操作步骤如下。

① 在 SSMS 中单击"新建查询"按钮新建一个查询编辑器窗口。

② 在查询窗口中输入如下 T-SQL 语句：

EXEC sp_addsrvrolemember 'NewUser','sysadmin'

③ 单击"执行"按钮执行该语句，完成将登录名添加到固定服务器角色中的操作。

（5）利用系统存储过程删除固定服务器角色成员

利用 sp_dropsrvrolemember 系统存储过程可从固定服务器角色中删除 SQL Server 登录名或 Windows 登录名。其语法格式如下：

sp_dropsrvrolemember[@loginame =] 'login' , [@rolename =] 'role'

其中，login 为将要从固定服务器角色删除的登录名。role 为服务器角色名，必须是有效的固定服务器角色名，默认值为 NULL。

【演练 14-8】从 sysadmin 固定服务器角色中删除 SQL Server 登录名 NewUser。操作步骤如下。

① 在 SSMS 中单击"新建查询"按钮新建一个查询编辑器窗口。

② 在查询窗口中输入如下 T-SQL 语句：

EXEC sp_dropsrvrolemember 'NewUser','sysadmin'

③ 单击"执行"按钮执行该语句，完成从固定服务器角色中删除登录名的操作。

4. 数据库角色管理

数据库角色是指为某一用户或某一组用户授予不同级别的管理或访问数据库及数据库对象的权限，这些权限是数据库专有的，并且还可以给一个用户授予属于同一数据库的多个角色。SQL Server 提供了两种类型数据库角色：固定的数据库角色和用户自定义的数据库角色。

（1）固定的数据库角色

固定的数据库角色是指 SQL Server 已经定义了这些角色所具有的管理、访问数据库的权限，而且 SQL Server 管理者不能对其所具有的权限进行任何修改。SQL Server 中的每个数据库中都有一组固定的数据库角色，在数据库中使用固定的数据库角色可以将不同级别的数据库管理工作分给不同的角色，从而有效地实现工作权限的传递。

SQL Server 提供了 10 种常用的固定数据库角色来授予组合数据库级管理员权限。

public：每个数据库用户都属于 public 数据库角色，当尚未对某个用户授予或拒绝对安全对象的特定权限时，该用户将继承授予该安全对象的 public 角色的权限。

db_owner：可以执行数据库的所有配置和维护活动。

db_accessadmin：可以增加或者删除数据库用户、工作组和角色。

db_ddladmin：可以在数据库中运行任何数据定义语言（DDL）命令。

db_securityadmin：可以修改角色成员身份和管理权限。

db_backupoperator：可以备份和恢复数据库。

db_datareader：能且仅能对数据库中的任何表执行 SELECT 操作。

db_datawriter：能够增加、修改和删除表中的数据，但不能进行 SELECT 操作。

db_denydatareader：不能读取数据库中任何表中的数据。

db_denydatawriter：不能对数据库中的任何表执行增加、修改和删除数据操作。

（2）用户自定义的数据库角色

创建用户定义的数据库角色就是创建一组用户，这些用户具有相同的一组许可。如果一组用户需要执行在 SQL Server 中指定的一组操作并且不存在对应的 Windows 组，或者没有管理 Windows 用户账号的许可，则可以在数据库中建立一个用户自定义的数据库角色。用户自定义的数据库角色有两种类型：标准角色和应用程序角色。

标准角色通过对用户权限等级的认定而将用户划分为不用的用户组，使用户总是对应于一个或多个角色，从而实现管理的安全性。所有的固定的数据库角色或 SQL Server 管理者自定义的某一角色都是标准角色。

应用程序角色是一种比较特殊的角色。如果打算让某些用户只能通过特定的应用程序间接地存取数据库中的数据而不是直接地存取数据库数据，就应该考虑使用应用程序角色。当某一用户使用了应用程序角色后，他便放弃了已被赋予的所有数据库专有权限，他所拥有的只是应用程序角色。

（3）使用 SSMS 添加固定数据库角色成员

操作步骤如下。

① 以系统管理员身份登录 SQL Server 服务器，在对象资源管理器中展开数据库"安全性"下的"用户"节点，选择一个数据库用户，如 SM_BingYi。右键单击用户名，从弹出的快捷菜单中选择"属性"命令，如图 14-16 所示。

② 打开"数据库用户"对话框，选择"常规"页，在"数据库角色成员身份"栏中，根据需要选择数据库角色，为数据库用户添加相应的数据库角色，如图 14-17 所示。

③ 单击"确定"按钮，完成固定数据库角色成员的添加。

④ 展开数据库"安全性"下的"角色"下的"数据库角色"节点，右键单击数据库角色 db_owner，从弹出的快捷菜单中选择"属性"命令，如图 14-18 所示。打开"数据库角色属性"窗口，选择"常规"页，在"角色成员"栏中可以看到该数据库角色的成员列表，如图 14-19 所示。

（4）使用系统存储过程添加固定数据库角色成员

使用系统存储过程 sp_addrolemember 可以将一个数据库用户添加到某一固定数据库角色中，使其成为该固定数据库角色的成员。语法格式为：

    sp_addrolemember[@rolename =] 'role', [@membername =] 'security_account'

其中，role 为当前数据库中的数据库角色的名称。security_account 为添加到该角色的安全账户，可以是数据库用户或当前数据库角色。

图 14-16 选择"属性"命令

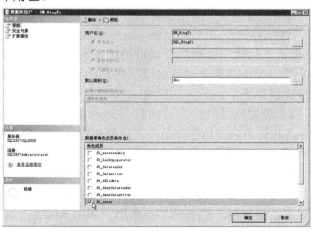

图 14-17 SQL Server 服务器角色设置窗口

图 14-18 选择"属性"命令

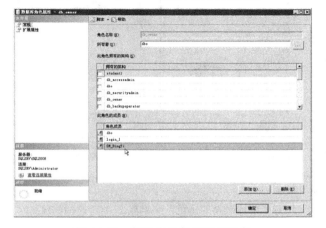

图 14-19 数据库角色的成员列表

【演练 14-9】将数据库 StudentManagement 中的数据库用户 SM_BingYi 添加为固定数据库角色 db_securityadmin 的成员。操作步骤如下。

① 在 SSMS 中单击"新建查询"按钮新建一个查询编辑器窗口。

② 在查询窗口中输入如下 T-SQL 语句：

    USE StudentManagement
    GO
    EXEC sp_addrolemember 'db_securityadmin','SM_BingYi'

③ 单击"执行"按钮执行该语句，完成将数据库用户添加为固定数据库角色的操作。

（5）使用系统存储过程删除固定数据库角色成员

使用系统存储过程 sp_droprolemember 可以将某一成员从固定数据库角色中去除。语法格式为：

    sp_droprolemember [@rolename =] 'role' ,[@membername =] 'security_account'

【演练 14-10】将数据库用户 SM_BingYi 从 db_securityadmin 中移除。操作步骤如下。

① 在 SSMS 中单击"新建查询"按钮新建一个查询编辑器窗口。

② 在查询窗口中输入如下 T-SQL 语句：

```
USE StudentManagement
GO
EXEC sp_droprolemember 'db_securityadmin','SM_BingYi'
```

③ 单击"执行"按钮执行该语句，完成从固定数据库角色中移除数据库用户的操作。

（6）通过 SSMS 创建自定义数据库角色

操作步骤如下。

① 以系统管理员身份登录 SQL Server 服务器，在对象资源管理器中展开数据库"安全性"节点，右键单击"角色"节点，从弹出的快捷菜单中选择"新建"→"新建数据库角色"命令，如图 14-20 所示。

② 打开"数据库角色-新建"对话框，如图 14-21 所示。在"角色名称"框中输入该数据库角色的名称，如 Role1。在"此角色拥有的架构"栏中选择架构。单击"添加"按钮，打开"选择数据库用户或角色"对话框，如图 14-22 所示。

图 14-20　选择"新建数据库角色"菜单项

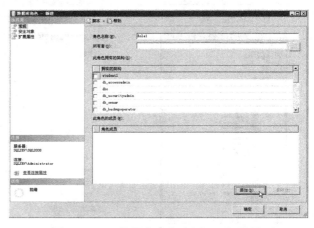

图 14-21　"数据库角色-新建"对话框

单击对话框中的"浏览"按钮，打开"查找对象"对话框，选择数据库用户或角色，如图 14-23 所示。单击"确定"按钮，返回"选择数据库用户或角色"对话框。单击"确定"按钮，返回"数据库角色-新建"对话框，将数据库 StudentManagement 的用户 SM_BingYi 加到新建的数据库角色中。

③ 以上操作完成后，在"数据库角色-新建"对话框单击"确定"按钮，完成新的数据库角色的创建。

图 14-22　"选择数据库用户或角色"对话框

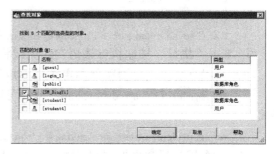

图 14-23　"查找对象"对话框

（7）通过 T-SQL 语句创建数据库角色

创建用户自定义数据库角色可以使用 CREATE ROLE 语句。其语法格式为：

CREATE ROLE role_name [AUTHORIZATION owner_name]

【演练 14-11】在数据库 StudentManagement 中创建名为 Role2 的新角色，并指定 dbo 为该角色的所有者，并将数据库角色 Role2 添加到角色 Role1 中。操作步骤如下。

① 以系统管理员身份登录 SQL Server，在 SSMS 中单击"新建查询"按钮新建一个查询编辑器窗口。

② 在查询窗口中输入如下 T-SQL 语句：

```
USE StudentManagement
GO
CREATE ROLE Role2
    AUTHORIZATION dbo
GO
EXEC sp_addrolemember 'Role1','Role2'
```

③ 单击"执行"按钮执行该语句，完成数据库角色的创建和向数据库角色添加成员的操作。

14.1.4 权限管理

权限用来指定授权用户可以使用的数据库对象，以及对这些数据库对象可以执行的操作。用户在登录 SQL Server 之后，根据其用户账户所属的 Windows 组或角色，决定该用户能够对哪些数据库对象执行哪种操作，以及能够访问、修改哪些数据。在每个数据库中，用户的权限独立于用户账户和用户在数据库中的角色，每个数据库都有自己独立的权限系统。

1. 权限的类型

在 SQL Server 中包括三种类型的权限：对象权限、语句权限和预定义权限。

（1）对象权限

对象权限表示对特定的数据库对象（即表、视图、字段和存储过程）的操作权限，它决定了能对表、视图等数据库对象执行哪些操作。如果用户想要对某一对象进行操作，他必须具有相应的操作的权限。表和视图权限用来控制用户在表和视图上执行 SELECT、INSERT、UPDATE 和 DELETE 语句的能力。字段权限用来控制用户在单个字段上执行 SELECT、UPDATE 和 REFERENCES 操作的能力。存储过程权限用来控制用户执行 EXECUTE 语句的能力。

（2）语句权限

语句权限表示对数据库的操作权限，也就是说，创建数据库或者创建数据库中的其他内容所需要的权限类型称为语句权限。这些语句通常是一些具有管理性的操作，如创建数据库、表和存储过程等。这种语句虽然仍包含有操作的对象，但这些对象在执行该语句之前并不存在于数据库中。因此，语句权限针对的是某个 SQL 语句，而不是数据库中已经创建的特定的数据库对象。

（3）预定义权限

预定义权限是指系统安装后有些用户和角色不必授权就有的权限。其中的角色包括固定服务器角色和固定数据库角色，用户包括数据库对象所有者。只有固定角色或者数据库对象所有者的成员才可以执行某些操作。执行这些操作的权限称为预定义权限。

2．权限的管理

权限的管理主要是完成对权限的授权、拒绝和回收。

授予权限：允许某个用户或角色对一个对象执行某种操作。使用 SQL 语句 GRANT 实现。

拒绝权限：拒绝某个用户或角色对一个对象进行某种操作。使用 SQL 语句 DENY 实现。

取消权限：不允许某个用户或角色对一个对象执行某种操作。用 SQL 语句的 REVOKE 实现。

其中，不允许和拒绝是不同的。不允许执行某种操作，可以通过间接授权来获得相应的权限；而拒绝执行某种操作，间接授权无法起作用，只有通过直接授权才能改变。

用户可以使用 SSMS 和 T_SQL 语句两种方式来管理权限。

（1）授予权限

利用 GRANT 语句可以给数据库用户或数据库角色授予数据库级别或对象级别的权限。其语法格式如下：

> GRANT { ALL [PRIVILEGES] } | permission [(column [,…n])] [,…n]
>> [ON securable] TO principal [,…n]
>> [WITH GRANT OPTION]

其中，GRANT OPTION 选项表示被授权者在获得指定权限的同时还可以将指定权限授予其他用户或角色。

【演练 14-12】给数据库 StudentManagement 中的用户 SM_BingYi 授予创建表的权限。操作如下。

① 以系统管理员身份登录 SQL Server，在 SSMS 中单击"新建查询"按钮新建一个查询编辑器窗口。

② 在查询窗口中输入如下 T-SQL
语句：

> USE StudentManagement
>
> GO
>
> GRANT CREATE TABLE
>> TO SM_BingYi
>
> GO

③ 单击"执行"按钮执行该语句，完成权限的授予。

④ 查看数据库 StudentManagement 的属性对话框，选择"权限"页，可以看见用户 SM_BingYi 被授予了创建表的权限，如图 14-24 所示。

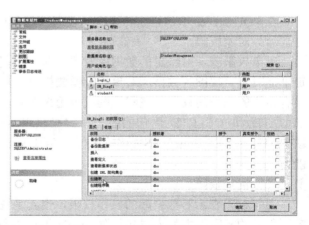

图 14-24　授予创建表的权限

【演练 14-13】在数据库 StudentManagement 中，给 public 角色授予表 Class 中班级编号和班级名称字段的 SELECT 权限，然后给用户 SM_BingYi 授予表 Class 的 INSERT、UPDATE 和 DELETE 权限。操作步骤如下。

① 以系统管理员身份登录 SQL Server，在 SSMS 中单击"新建查询"按钮新建一个查询编辑器窗口。

② 在查询窗口中输入如下 T-SQL 语句：

```
USE StudentManagement
GO
GRANT SELECT
        (Class_No,Class_Name) ON Class
        TO public
GO
GRANT INSERT,UPDATE,DELETE
        ON Class
        TO SM_BingYi
GO
```

③ 单击"执行"按钮执行该语句，完成权限的授予。

【演练 14-14】将 CREATE TABLE 权限授予数据库角色 Role1 的所有成员。操作如下。

① 以系统管理员身份登录 SQL Server，在 SSMS 中单击"新建查询"按钮新建一个查询编辑器窗口。

② 在查询窗口中输入如下 T-SQL 语句：

```
GRANT CREATE TABLE
        TO Role1
```

③ 单击"执行"按钮执行该语句，完成权限的授予。

（2）拒绝权限

使用 DENY 命令可以拒绝给当前数据库中的用户授予的权限，并防止数据库用户通过其组或角色成员资格继承权限。语法格式如下：

DENY { ALL [PRIVILEGES] }
　　　　| permission [(column [,…n])] [,…n]
　　　　[ON securable] TO principal [,…n]
　　　　[CASCADE] [AS principal]

其中，CASCADE 选项指示拒绝授予指定用户该权限，同时，对该用户授予了该权限的所有其他用户，也拒绝授予该权限。如果授权时使用了 WITH GRANT OPTION 选项，则此处为必选项。

【演练 14-15】不允许用户 SM_BingYi 使用 CREATE VIEW 和 CREATE TABLE 语句。操作如下。

① 以系统管理员身份登录 SQL Server，在 SSMS 中单击"新建查询"按钮新建一个查询编辑器窗口。

② 在查询窗口中输入如下 T-SQL 语句：

```
DENY CREATE VIEW,CREATE TABLE
        TO SM_BingYi
GO
```

③ 单击"执行"按钮执行该语句，完成拒绝权限的操作。

（3）取消权限

REVOKE 命令用来收回用户所拥有的某些权限，使其不能执行此操作，除非该用户被加入到某个角色中，从而通过角色获得授权。语法格式如下：

```
REVOKE [ GRANT OPTION FOR ]
        { [ ALL [ PRIVILEGES ] ]
            | permission [ ( column [,···n ] ) ] [ ,···n ]
        }
        [ ON securable ]
        { TO | FROM } principal [,···n ]
        [ CASCADE] [ AS principal ]
```

其中，CASCADE 选项指示当前正在撤销的权限也将从其他被该用户授权的其他用户中撤销。使用 CASCADE 参数时，还必须同时指定 GRANT OPTION FOR 参数。

【演练 14-16】取消已授予角色 Role1 的 CREATE TABLE 权限。操作步骤如下。

① 以系统管理员身份登录 SQL Server，在 SSMS 中单击"新建查询"按钮新建一个查询编辑器窗口。

② 在查询窗口中输入如下 T-SQL 语句：

```
REVOKE CREATE TABLE
     FROM Role1
 GO
```

③ 单击"执行"按钮执行该语句，完成取消权限的操作。

14.2　数据库的完整性

数据完整性（Data Integrity）是指数据的正确性和相容性。为了防止数据库中数据发生错误而造成无效操作，数据库管理系统必须建立相应的机制，对进入数据库的数据或更新的数据进行校验，以保证数据库中数据都符合语义规定。

本节主要讲解使用约束、规则和默认值保证数据完整性的方法。

14.2.1　数据完整性的基本概念

为了维护数据库中的数据和现实世界的一致性，SQL Server 提供了确保数据库的完整性的技术。

数据完整性包括实体完整性、域完整性和参照完整性。

1. 数据的完整性

数据的完整性是指数据的正确性和相容性。数据的正确性是指防止数据库中存在不符合语义的数据，而造成无效操作或错误信息。数据的相容性是保护数据库防止恶意的破坏和非法的存取。数据完整性能够确保数据库中数据的质量。

（1）实体完整性

实体完整性（Entity Integrity）也称为行完整性，要求表中的每行必须是唯一的，通过索引、UNIQUE 约束、PRIMARY KEY 约束或 IDENTITY 属性可实现数据的实体完整性。现实世界中的实体是可区分的，即它们具有某种唯一性标识。相应地，关系数据库中以主键作为唯一性标识，主键不能取空值。主键约束是强制实体完整性的主要方法。

例如，对于数据库 StudentManagement 中的表 Student，学号 Student_No 作为主键，每个

学生的学号能唯一地标识该学生对应的行记录信息，那么在输入数据时，则不能有相同学号的行记录。通过对学号这一字段建立主键约束可实现表 Student 的实体完整性。

（2）域完整性

域完整性（Domain Integrity）也称为列完整性，用于保证数据库中的数据取值的合理性。域完整性指定一个数据集对某个列是否有效和确定是否允许为空值。

实现域完整性的方法有：限制类型（通过数据类型）、格式（通过 CHECK 约束和规则）或可能的取值范围（通过 CHECK 约束、DEFALUT 定义、NOT NULL 定义和规则）等。

例如，对于选课表 SelectCourse，学生某门课程的成绩应在 0～100 之间。为了对成绩这一数据项输入的数据范围进行限制，可以在定义选课表 SelectCourse 的同时定义成绩的约束条件来达到这一目的。

（3）参照完整性

参照完整性（Referential Integrity）又称为引用完整性，用于保证主表中的数据与从表（被参照表）中数据的一致性。在 SQL Server 2008 中，参照完整性的实现是通过定义外键与主键之间或外键与唯一键之间的对应关系来实现的。参照完整性确保键值在所有表中一致。

例如，对于学生表 Student 中的每个学号，在选课表 SelectCourse 中都有相关的课程成绩记录，将表 Student 作为主表，"学号"字段定义为主键，表 SelectCourse 作为从表，表中的"学号"字段定义为外键，从而建立主表和从表之间的联系，实现参照完整性。

如果定义了两个表之间的参照完整性，则要求：

① 从表不能引用不存在的键值。例如，表 Student 中行记录出现的学号必须是表 Student 中已存在的学号。

② 如果主表中的键值更改了，那么在整个数据库中，对从表中该键值的所有引用要进行一致的更改。例如，如果修改表 Student 中的某一学号，则表 SelectCourse 中所有对应的学号也要进行相应的修改。

③ 如果主表中没有关联的记录，则不能将记录添加到从表中。

④ 如果要删除主表中的某一记录，应先删除从表中与该记录匹配的相关记录。

2．约束的类型

约束（Constraint）定义关于列中允许值的规则，是强制完整性的标准机制。使用约束优先于使用触发器、规则和默认。查询优化器使用约束定义生成高性能的查询执行计划。约束用来确保列的有效性，从而实现数据的完整性。

SQL Server 中有 5 种约束类型，分别是：PRIMARY KEY 约束、CHECK 约束、DEFAULT 约束、FOREIGN KEY 约束、UNIQUE 约束。

（1）PRIMARY KEY 约束

主键（PRIMARY KEY）是表中一列或多列的组合，其值能唯一地标识表中的每行，通过它可以强制表的实体完整性。

主键是在创建或修改表时定义主键约束创建的。一个表只能有一个主键，并且主键列不能为空值。因为主键约束确保了记录的唯一性，所以经常定义为标识列。

（2）CHECK 约束

CHECK 约束用于限制输入一列或多列中的值的范围，根据逻辑表达式判断数据的有效性。也就是说，一列的输入内容必须满足 CHECK 约束的条件，否则数据无法正常输入，从而强制实现数据的域完整性。

（3）DEFAULT 约束

若对表中某列定义了 DEFAULT 约束后，用户在插入新的数据时，如果没有为该列指定数据，那么系统将默认值赋给该列。当然，该默认值也可以是空值（NULL）。

（4）FOREIGN KEY 约束

外键（FOREIGN KEY）用于建立和加强两个表（被参照表与参照表）中的一列或多列数据之间的链接。当添加、修改或删除数据时，通过外键约束保证它们之间数据的一致性。

定义表之间的参照完整性需要先定义被参照表的主键，再对参照表定义外键约束。

（5）UNIQUE 约束

UNIQUE 约束用于确保表中某列或某些列（非主键列）没有相同的值。与 PRIMARY KEY 约束类似，UNIQUE 约束也强制唯一性，但 UNIQUE 约束用于非主键的一列或多列组合，且一个表可以定义多个 UNIQUE 约束。另外，UNIQUE 约束可以用于定义允许空值的列，而 PRIMARY KEY 约束只能用于不能为空值的列。

需要说明的是，约束的命名同样采用 Pascal 命名规则。主键命名全部大写，以"PK_表名_列名"形式命名；唯一键命名全部大写，以"UK_表名_列名"形式命名；外键命名全部大写，以"FK_从表名_主表名"形式命名；CHECK 约束命名全部大写，以"CK_表名_列名"形式命名。

14.2.2 实体完整性的实现

实体完整性主要通过 PRIMARY KEY 约束、UNIQUE 约束、索引或 IDENTITY 属性来实现。如果 PRIMARY KEY 约束是由多列组合定义的，则某列的值可以重复，但 PRIMARY KEY 约束定义中所有列的组合值必须唯一。如果要确保一个表中的非主键列不输入重复值，则应在该列上定义 UNIQUE 约束。

例如，对于学生表 Student，"学号"列是主键，在表 Student 中增加一列"身份证号码"，可以定义一个 UNIQUE 约束来要求表中"身份证号码"列的取值是唯一的。

PRIMARY KEY 约束与 UNIQUE 约束的主要区别如下：

① 一个数据表只能创建一个 PRIMARY KEY 约束，但一个表中可根据需要对表中不同的列创建若干个 UNIQUE 约束。

② PRIMARY KEY 字段的值不允许为 NULL，而 UNIQUE 字段的值可取 NULL。

③ 一般在创建 PRIMARY KEY 约束时，系统会自动产生索引，索引的默认类型为聚集索引。在创建 UNIQUE 约束时，系统会自动产生一个 UNIQUE 索引，索引的默认类型为非聚集索引。

前面章节中已经讲解了使用 SMSS 创建索引实现约束的方法，本节主要讲解使用 T-SQL 语句实现实体完整性的方法。

1. 使用 T-SQL 语句创建 PRIMARY KEY 约束或 UNIQUE 约束

使用 T-SQL 语句设置 PRIMARY KEY 约束的语法格式如下：

```
CONSTRAINT constraint_name
    PRIMARY KEY [CLUSTERED|NONCLUSTERED]
    （column_name[,…n]）
```

使用 T-SQL 语句设置 UNIQUE 约束的语法格式如下：

  CONSTRAINT constraint_name

    UNIQUE [CLUSTERED|NONCLUSTERED]

    （**column_name[,…n]**）

【演练 14-17】创建表 StudentOne，并对学号字段 Student_No 创建 PRIMARY KEY 约束，对姓名字段 Student_Name 定义 UNIQUE 约束。操作步骤如下。

① 在 SSMS 中单击"新建查询"按钮新建一个查询编辑器窗口。

② 在查询窗口中输入如下 T-SQL 语句：

USE StudentManagement

GO

CREATE TABLE StudentOne

（

  Student_No char(6) NOT NULL CONSTRAINT PK_StudentOne_StudentNo PRIMARY KEY,

  Student_Name char(8) NOT NULL CONSTRAINT UK_StudentOne_StudentName UNIQUE,

  Student_Sex char(2) NULL,

  Student_Birthday date NULL,

  Student_ClassNo char(6) NULL,

  Student_Telephone varchar(13) NULL,

  Student_Email varchar(15) NULL,

  Student_Address varchar(30) NULL

）

③ 单击"执行"按钮执行该语句，新建表 StudentOne 的 学 号 字 段 Student_No 加上了 PRIMARY KEY 约束，姓名字段 Student_Name 加上了 UNIQUE 约束，如图 14-25 所示。

图 14-25　创建 PRIMARY KEY 约束和 UNIQUE 约束

2. 使用 T-SQL 语句删除 PRIMARY KEY 约束或 UNIQUE 约束

删除 PRIMARY KEY 约束或 UNIQUE 约束需要使用 ALTER TABLE 的 DROP 子句。语法格式如下：

  ALTER TABLE table_name

    DROP CONSTRAINT constraint_name [,…n]

【演练 14-18】删除表 StudentOne 中创建的 PRIMARY KEY 约束和 UNIQUE 约束。操作步骤如下。

① 在 SSMS 中单击"新建查询"按钮新建一个查询编辑器窗口。

② 在查询窗口中输入如下 T-SQL 语句：

ALTER TABLE StudentOne

  DROP CONSTRAINT PK_StudentOne_StudentNo,UK_StudentOne_StudentName

GO

③ 单击"执行"按钮执行该语句，完成 PRIMARY KEY 约束和 UNIQUE 约束的删除。

14.2.3 域完整性的实现

域完整性主要由用户定义的完整性组成，通常使用有效性检查强制实现域完整性。

1. CHECK 约束

CHECK 约束实际上是字段输入内容的验证规则，表示一个字段的输入内容必须满足 CHECK 约束的条件，若不满足，则数据无法正常输入。

（1）使用 T-SQL 语句创建 CHECK 约束

用户可以在创建表或修改表的同时定义 CHECK 约束。其语法格式如下：

```
CONSTRAINT constraint_name
    CHECK [NOT FOR REPLICATION]
    （logical_expression）
```

其中，参数 NOT FOR REPLICATION 在将其他表中复制过来的数据插入到此表中时，指定检查约束对其不发生作用。logical_expression 指定逻辑条件表达式，返回值为 True 或者 False。

【演练 14-19】修改表 StudentOne，对性别字段 Student_Sex 加上 CHECK 约束，只能包含"男"或"女"；对出生日期字段 Student_Birthday 加上 CHECK 约束，要求出生日期必须大于 1985 年 1 月 1 日。操作步骤如下。

① 在 SSMS 中单击"新建查询"按钮新建一个查询编辑器窗口。

② 在查询窗口中输入如下 T-SQL 语句：

```
USE StudentManagement
GO
ALTER TABLE StudentOne
    ADD CONSTRAINT CK_Student_StudentSex CHECK(Student_Sex IN ('男', '女')),
        CONSTRAINT CK_Student_StudentBirthday CHECK(Student_Birthday>'1985-01-01')
GO
```

③ 单击"执行"按钮执行该语句，表 StudentOne 的 性 别 字 段 Student_Sex 和 出 生 日 期 字 段 Student_Birthday 加上了 CHECK 约束，如图 14-26 所示。

图 14-26　创建 CHECK 约束

（2）使用 T-SQL 语句删除 CHECK 约束

使用 ALTER TABLE 语句的 DROP 子句可以删除 CHECK 约束。其语法格式如下：

```
ALTER TABLE table_name
    DROP CONSTRAINT check_name
```

【演练 14-20】删除表 StudentOne 中出生日期字段的 CHECK 约束。操作步骤如下。

① 在 SSMS 中单击"新建查询"按钮新建一个查询编辑器窗口。

② 在查询窗口中输入如下 T-SQL 语句：

```
USE StudentManagement
GO
ALTER TABLE StudentOne
```

DROP CONSTRAINT CK_Student_StudentBirthday

GO

③ 单击"执行"按钮执行该语句,完成 CHECK 约束的删除。

2. DEFAULT 约束

DEFAULT 约束也是强制实现域完整性的一种手段。定义 DEFAULT 约束需要注意:

- 表中的每列都可以包含一个 DEFAULT 定义,但每列只能有一个 DEFAULT 定义;
- DEFAULT 定义不能引用表中的其他列,也不能引用其他表、视图或存储过程;
- 不能对数据类型为 timestamp 的列或具有 IDENTITY 属性的列创建 DEFAULT 定义;
- 不能对使用用户定义数据类型的列创建 DEFAULT 定义。

(1) 使用 T-SQL 语句创建 DEFAULT 约束

创建 DEFAULT 约束的语法格式如下:

CONSTRAINT constraint_name

  DEFAULT constraint_expression [FOR column_name]

【演练 14-21】修改表 StudentOne,对性别字段 Student_Sex 加上 DEFAULT 约束,默认值为"男"。操作步骤如下。

① 在 SSMS 中单击"新建查询"按钮新建一个查询编辑器窗口。

② 在查询窗口中输入如下 T-SQL 语句:

USE StudentManagement

GO

ALTER TABLE StudentOne

  ADD CONSTRAINT DF_Student_StudentSex DEFAULT '男' FOR Student_Sex

GO

③ 单击"执行"按钮执行该语句,对表 StudentOne 的性别字段 Student_Sex 加上了 DEFAULT 约束,如图 14-27 所示。

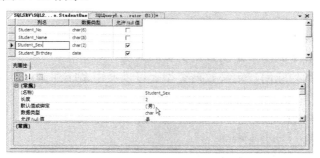

图 14-27　创建 DEFAULT 约束

(2) 使用 T-SQL 语句删除 DEFAULT 约束

使用 ALTER TABLE 语句的 DROP 子句可以删除 DEFAULT 约束。其语法格式如下:

ALTER TABLE table_name

  DROP CONSTRAINT default_name

【演练 14-22】删除表 StudentOne 中性别字段的 DEFAULT 约束。操作步骤如下。

① 在 SSMS 中单击"新建查询"按钮新建一个查询编辑器窗口。

② 在查询窗口中输入如下 T-SQL 语句:

```
USE StudentManagement
GO
ALTER TABLE StudentOne
    DROP CONSTRAINT DF_Student_StudentSex
GO
```

③ 单击"执行"按钮执行该语句，完成 DEFAULT 约束的删除。

3. 规则

规则是一组使用 T-SQL 语句组成的条件语句。规则提供了另外一种在数据库中实现域完整性与用户定义完整性的方法。

规则和 CHECK 约束功能类似，只不过规则可用于多个表中的列，以及用户自定义的数据类型，而 CHECK 约束只能用于它所限制的列。一列上只能使用一个规则，但可以使用多个 CHECK 约束。规则一旦定义为对象，就可以被多个表的多列所引用。

使用规则时需要注意：

- 规则不能绑定到系统数据类型上；
- 规则只可以在当前的数据库中创建；
- 规则必须与列的数据类型兼容；
- 规则不能绑定到 image、text 和 timestamp 列上。
- 使用字符和日期常量时，要用单引号括起来，二进制常量前要加 0X。

规则对象的使用步骤如下：

① 定义规则对象。

② 将规则对象绑定到列或用户自定义类型上。

在 SQL Server 2008 中，规则对象的定义可以利用 CREATE RULE 语句来实现。

（1）规则对象的定义

定义规则对象的语法格式如下：

```
CREATE RULE [ schema_name. ] rule_name
    AS condition_expression
```

（2）将规则对象绑定到用户定义数据类型或列上

将规则对象绑定到列或用户定义数据类型上可以使用系统存储过程 sp_bindrule。其语法格式如下：

```
sp_bindrule [ @rulename = ] 'rule' ,
    [ @objname = ] 'object_name'
    [ , [ @futureonly = ] 'futureonly_flag' ]
```

（3）使用 T-SQL 语句创建并应用规则

【演练 14-23】创建一个规则，并绑定职称表 Title 的职称编号字段，用于限制职称编号的输入范围。操作步骤如下。

① 在 SSMS 中单击"新建查询"按钮新建一个查询编辑器窗口。

② 在查询窗口中输入如下 T-SQL 语句：

```
USE StudentManagement
GO
CREATE RULE R_Title_TitleCode
```

```
            AS @range LIKE '[0][1-4]'
        GO
        EXEC sp_bindrule 'R_TitleCode','Title.Title_Code '
        GO
```

③ 单击"执行"按钮执行该语句，完成规则的创建与绑
定，查询结果窗口中的输出结果如图 14-28 所示。

图 14-28　规则的创建与绑定

（4）使用 T-SQL 语句删除规则

在删除规则对象前，首先应使用系统存储过程 sp_unbindrule 解除被绑定对象与规则对象
之间的绑定关系。语法格式如下：

sp_unbindrule [@objname =] 'object_name'
　　　[, [@futureonly =] 'futureonly_flag']

在解除列或自定义类型与规则对象之间的绑定关系后，就可以删除规则对象了。语法格
式如下：

DROP RULE { [schema_name .] rule_name } [,…n] [;]

【演练 14-24】解除规则 R_TitleCode 与字段的绑定关系，并删除规则对象 R_TitleCode。
操作步骤如下。

① 在 SSMS 中单击"新建查询"按钮新建一个查询编辑器窗口。

② 在查询窗口中输入如下 T-SQL 语句：

```
        EXEC sp_unbindrule 'Title.Title_Code '
        GO
        DROP RULE R_Title_TitleCode
        GO
```

图 14-29　解除规则与列的绑定关系

③ 单击"执行"按钮执行该语句，完成解除规则与
表列的绑定关系及规则对象的删除，如图 14-29 所示。

14.2.4　参照完整性的实现

参照完整性的实现是通过定义外键与主键之间的对应关系来实现的。用户既可以使用
SSMS 定义表间的参照关系，也可以使用 T-SQL 语句定义表间的参照关系。

1．使用 SSMS 定义表间的参照关系

【演练 14-25】实现表 Student 与表 SelectCourse 之间的参照完整性。操作步骤如下。

① 首先定义主表 Student 的主键。因为之前在创建表的时候已经定义表 Student 中的学
号字段 Student_No 为主键，所以这里就不需要再定义主表的主键了。

② 启动 SSMS，在对象资源管理器中展开数据库 StudentManagement，右键单击"数据
库关系图"节点，从弹出的快捷菜单中选择"新建数据库关系图"命令，如图 14-30 所示。

③ 打开"添加表"对话框，选择要添加的表 Student 和表 SelectCourse，如图 14-31 所示。
单击"添加"按钮完成表的添加，之后单击"关闭"按钮退出对话框。

④ 打开"数据库关系图设计"窗口，将鼠标指针指向主表的主键，并拖动到从表中，
即将主表 Student 中的学号字段 Student_No 拖动到从表 SelectCourse 中的学号字段
SelectCourse_StudentNo 上，如图 14-32 所示。

⑤ 打开"表和列"对话框，输入关系名，设置主键表和列名，如图 14-33 所示。

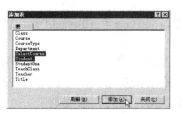

图 14-30　选择"新建数据库关系图"命令　　　　图 14-31　"添加表"对话框

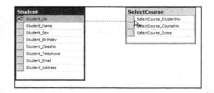

图 14-32　拖动主表的主键到从表的外键上　　　　图 14-33　"表和列"对话框

单击"确定"按钮，打开"外键关系"对话框，如图 14-34 所示。单击"确定"按钮，完成表 Student 与表 SelectCourse 之间的参照完整性的设置，结果如图 14-35 所示。

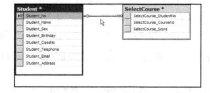

图 14-34　"外键关系"对话框　　　　图 14-35　参照完整性的设置结果

⑥ 单击"保存"按钮，在打开的"选择名称"对话框中输入关系图的名称。单击"确定"按钮，在打开的"保存"对话框中单击"是"按钮，保存设置。

用户可以在上面参照关系的基础上再添加课程表 Course，并建立相应的参照完整性关系，结果如图 14-36 所示。

如果要删除前表之间的参照关系，可以在"数据库关系图设计"窗口中，右键单击已经建立的关系，从弹出的快捷菜单中选择"从数据库中删除关系"命令，如图 14-37 所示。在随后弹出的对话框中，单击"是"按钮，删除表之间的关系。

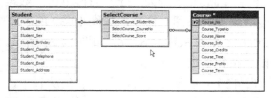

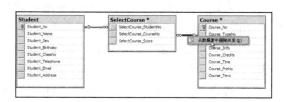

图 14-36　添加课程表后的参照完整性关系　　　　图 14-37　从数据库中删除关系

2. 使用 T-SQL 语句定义表间的参照关系

前面已介绍了创建主键（PRIMARY KEY 约束）及唯一键（UNIQUE 约束）的方法，这里将介绍通过 T-SQL 命令创建外键的方法。用户可以在创建表或修改表的同时定义外键约束。语法格式如下：

    CONSTRAINT　constraint_name
    FOREIGN　KEY　(column_name[,…n])
    REFERENCES　ref_table　[(ref_column[,…n])]

各参数的含义说明如下。

REFERENCES：用于指定要建立关联的表的信息。

ref_table：用于指定要建立关联的表的名称。

ref_column：用于指定要建立关联的表中相关列的名称。

说明：外键从句中的字段数目和每个字段指定的数据类型都必须和 REFERENCES 从句中的字段相匹配。

【演练 14-26】使用 T-SQL 语句创建教师表 Teacher、授课表 TeachClass 与课程表 Course 之间的外键约束关系。操作步骤如下。

① 在 SSMS 中单击"新建查询"按钮新建一个查询编辑器窗口。

② 在查询窗口中输入如下 T-SQL 语句：

```
ALTER TABLE TeachClass
ADD
CONSTRAINT FK_TeachClass_Course FOREIGN KEY(TeachClass_CourseNo)
            REFERENCES Course(Course_No)
GO
ALTER TABLE TeachClass
ADD
CONSTRAINT FK_TeachClass_Teacher FOREIGN KEY(TeachClass_No)
            REFERENCES Teacher(Teacher_No)
GO
```

③ 单击"执行"按钮执行该语句，完成表之间的外键约束关系，如图 14-38 所示。

14.3　数据库的备份和恢复

通过实现数据库安全性和完整性，用户可以做到使数据安全保密、正确、完整及一致，但是仍然难免因各种原因使数据库出现故障或遭受破坏，因此数据库管理系统仍需要一套完整的数据备份和恢复机制来保证在数据库遭受破坏时，将数据库恢复到离故障发生点最近的一个正确状态，从而尽可能少地损失数据。

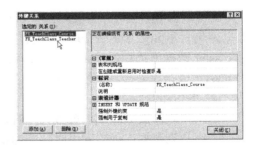

图 14-38　表之间的外键约束关系

14.3.1 基本概念

1. 备份和恢复需求分析

数据库中的数据丢失或被破坏可能的原因如下。

① 计算机硬件故障。由于使用不当或产品质量等原因，计算机硬件可能会出现故障，不能使用，如硬盘损坏会使得存储于其上的数据丢失。

② 软件故障。由于软件设计上的失误或用户使用的不当，软件系统可能会误操作数据引起数据破坏。

③ 计算机病毒。计算机病毒是一种人为的故障或破坏，轻则使部分数据不正确，重则使整个数据库遭到破坏。

④ 用户操作错误。用户有意或无意的操作可能会删除数据库中的有用数据或添加错误的数据，这同样会造成一些潜在的故障。

⑤ 自然灾害。火灾、洪水或地震等自然灾害会造成极大的破坏，毁坏计算机系统及其数据。

2. 数据库备份的基本概念

数据库备份记录了在进行备份这一操作时数据库中所有数据的状态，以便在数据库遭到破坏时能够及时地将其还原。执行备份操作必须拥有对数据库备份的权限许可，SQL Server只允许系统管理员、数据库所有者和数据库备份执行者备份数据库。

（1）备份内容

数据库中数据的重要程度决定了数据恢复的必要性与重要性，也决定了数据是否需要备份及如何备份。数据库需要备份的内容可分为数据文件（又分为主要数据文件和次要数据文件）和日志文件两部分。其中，数据文件中所存储的系统数据库是确保 SQL Server 2008 系统正常运行的重要依据，因此，系统数据库必须完全备份。

（2）备份数据库的时机

备份数据库，不但要备份用户数据库，也要备份系统数据库，因为系统数据库中存储了SQL Server 的服务器配置信息、用户登录信息、用户数据库信息、作业信息等。

① 备份系统数据库。

当系统数据库 master、msdb 和 model 中的任何一个被修改以后，都要将其备份。master数据库包含了 SQL Server 2008 系统有关数据库的全部信息，即它是"数据库的数据库"。如果 master 数据库损坏，那么 SQL Server 2008 可能无法启动，并且用户数据库可能无效。如果 master 数据库被破坏而没有 master 数据库的备份，就只能重建全部的系统数据库了。

② 备份用户数据库。

当用户创建数据库或加载数据库时，应当备份数据库。

当用户为数据库创建索引时，应当备份数据库，以便恢复时大大节省时间。

当用户清理了日志或执行了不记日志的 T-SQL 命令时，应当备份数据库，这是因为如果日志记录被清除或命令未记录在事务日志中，日志中将不包含数据库的活动记录，因此不能通过日志恢复数据。不记日志的命令有 BACKUP LOG WITH NO_LOG、WRITETEXT、UPDATETEXT、SELECT INTO、命令行实用程序、BCP 命令等。

当用户执行完大容量数据装载语句或修改语句后，SQL Server 不会将这些大容量的数据处理活动记录到日志中，所以应当进行数据库的备份。例如，执行完 WRITETEXT、UPDATETEXT 语句后应当备份数据库。

（3）备份数据库时限制的操作

SQL Server 2008 在执行数据库备份的过程中，允许用户对数据库继续操作，但不允许用户在备份时执行下列操作：创建或删除数据库文件、创建索引或使用不记日志的命令。

如果在系统正执行上述操作中的任何一种时试图进行备份，则备份进程不能执行。

（4）备份方法

数据库备份常用的两种方法是完全备份和差异备份。完全备份每次都备份整个数据库或事务日志；差异备份则只备份自上次备份以来发生过变化的数据库的数据，差异备份也称为增量备份。

SQL Server 2008 有两类基本的备份：一是只备份数据库，二是备份数据库和事务日志，它们可以与完全备份或差异备份相结合。另外，当数据库很大时，也可以进行个别文件或文件组的备份，从而将数据库备份分割为多个较小的备份过程。这样就形成了以下 4 种备份方法。

① 完全数据库备份

这种方法按常规定期备份整个数据库，包括事务日志。当系统出现故障时，可以恢复到最近一次数据库备份时的状态，但自该备份后所提交的事务都将丢失。

完全数据库备份的主要优点是简单，备份是单一操作，可按一定的时间间隔预先设定，恢复时只需一个步骤就可以完成。

② 数据库和事务日志备份

这种方法不需很频繁地定期进行数据库备份，而是在两次完全数据库备份期间，进行事务日志备份，所备份的事务日志记录了两次数据库备份之间所有的数据库活动记录。当系统出现故障后，能够恢复所有备份的事务，而只丢失未提交或提交但未执行完的事务。

执行恢复时，需要两步：首先恢复最近的完全数据库备份，然后恢复在该完全数据库备份以后的所有事务日志备份。

③ 差异备份

差异备份只备份自上次数据库备份后发生更改的部分数据库，它用来扩充完全数据库备份或数据库和事务日志备份方法。对于一个经常修改的数据库，采用差异备份策略可以缩短备份和恢复时间。差异备份比全量备份工作量小而且备份速度快，对正在运行的系统的影响也较小，因此可以更经常地备份。经常备份将减少丢失数据的危险。

使用差异备份方法，执行恢复时，若是数据库备份，则用最近的完全数据库备份和最近的差异数据库备份来恢复数据库；若是差异数据库和事务日志备份，则用最近的完全数据库备份和最近的差异备份后的事务日志备份来恢复数据库。

④ 数据库文件或文件组备份

这种方法只备份特定的数据库文件或文件组，同时还要定期备份事务日志，这样在恢复时可以只还原已损坏的文件，而不用还原数据库的其余部分，从而加快了恢复速度。

3. 数据库恢复的基本概念

数据库恢复是指将数据库备份重新加载到系统中的过程。

（1）准备工作

数据库恢复的准备工作包括系统安全性检查和备份介质验证。在进行恢复时，系统先执行安全性检查、重建数据库及其相关文件等操作，保证数据库安全地恢复。这是数据库恢复时必要的准备，可以防止错误的恢复操作。例如，用不同的数据库备份或用不兼容的数据库备份信息覆盖某个已存在的数据库。当系统发现出现了以下情况时，恢复操作将不进行：

- 指定要恢复的数据库已存在，但在备份文件中记录的数据库与其不同；
- 服务器中数据库文件集与备份中的数据库文件集不一致；
- 未提供恢复数据库所需的所有文件或文件组。

安全性检查是系统在执行恢复操作时自动进行的。在恢复数据库时，要确保数据库的备份是有效的，即要验证备份介质，得到数据库备份的信息。这些信息包括：

- 备份文件或备份集名及描述信息；
- 所使用的备份介质类型（磁带或磁盘等）；
- 所使用的备份方法；
- 执行备份的日期和时间；
- 备份集的大小；
- 数据库文件及日志文件的逻辑和物理文件名；
- 备份文件的大小。

（2）执行恢复数据库的操作

用户可以使用 SSMS 或 T-SQL 语句执行恢复数据库的操作。具体的恢复操作步骤将在后面章节中详细介绍。

14.3.2　备份数据库

在进行备份以前必须先创建或指定备份设备。备份设备是用来存储数据库、事务日志或文件和文件组备份的存储介质，可以是硬盘、磁带或管道。当使用磁盘时，SQL Server 允许将本地主机硬盘和远程主机的硬盘作为备份设备。备份设备在硬盘中是以文件的方式存储的。

1．创建备份设备

（1）创建永久备份设备

如果使用磁盘设备备份，那么备份设备实际上就是磁盘文件；如果使用磁带设备备份，那么备份设备实际上就是一个或多个磁带。

创建备份设备有两种方法：使用 SSMS 或使用系统存储过程 sp_addumpdevice。

① 使用 SSMS 创建永久备份设备

使用 SSMS 创建永久备份设备的操作步骤如下。

i）启动 SSMS，在对象资源管理器中展开"服务器对象"节点，右键单击"备份设备"节点，从弹出的快捷菜单中选择"新建备份设备"命令，如图 14-39 所示。

ii）打开"备份设备"对话框，输入备份设备的名称 mydevice 和完整的物理路径 "C:\data\mydevice.bak"，如图 14-40 所示。单击"确定"按钮，完成备份设备的创建。

② 使用系统存储过程创建命名备份设备

执行系统存储过程 sp_addumpdevice 可以在磁盘或磁带中创建命名备份设备，也可以将数据定向到命名管道。

 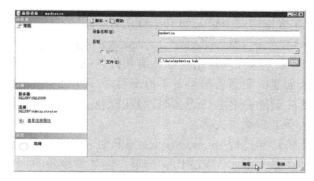

图 14-39　选择"新建备份设备"命令　　　　　图 14-40　"备份设备"对话框

创建命名备份设备时，要注意以下几点：

ⅰ）SQL Server 2008 将在系统数据库 master 的系统表 sysdevice 中创建该命名备份设备的物理名和逻辑名。

ⅱ）必须指定该命名备份设备的物理名和逻辑名，当在网络磁盘中创建命名备份设备时要说明网络磁盘文件路径名。

语法格式如下：

> **sp_addumpdevice [@devtype =] 'device_type' ,**
> 　　**[@logicalname =] 'logical_name' ,**
> 　　**[@physicalname =] 'physical_name'**

其中，device_type 表示设备类型，其值可为 disk、pipe 和 tape；logical_name 表示设备的逻辑名称；physical_name 表示设备的实际名称。

【演练 14-27】在本地硬盘中创建一个备份设备。操作步骤如下。

① 在 SSMS 中单击"新建查询"按钮新建一个查询编辑器窗口。

② 在查询窗口中输入如下 T-SQL 语句：

```
USE master
GO
EXEC sp_addumpdevice 'disk','backupfile',
        'C:\data\backupfile.bak'
```

③ 单击"执行"按钮执行该语句，完成本地硬盘备份设备的创建，如图 14-41 所示。

图 14-41　本地硬盘备份设备

上例所创建的备份设备的逻辑名是 backupfile，所创建的备份设备的物理名是 C:\data\backupfile.bak。

【演练 14-28】在磁带中创建一个备份设备。操作步骤如下。

① 在 SSMS 中单击"新建查询"按钮新建一个查询编辑器窗口。

② 在查询窗口中输入如下 T-SQL 语句：

EXEC sp_addumpdevice 'tape','tapebackupfile','\\.\tape0'

③ 单击"执行"按钮执行该语句，完成磁带备份设备的创建。

当所创建的命名备份设备不再需要时，可用 SSMS 或系统存储过程 sp_dropdevice 删除它。在 SSMS 中删除命名备份设备时，若被删除的命名备份设备是磁盘文件，那么必须在其物理路径下用手工删除该文件。

用系统存储过程 sp_dropdevice 删除命名备份文件时，若被删除的命名备份设备的类型为磁盘，那么必须指定 DELFILE 选项，但备份设备的物理文件一定不能直接保存在磁盘根目录下。例如，删除命名备份文件 backupfile 的语句如下：

EXEC sp_dropdevice 'backupfile',DELFILE

（2）创建临时备份设备

如果用户只需要进行数据库的一次性备份或测试自动备份操作，则可以用临时备份设备。

在创建临时备份设备时，要指定介质类型（磁盘、磁带）、完整的路径名及文件名称。可使用 T-SQL 的 BACKUP DATABASE 语句创建临时备份设备。对使用临时备份设备进行的备份，SQL Server 2008 系统将创建临时文件来存储备份的结果。其语法格式如下：

BACKUP DATABASE { database_name | @database_name_var }
    TO <backup_file> [,…n]

【演练 14-29】在磁盘中创建一个临时备份设备，它用来备份数据库 StudentManagement。操作步骤如下。

① 在 SSMS 中单击"新建查询"按钮新建一个查询编辑器窗口。

② 在查询窗口中输入如下 T-SQL 语句：

USE master
GO
BACKUP DATABASE StudentManagement TO DISK= 'C:\data\tempSM.bak'

③ 单击"执行"按钮执行该语句，完成临时备份设备的创建，如图 14-42 所示。

图 14-42　临时备份设备的创建

2. 备份命令

（1）备份整个数据库

T-SQL 语句提供了 BACKUP 语句执行备份操作，其语法格式如下：

BACKUP DATABASE { database_name | @database_name_var }
TO <backup_device> [,…n] [WITH { DIFFERENTIAL | <general_WITH_options> [,…n] }][;]
<backup_device>::={{ logical_device_name | @logical_device_name_var }
  {DISK | TAPE}={'physical_device_name' | @physical_device_name_var}}
<general_WITH_options> [,…n]::= --Backup Set Options COPY_ONLY | DESCRIPTION =
{ 'text' | @text_variable } | NAME = { backup_set_name | @backup_set_name_var }
| PASSWORD = { password | @password_variable } | [EXPIREDATE = { date | @date_var } |
RETAINDAYS = { days | @days_var }] | NO_LOG

各个参数的含义说明如下：

DATABASE：指定一个完整数据库备份。

{ database_name | @database_name_var }：备份时所用的源数据库。

<backup_device>：指定用于备份操作的逻辑备份设备或物理备份设备。

{ logical_device_name | @logical_device_name_var }：数据库要备份到的备份设备的逻辑名称。

{DISK | TAPE } = { 'physical_device_name' | @physical_device_name_var }：指定磁盘文件或磁带设备。

WITH 选项：指定要用于备份操作的选项。

DIFFERENTIAL：指定备份应该只包含上次完整备份后更改的数据库或文件部分。

DESCRIPTION = { 'text' | @text_variable }：指定用于说明备份集的自由格式文本。

NAME = { backup_set_name | @backup_set_var }：指定备份集的名称。

PASSWORD = { password | @password_variable }：为备份集设置密码。

[EXPIREDATE = date | RETAINDAYS = date]：指定允许覆盖该备份的备份集的日期。

EXPIREDATE = { date | @date_var }：指定备份集到期和允许被覆盖的日期。

RETAINDAYS = { days | @days_var }：指定必须经过多少天才可以覆盖该备份媒体集。

NO_LOG：指定备份将不包含任何日志。

【演练 14-30】使用逻辑名 testdevice 在 C 盘中创建一个命名的备份设备，并将数据库 StudentManagement 完全备份到该设备中。操作步骤如下。

① 在 SSMS 中单击"新建查询"按钮新建一个查询编辑器窗口。

② 在查询窗口中输入如下 T-SQL 语句：

```
USE master
GO
EXEC sp_addumpdevice 'disk','testdevice','C:\data\testdevice.bak'
BACKUP DATABASE StudentManagement TO testdevice
```

③ 单击"执行"按钮执行该语句，完成整个数据库的备份。

（2）差异备份数据库

对于需要频繁修改的数据库，进行差异备份可以缩短备份和恢复的时间。只有当已经执行了完全数据库备份后才能执行差异备份。在进行差异备份时，SQL Server 将备份从最近的完全数据库备份后数据库中发生了变化的部分。

SQL Server 执行差异备份时需注意：

● 若在上次完全数据库备份后，数据库的某行被修改了，则执行差异备份只保存最后一次改动的值；

● 为了使差异备份设备与完全数据库备份设备区分开来，应使用不同的设备名。

【演练 14-31】创建临时备份设备并在所创建的临时备份设备中进行差异备份。操作步骤如下。

① 在 SSMS 中单击"新建查询"按钮新建一个查询编辑器窗口。

② 在查询窗口中输入如下 T-SQL 语句：

```
USE master
GO
```

BACKUP DATABASE StudentManagement

TO DISK ='C:\data\SMbk.bak'

WITH DIFFERENTIAL

③ 单击"执行"按钮执行该语句，完成临
时备份设备中的差异备份，如图 14-43 所示。

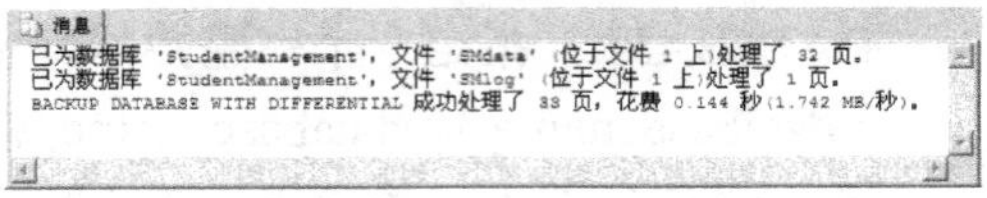

图 14-43　临时备份设备上的差异备份

（3）备份数据库文件或文件组

当数据库非常大时，可以进行数据库文件或文件组的备份。

使用数据库文件或文件组备份时，要注意以下几点：

- 必须指定文件或文件组的逻辑名；
- 必须执行事务日志备份，以确保恢复后的文件与数据库其他部分的一致性；
- 应轮流备份数据库中的文件或文件组，以使数据库中的所有文件或文件组都定期得
  到备份。

【演练 14-32】假设数据库 Example 中有两个数据文件 d1 和 d2，事务日志存储在文件 log
中。将文件 data1 备份到备份设备 d1backup 中，将事务日志文件备份到 backlog 中。操作步
骤如下。

① 在 SSMS 中单击"新建查询"按钮新建一个查询编辑器窗口。

② 在查询窗口中输入如下 T-SQL 语句：

EXEC sp_addumpdevice 'disk','d1backup','C:\data\d1backup.bak'

EXEC sp_addumpdevice 'disk','backlog','C:\data\backlog.bak'

GO

BACKUP DATABASE Example

FILE ='d1' TO d1backup

BACKUP LOG Example TO backlog

③ 单击"执行"按钮执行该语句，完成数据库文件的备份。

（4）事务日志备份

当进行事务日志备份时，系统将事务日志中从前一次成功备份结束位置开始，到当前事
务日志结尾处的内容进行备份。

【演练 14-33】创建一个命名的备份设备 smlogbk，并备份数据库 StudentManagement 的
事务日志。操作步骤如下。

① 在 SSMS 中单击"新建查询"按钮新建一个
查询编辑器窗口。

② 在查询窗口中输入如下 T-SQL 语句：

USE master

GO

EXEC sp_addumpdevice 'disk','smlogbk','C:\data\smlogbk.bak'

BACKUP LOG StudentManagement TO smlogbk

图 14-44　数据库事务日志的备份

③ 单击"执行"按钮执行该语句，完成数据库事务日志的备份，如图 14-44 所示。

3. 使用 SSMS 备份数据库

【演练 14-34】以备份数据库 StudentManagement 为例，使用先前创建的备份设备 mydevice，
备份设备的文件名为 mydevice.bak。操作步骤如下。

① 启动 SSMS，在对象资源管理器中右键单击"管理"节点，从弹出的快捷菜单中选择"备份"命令，如图 14-45 所示。

② 打开"备份数据库"对话框，选择要备份的数据库 StudentManagement，在"备份类型"下拉列表中选择备份的类型（包括 3 种类型：完整、差异、事务日志），这里选择完整备份，如图 14-46 所示。

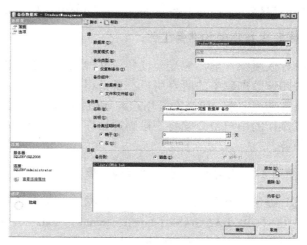

图 14-45　选择"备份"命令　　　　　图 14-46　"备份数据库"对话框

③ 选择了要备份的数据库之后，在"目标"栏中会列出与数据库 StudentManagement 相关的备份设备。用户可以单击"添加"按钮，打开"选择备份目标"对话框，如图 14-47 所示。在"备份设备"下拉列表中选择需要目标备份设备 mydevice，单击"确定"按钮返回"备份数据库"对话框。

④ 在"备份数据库"对话框中，可以选择不需要的备份目标，单击"删除"按钮将它们删除。最后，选择备份目标 mydevice，如图 14-48 所示。单击"确定"按钮，执行备份操作。备份操作完成后，将出现提示对话框，单击"确定"按钮，完成所有操作。

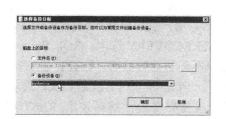

图 14-47　选择备份目标　　　　　图 14-48　确定备份目标后执行备份操作

14.3.3　恢复数据库

恢复数据库是指将数据库备份重新加载到系统中的过程，通常在当前的数据库出现故障或操作失误时进行。当恢复数据库时，SQL Server 会自动将备份文件中的数据库备份全部恢复到当前的数据库中，并回滚任何未完成的事务，以保证数据库中数据的一致性。

1．恢复数据库前的准备工作

在执行恢复操作前，应当验证备份文件的有效性，确认备份中是否含有数据库所需要的数据，关闭该数据库中的所有用户，备份事务日志。

恢复数据库之前，应当断开用户与该数据库的一切连接。所有用户都不准访问该数据库，执行恢复操作的用户也必须将连接的数据库更改为 master 数据库或其他数据库，否则不能启动还原任务。

2．使用 T-SQL 语句恢复数据库数据库

T-SQL 提供了 RESTORE 语句恢复数据库，其语法格式如下：

```
RESTORE DATABASE { database_name | @database_name_var }
[ FROM <backup_device> [,…n ] ]
[ WITH [{ STOP_ON_ERROR | CONTINUE_AFTER_ERROR } ] [ [ , ]
 FILE ={ backup_set_file_number | @backup_set_file_number } ] [ [ , ]
{ RECOVERY | NORECOVERY | STANDBY = {standby_file_name | @standby_file_name_var }}]
[ [ , ] REPLACE ][ [ , ] RESTART ][ [ , ] RESTRICTED_USER ][ [ , ] STATS [ = percentage ] ]][;]
```

主要参数的含义说明如下：

DATABASE：指定目标数据库。

{ database_name | @database_name_var }：将日志或整个数据库还原到的数据库。

FROM { <backup_device> [,…n] | <database_snapshot> }：指定要从哪些备份设备还原备份。

<backup_device> [,…n]：指定还原操作要使用的逻辑或物理备份设备。

FILE={backup_set_file_number|@backup_set_file_number}：标识要还原的备份集。

{ RECOVERY | NORECOVERY | STANDBY }：RECOVERY 指定还原操作回滚任何未提交的事务，NORECOVERY 指定还原操作不回滚任何未提交的事务，STANDBY 指定一个允许撤销恢复效果的备用文件。

需要说明的是，RECOVERY 表示在数据库恢复完成后，SQL Server 回滚被恢复的数据库中所有未完成的事务，以保持数据库的一致性。恢复完成后，用户就可以访问数据库了，所以 RECOVERY 选项用于最后一个备份的恢复。如果使用 NORECOVERY 选项，SQL Server 不回滚被恢复的数据库中所有未完成的事务，则恢复后用户不能访问数据库。因此，进行数据库还原时，前面的还原应使用 NORECOVERY 选项，最后一个还原使用 RECOVERY 选项。

【演练 14-35】对数据库 StudentManagement 进行一次差异备份，然后使用 RESTORE DATABASE 语句进行数据库备份的恢复。操作步骤如下。

① 在 SSMS 中单击"新建查询"按钮新建一个查询编辑器窗口。

② 在查询窗口中输入如下 T-SQL 语句：

```
BACKUP DATABASE StudentManagement TO mydevice
WITH DIFFERENTIAL                          --进行数据库差异备份
GO
USE master                                 --确保不再使用数据库 StudentManagement
GO
RESTORE DATABASE StudentManagement FROM mydevice
WITH FILE=1,NORECOVERY                     --恢复数据库完整备份（已在 SSMS 中备份）
RESTORE DATABASE StudentManagement FROM mydevice
WITH FILE=2,RECOVERY                       --恢复数据库差异备份
GO
```

③ 单击"执行"按钮执行该语句，完成数据库 StudentManagement 的恢复，如图 14-49 所示。

图 14-49　完成数据库的恢复

3．使用 SSMS 恢复数据库

使用 SSMS 恢复数据库的操作步骤如下。

① 启动 SSMS，在对象资源管理器中展开"数据库"节点，右键单击需要恢复的数据库 StudentManagement，从弹出的快捷菜单中选择"任务"→"还原"→"数据库"命令，如图 14-50 所示。

② 打开"还原数据库"对话框，在"还原的源"栏中选择"源设备"项，单击后面的"浏览"按钮，如图 14-51 所示。

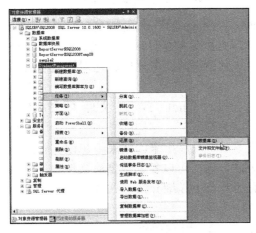

图 14-50　选择还原"数据库"命令

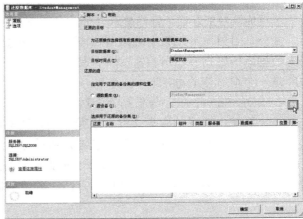

图 14-51　"还原数据库"对话框

③ 打开"指定备份"对话框，在"备份媒体"对话框中选择"备份设备"项，如图 14-52 所示。单击"添加"按钮，打开"选择备份设备"对话框，在"备份设备"下拉列表中选择需要指定恢复的备份设备，如图 14-53 所示。单击"确定"按钮，返回"指定备份"对话框，再单击"确定"按钮，返回"还原数据库"对话框。

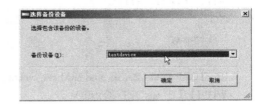

图 14-52　"指定备份"对话框　　　　　　　图 14-53　"选择备份设备"对话框

　　④ 选择完备份设备后，在"还原数据库"对话框的"选择用于还原的备份集"列表框中将会列出可以还原的备份集，选中备份集前的复选框，如图 14-54 所示。

　　⑤ 在"还原数据库"对话框中切换到"选项"页，选中"覆盖现有数据库"复选框，如图 14-55 所示，单击"确定"按钮，系统将开始恢复并显示恢复进度。

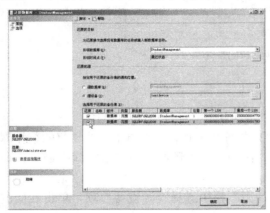
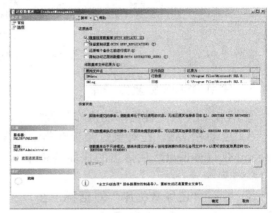

图 14-54　选择用于还原的备份集　　　　　图 14-55　设置覆盖现有数据库

　　数据库恢复成功后，弹出显示"对数据库 StudentManagement 的还原已成功完成"提示框。

　　此外，用户也可以采用分离/附加数据库的方法实现数据库的备份转移。SQL Server 允许分离数据库的数据和事务日志文件，然后将其重新附加到另一台服务器中。这对快速复制数据库是一个很方便的办法。

　　在 SQL Server 中，与数据库相对应的数据文件（.mdf 或.ndf）或日志文件（.ldf）都是 Windows 系统中普通的磁盘文件，用通常的方法就可以进行复制。这样的复制通常是用于数据库的转移。对数据库进行分离，能够使数据库从服务器中脱离出来。如果不想让它脱离，只要无人使用，可以采用关闭 SQL Server 服务器的方法，同样可以复制数据库文件，从而达到数据库备份转移的目的。具体操作方法已经在前面的章节中详细介绍，这里不再赘述。

14.4　实训——学籍管理系统的安全与保护

　　在学习了以上数据库安全和保护案例的基础上，读者可以通过下面的实训练习进一步巩固使用数据库安全和保护的各种方法。

　　【实训 14-1】学籍管理数据库的安全性控制。按照 SQL Server 的安全控制等级，首先为学籍管理数据库 StudentManagement 建立一个管理员级登录账户和若干个一般账户，具体见

表 14-1，并把它们分别映射为数据库用户，最后为数据库用户授予相应的权限。

表 14-1　学籍管理数据库的安全性控制

	创建	EXEC sp_addlogin 'studentAM','abc','StudentManagement'
studentAM	映射为数据库用户	EXEC sp_grantdbaccess 'studentAM','stuDBAdmin'
	创建角色	数据库所有角色
	授予权限	Sp_addrolemember 'db_owner','stuDBAdmin'
	权限说明	因其为数据库所有者角色，故所有对数据库的操作都可执行
Student01	创建	EXEC sp_addlogin 'student01','abc','StudentManagement'
	映射为数据库用户	EXEC sp_grantdbaccess 'student01','student01DB'
	创建视图	CREATE VIEW student01 AS SELECT * FROM Student WHERE Student_ClassNo IN (SELECT Class_No 　　　　　　　　　　　FROM Class 　　　　　　　　　　　WHERE Class_Name='微机 0801')
	创建角色 为角色授权	Sp_addrole 'student01role' GRANT SELECT,UPDATE(Student_Telephone), UPDATE(Student_Email),UPDATE(Student_Address) ON Student TO student01role
	授予权限	Sp_addrolemember 'student01role','student01DB'
	权限说明	可查询班级名称为"微机 0801"的学生信息，并仅可修改这些学生的联系电话、电子邮件和家庭地址的信息
Student02	创建	Exec sp_addlogin 'student02','abc','StudentManagement'
	映射为数据库用户	EXEC sp_grantdbaccess 'student02','student02DB'

【实训 14-2】学籍管理数据库的完整性控制。通过主键约束、外键约束、唯一约束、CHECK 约束以及规则、默认值等机制实现数据库的完整性控制。表 14-2 以学生表 Student 为例，列出了一部分具有代表性的约束。其余相关约束请读者自行完成。

表 14-2　学籍管理数据库的安全性控制

表 Student 完整性控制	电子邮件 Email 的唯一性	使用 UNIQUE 约束： ALTER TABLE Student ADD CONSTRAINT UK_Student_StudentEmail UNIQUE(Student_Email)
	学号 Student_No 为 6，为数字	使用 CHECK 约束： ALTER TABLE Student ADD CONSTRAINT CK_Student_StudentNo CHECK(Student_No LIKE '[0-9][0-9][0-9][0-9][0-9][0-9]')
	性别 Student_Sex 默认为男	使用 DEFAULT 约束： CREATE DEFAULT DF_Student_StudentSex AS '男' EXEC sp_bindefault 'DF_Student_StudentSex','Student.Student_Sex'
	出生日期为 1980/01/01 至今	使用规则： CREATE RULE R_Student_Birthday AS @birth >= '1980/01/01' AND @birth <= getdate() EXEC sp_bindrule 'R_Student_Birthday','Student.Student_Birthday'

习题 14

一、选择题

1. 当采用 Windows 验证方式登录时，只要用户通过 Windows 用户账户验证，就可以_____到 SQL Server 数据库服务器。

    A. 连接　　　　B. 集成　　　　C. 控制　　　　D. 转换

2. T-SQL 语句的 GRANT 和 REMOVE 语句主要用来维护数据库的_____。

    A. 完整性　　　B. 可靠性　　　C. 安全性　　　D. 一致性

3. 可以对固定服务器角色和固定数据库角色进行的操作是_____。

    A. 添加　　　　B. 查看　　　　C. 删除　　　　D. 修改

4. 下列用户对视图数据库对象执行操作的权限中，不具备的权限是_____。

    A. SELECT　　　B. INSERT　　　C. EXECUTE　　　D. UPDATE

5. "保护数据库，防止未经授权的或不合法的使用造成的数据泄露、更改破坏"是指数据的_____。

    A. 安全性　　　B. 完整性　　　C. 并发控制　　　D. 恢复

6. 在 SQL Server 中，为便于管理用户及权限，可以将一组具有相同权限的用户组织在一起，这一组具有相同权限的用户称为_____。

    A. 账户　　　　B. 角色　　　　C. 登录　　　　D. SQL Server 用户

二、简答题

1. 简述 SQL Server 的安全体系结构。

2. SQL Server 的身份验证模式有几种？各是什么？

3. SQL Server 提供哪些类型的约束？

4. 什么是角色？服务器角色和数据库角色有什么不同？用户可以创建哪种角色？

5. SQL Server 的权限有哪几种？各自的作用对象是什么？

6. 简述规则和 CHECK 约束的区别，如果在列上已经绑定了规则，当再次向它绑定规则时，会发生什么情况？

7. 简述 SQL Server 实现数据完整性的方法。

8. 什么是备份设备？

9. SQL Server 数据库备份有几种方法？试比较各种不同数据备份方法的异同点。

10. 什么还是原数据库？当还原数据库时，用户可以使用这些正在还原的数据库吗？

三、设计题

使用学籍管理数据库完成下面的设计任务。

1. 为班级表 Class 中教师编号 Class_TeacherNo 和院系编号 Class_DepartmentNo 列建立外键约束，其主键为教师表 Teacher 中的教师编号 Teacher_No 和院系表 Department 中的院系编号 Department_No。

2. 为教师表 Teacher 中的院系编号 Teacher_DepartmentNo 和职称编号 Teacher_TitleCode 列建立外键约束，其主键为院系表 Department 中的院系编号 Department_No 和职称表 Title 中的职称编号 Title_Code。

3. 为课程表 Course 中的课程类型编号 Course_TypeNo 列建立外键约束，其主键为课程类型表 CourseType 中的课程类型编号 CourseType_No。

第 15 章　LINQ 技术

对于长期发展的面向对象编程模型而言，其发展基本处于一个比较稳定的阶段，但是面向对象的编程模型并没有解决数据库的访问和整合的复杂问题。对于数据库的访问和 XML 的访问，面向对象方法论无法从根本意义上解决其复杂度和难度问题，而 LINQ 提供了一种更好的解决方案。

15.1　LINQ 技术概述

任何技术都不可能凭空搭建起来，为了解决工业生产中的某个实际问题，如果现有的技术已经无法很好地完成工业的要求，就会促发新技术的诞生。LINQ 就是为了解决复杂的数据库访问和整合而出现的一种新技术。

15.1.1　LINQ 的含义

LINQ 是英文 Language-Integrated Query 的缩写，即语言集成查询，是随.NET Framework 3.5 发布的一项新技术。它的查询操作可以通过编程语言自身来实现，而且使用 LINQ 技术编写的程序语句更简洁、程序更精小、功能更强大，大大提高了软件的开发效率。

LINQ 最大的特点是将对数据的各项操作集成到开发环境中，成为开发语言的一部分，LINQ 技术可以利用.NET 强大的类库，实现所有对于数据的操作。使用 LINQ 技术操作数据，可以像写 ASP. NET 代码一样来创建查询操作或表达式。

15.1.2　LINQ 构架

在.NET Framework 3.5 中，LINQ 已经成为编程语言的一部分。开发人员能够使用 Visual Studio 2008 创建使用 LINQ 的应用程序。LINQ 对基于.NET 平台的编程语言提供了标准的查询操作。

在.NET Framework 3.5 中，LINQ 的基本构架如图 15-1 所示。LINQ 能够对不同的对象进行查询。在.NET Framework 3.5 中，微软提供了不同的命名空间以支持不同的数据库配合 LINQ 进行数据查询。在 LINQ 框架中，处于最上方的就是 LINQ 应用程序，LINQ 应用程序基于.NET 框架而存在的，LINQ 能够支持 C#、VB.NET 等平台下的宿主语言进行 LINQ 查询。在 LINQ 框架中，还包括 LINQ Enabled Data Sources 层，该层提供 LINQ 查询操作并能够提供数据访问和整合功能。

LINQ 包括 5 个部分，分别是 LINQ to Objects、LINQ to XML、LINQ to SQL、LINQ to DataSet、LINQ to Entities，在.NET 开发中最常用的是 LINQ to SQL 和 LINQ to XML。

LINQ to SQL 提供了对 SQL Server 中数据库的访问和整合功能，同时能够以对象的形式进行数据库管理。现在的数据库依旧以关系型数据库为主，在面向对象开发过程中，很难通过对象的方法描述数据库，而 LINQ 能够通过对象的形式对数据库进行描述。LINQ to XML 提供了对 XML 中数据集的访问和整合功能。LINQ to XML 使用 System.XML.Linq 命名控件，为 XML 操作提供了高效易用的方法。

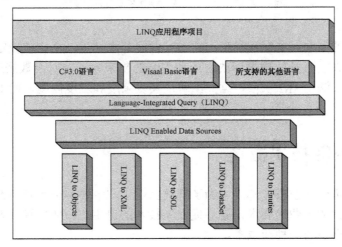

图 15-1　LINQ 基本构架

15.2　LINQ 与 Web 应用程序

在 ASP.NET 应用程序开发中，常常需要涉及数据的显示和整合。使用 ASP.NET 2.0 提供的控件能够编写用户控件，开发人员还能够选择开发自定义控件进行数据显示和整合。但是在数据显示和整合过程中，开发人员往往需要大量的连接、关闭连接等操作，而且传统的方法破坏了面向对象的特性，使用 LINQ 能够方便地使用面向对象的方法进行数据库操作。

15.2.1　创建使用 LINQ 的 Web 应用程序

创建使用 LINQ 的 Web 应用程序非常容易，只要在创建 Web 应用程序时选择基于.NET Framework 3.5 的平台就能够创建使用 LINQ 的 Web 应用程序，如图 15-2 所示。

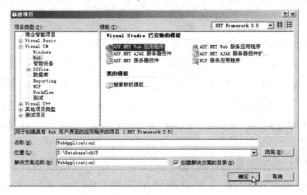

图 15-2　创建使用 LINQ 的 Web 应用程序

当创建一个基于系统.NET Framework 3.5 的应用程序后，系统就能够自动为应用程序创建 LINQ 所需要的命名空间，示例代码如下：

```
using System.Xml.Linq;              //使用 LINQ 命名空间
using System.Linq;                  //使用 LINQ 命名空间
```

上述命名空间提供了应用程序中使用 LINQ 所需的基础类和枚举，在 ASP.NET 应用程序中能够使用 LINQ 查询语句进行查询。

【演练 15-1】使用 LINQ 查询语句查询数组。

新建一个 Web 窗体 15-1.aspx，代码如下：

```
protected void Page_Load(object sender, EventArgs e)
{
    string[] str = { "数据", "数据库", "数据库管理", "DBMS", "LINQ 应用" }; //数据集
    var s = from n in str where n.Contains("数据") select n;                //执行 LINQ 查询
    foreach (var t in s)                                                    //遍历对象
    {
        Response.Write(t.ToString() + "<br/>");                             //输出查询结果
    }
}
```

上述代码在 ASP.NET 页面中执行了一段 LINQ 查询，查询字符串中包含 "数据" 的字符串，运行后结果如图 15-3 所示。

图 15-3　LINQ 查询结果

在 ASP.NET 中能够使用 LINQ 进行数据集的查询，Visual Studio 2008 已经将 LINQ 整合成为编程语言中的一部分，基于.NET Framework 3.5 的应用程序都可以使用 LINQ 特性进行数据访问和整合。

15.2.2　基本的 LINQ 数据查询

使用 LINQ to SQL 类文件能够快速地创建一个 LINQ 到 SQL 数据库的映射并进行数据集对象的封装，开发人员能够使用面向对象的方法进行数据集操作并提供快速开发的解决方案。

【演练 15-2】使用 LINQ 查询数据集。操作步骤如下。

① 在 ASP.NET 中，创建一个新的 LINQ 数据库用于数据集查询。右键单击现有项目，从弹出的菜单中选择 "添加" → "新建项" 命令，打开 "添加新项" 对话框，选择 "LINQ to SQL 类" 项，并输入类的名称 "MyData.dbml"，如图 15-4 所示。

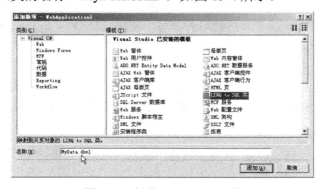

图 15-4　创建 LINQ to SQL 类

② 这样，创建了一个 LINQ to SQL 类，映射数据库 StudentManagement，实现数据对象的创建，如图 15-5 所示。开发人员能够直接将服务器资源管理器中的表拖动到 LINQ to SQL 类中。例如，将数据库 StudentManagement 中的学生表 Student 拖动到 LINQ to SQL 类中，在 LINQ to SQL 类文件中就会呈现一个表的视图，如图 15-6 所示。开发人员能够在视图中添加属性和关联，并且能够在 LINQ to SQL 类文件中设置多个表，进行可视化关联操作。

图 15-5　服务资源管理器

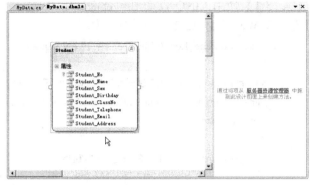
图 15-6　拖动一个表到 LINQ to SQL 类中

③ 创建了一个 LINQ to SQL 类文件后，LINQ to SQL 类将数据进行对象化。这里的对象化是指以面向对象的思想针对一个数据集建立一个相应的类，开发人员能够使用 LINQ to SQL 创建的类进行数据库查询和整合操作。

新建一个 Web 窗体 15-2.aspx，代码如下。

```
protected void Page_Load(object sender, EventArgs e)
{
    MyDataDataContext data = new MyDataDataContext();                    //使用 LINQ 类
    var s = from n in data.Student where n.Student_ClassNo == "200701" select n;   //执行查询
    foreach (var t in s)                                                 //遍历对象
    {
        Response.Write(t.Student_Name.ToString() + "<br/>");             //输出对象
    }
}
```

使用 LINQ 查询后结果如图 15-7 所示。

使用 LINQ 技术能够方便地进行数据库查询和整合操作，LINQ 不仅能够实现类似 SQL 语句的查询操作，还能够支持.NET 编程方法进行数据查询条件语句的编写。使用 LINQ 技术进行数据查询的顺序如下。

图 15-7　LINQ 执行数据库查询

① 创建 LINQ to SQL 文件：创建一个 LINQ to SQL 类文件进行数据集封装。

② 拖动数据表：将数据表拖动到 LINQ to SQL 类文件中，可进行数据表的可视化操作。

③ 使用 LINQ to SQL 类文件：使用 LINQ to SQL 类文件提供的数据集的封装进行数据操作。

15.2.3　LINQ 数据源

LINQ 可以对多种数据源和对象进行查询，如数据库、数据集、XML 文档甚至数组，这在传统的查询语句中是很难实现的。

1．数组

数组中的数据可以用 LINQ 查询语句查询，这样就省去了复杂的数组遍历。虽然数组没有集合的一些特性，但是从另一个角度上来说，数组可以看成是一个集合。而在传统的开发过程中，如果要筛选其中包含"数据"字段的某个字符串，则需要遍历整个数组。

2．SQL Server

在数据库操作中，同样可以使用 LINQ 进行数据库查询。LINQ 以其简洁的语法和面向对象的思想能够方便地进行数据库操作。为了使用 LINQ 进行 SQL Server 数据库查询，这里使用数据库 StudentManagement 中的学生表 Studen 和课程表 Class 作为数据源。

3．数据集

LINQ 能够通过查询数据集进行数据的访问和整合；通过访问数据集，LINQ 能够返回一个集合变量；通过遍历集合变量，可以进行其中数据的访问和筛选。

数据集是一个存在于内存的对象，该对象能够模拟数据库的一些基本功能，可以模拟小型的数据库系统。开发人员能够使用数据集对象在内存中创建表，以及模拟表与表之间的关系。而在数据集的数据检索过程中，往往需要大量的 if、else 等判断才能检索相应的数据。

使用 LINQ 对数据集中的数据进行整理和检索可以减少代码量并优化检索操作。开发人员能够将数据库中的内容填充到数据集中，也可以自行创建数据集。

15.3　LINQ 查询语法

LINQ 查询语句能够将复杂的查询应用简化成一个简单的查询语句，不仅如此，LINQ 还支持编程语言具有的特性，从而进行高效的数据访问和筛选。

15.3.1　LINQ 查询语法概述

LINQ 在写法上和 SQL 语句十分相似，但是 LINQ 语句在其查询语法上和 SQL 语句还是有区别的。例如：

SELECT * FROM Student,Class WHERE Student.Student_ClassNo = Class.Class_No

上述代码是 SQL 查询语句。对于 LINQ 而言，其查询语句：

var mylq = from l in lq.Student from cl in lq.Class where l.Student_ClassNo = cl.Class_No select l;

实现了同 SQL 查询语句一样的效果，但是 LINQ 查询语句在格式上与 SQL 语句不同。LINQ 的基本语法格式如下：

var <变量> = from <项目> in <数据源> where <表达式> orderby <表达式>

LINQ 语句不仅能够支持对数据源的查询和筛选，同 SQL 语句一样，还支持排序、投影等操作。

从结构上来看，LINQ 查询语句同 SQL 查询语句比较大的区别在于，SQL 查询语句中的 SELECT 关键字在语句的前面，而在 LINQ 查询语句中 SELECT 关键字在语句的后面。其他地方没有太大的区别，对于熟悉 SQL 查询语句的人来说非常容易上手。

LINQ 查询表达式包含 8 个常用子句，如 from 子句、where 子句、select 子句等。这些子句的具体说明见表 15-1。

表 15-1　LINQ 查询表达式子句

子　句	说　　明
from 子句	指定查询操作的数据源和范围变量
where 子句	筛选元素的逻辑条件，一般由逻辑运算符组成
select 子句	指定查询结果的类型和表现形式
group 子句	对查询结果进行分组
orderby 子句	对查询结果进行排序，可以为"升序"或"降序"
into 子句	提供一个临时标识符。该标识可以充当对 join、group 或 select 子句的结果的引用
join 子句	连接多个查询操作的数据源
let 子句	引入用于存储查询表达式中的子表达式结果的范围变量

15.3.2　from 查询子句

from 子句是 LINQ 查询语句中最基本也是最关键的子句关键字，与 SQL 查询语句不同的是，from 关键字必须在 LINQ 查询语句的开始。

1．from 查询子句基础

from 后面跟随着项目名称和数据源，示例代码如下：

```
var linqstr = from lq in str select lq;          //form 子句
```

from 语句指定项目名称和数据源，并且指定需要查询的内容。其中，项目名称作为数据源的一部分而存在，用于表示和描述数据源中的每个元素，而数据源可以是数组、集合、数据库甚至是 XML。值得一提的是，from 子句的数据源的类型必须为 IEnumerable、IEnumerable<T>类型，或者 IEnumerable、IEnumerable<T>的派生类，否则 from 不能够支持 LINQ 查询语句。

在.NET Framework 的泛型编程中，List（可通过索引的强类型列表）也能够支持 LINQ 查询语句的 from 关键字，因为 List 实现了 IEnumerable、IEnumerable<T>类型，在 LINQ 中可以对 List 类进行查询。

【演练 15-3】使用 from 查询子句实现基本查询。

新建一个控制台程序 15-3.cs，代码如下：

```
static void Main(string[] args)
{
    List<string> MyList = new List<string>();      //创建一个列表项
    MyList.Add("Sql Server");                      //添加一项
    MyList.Add("Visual Studio");                   //添加一项
    MyList.Add("LINQ");                            //添加一项
    var linqstr = from l in MyList select l;        //LINQ 查询
    foreach (var element in linqstr)                //遍历集合
    {
        Console.WriteLine(element.ToString());     //输出对象
```

```
            }
            Console.ReadKey();
        }
```

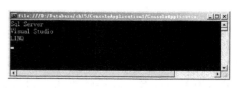

图 15-8　使用 from 查询子句实现基本查询

上述代码创建了一个列表项并向列表中添加了若干项进行 LINQ 查询。因为 List<T>实现了 IEnumerable、IEnumerable<T>，所以 List<T>列表项可以支持 LINQ 查询语句的 from 关键字。程序运行结果如图 15-8 所示。

2. from 查询子句嵌套查询

在 SQL 语句中，为了实现某一功能，往往需要包含多个条件，以及包含多个 SQL 子句嵌套。在 LINQ 查询语句中，并没有 AND 关键字为复合查询提供功能。如果需要进行复杂的复合查询，可以在 from 子句中嵌套另一个 from 子句，示例代码如下：

```
var linqstr = from lq in str from m in str2 select lq;        //使用嵌套查询
```

上述代码使用了一个嵌套查询进行 LINQ 查询。在有多个数据源或者包括多个表的数据需要查询时，可以使用 from 子句嵌套查询。

【演练 15-4】使用 from 查询子句实现嵌套查询。

新建一个控制台程序 15-4.cs，代码如下：

```
static void Main(string[] args)
{
    List<string> MyList = new List<string>();           //创建一个数据源
    MyList.Add("Sql Server");                            //添加一项
    MyList.Add("Visual Studio");                         //添加一项
    MyList.Add("LINQ");                                  //添加一项
    MyList.Add("ASP.NET");                               //添加一项
    List<string> MyList2 = new List<string>();           //创建另一个数据源
    MyList2.Add("Sql Server's Version");                 //添加一项
    MyList2.Add("Office's Version");                     //添加一项
    MyList2.Add("LINQ's Version");                       //添加一项
    MyList2.Add("ASP.NET's Version");                    //添加一项
    var linqstr = from l in MyList from m in MyList2 where m.Contains(l) select l;   //嵌套查询
    foreach (var element in linqstr)                     //遍历集合元素
    {
        Console.WriteLine(element.ToString());           //输出对象
    }
    Console.ReadKey();
}
```

上述代码创建了两个数据源，其中一个数据源中存放了软件的名称，另一个则存放了软件的版本信息。为了方便地查询在数据源中"名称"和"版本"都存在并且匹配的数据，需要使用 from 子句嵌套查询。程序运行结果如图 15-9 所示。

图 15-9　使用 from 子句嵌套查询

15.3.3 where 条件子句

在 SQL 查询语句中可以使用 WHERE 子句进行数据的筛选，在 LINQ 中同样包括 where 子句用于数据源中数据的筛选。where 子句指定了筛选的条件，也就是说，在 where 子句中的代码段必须返回布尔值才能够进行数据源的筛选。示例代码如下：

```
var linqstr = from l in MyList where l.Length > 5 select l;                //编写 where 子句
```

LINQ 查询语句可以包含一个或多个 where 子句，而 where 子句可以包含一个或多个布尔值变量。

【演练 15-5】使用 where 条件子句查询数据源中软件名称的长度大于 7 的软件。

新建一个控制台程序 15-5.cs，代码如下。

```
static void Main(string[] args)
{
    List<string> MyList = new List<string>();              //创建 List 对象
    MyList.Add("Sql Server");                              //添加一项
    MyList.Add("Visual Studio");                           //添加一项
    MyList.Add("LINQ");                                    //添加一项
    MyList.Add("ASP.NET");                                 //添加一项
    var linqstr = from l in MyList where l.Length > 7 select l;  //执行 where 查询
    foreach (var element in linqstr)                       //遍历集合
    {
        Console.WriteLine(element.ToString());             //输出对象
    }
    Console.ReadKey();
}
```

上述代码添加了数据源之后，通过 where 子句在数据源中进行条件查询。LINQ 查询语句会遍历数据源中的数据并进行判断，如果返回值为 true，则会在 linqstr 集合中添加该元素。程序运行结果如图 15-10 所示。

图 15-10　where 子句查询

当需要多个 where 子句进行复合条件查询时，可以使用 "&&" 和 "||" 逻辑运算符进行 where 子句的整合。

【演练 15-6】使用复合 where 子句查询。

新建一个控制台程序 15-6.cs，代码如下：

```
static void Main(string[] args)
{
    List<string> MyList = new List<string>();              //创建 List 对象
    MyList.Add("Sql Server");                              //添加一项
    MyList.Add("Visual Studio.NET");                       //添加一项
    MyList.Add("LINQ");                                    //添加一项
    MyList.Add("ASP.NET");                                 //添加一项
    MyList.Add(".NET Framework");                          //添加一项
```

```
var linqstr = from l in MyList where l.Length > 7 && l.Contains("NET") select l;   //复合查询
foreach (var element in linqstr)                                    //遍历集合
{
        Console.WriteLine(element.ToString());                      //输出对象
}
Console.ReadKey();
}
```

上述代码进行了多条件的复合查询，
查询软件名称的长度大于 7 并且名称中包
含"NET"的软件，程序运行结果如图 15-11
所示。

图 15-11 复合 where 子句查询

复合 where 子句查询通常用于同一个数据源中的数据查询。当需要在同一个数据源中进
行筛选查询时，可以使用 where 子句进行单个或多个 where 子句条件查询，where 子句能够
对数据源中的数据进行筛选并将复合条件的元素返回到集合中。

15.3.4 select 选择子句

select 子句同 from 子句一样，是 LINQ 查询语句中必不可少的关键字，select 子句在 LINQ
查询语句中是必须的。select 语句指定返回集合变量中的元素来自哪个数据源，示例代码如下：
```
var linqstr = from lq in str select lq;                 //编写选择子句
```
上述代码中包括三个变量，这三个变量分别为 linqstr、lq、str。其中，str 是数据源，linqstr
是数据源中满足查询条件的集合，而 lq 也是一个集合，这个集合来自数据源。在 LINQ 查询
语句中必须包含 select 子句，如果不包含 select 子句，则系统会抛出异常（除特殊情况外）。

【演练 15-7】使用 select 选择子句查询并返回集合元素。

新建一个控制台程序 15-7.cs，代码如下：
```
static void Main(string[] args)
{
        List<string> MyList = new List<string>();                   //创建 List 对象
        MyList.Add("Sql Server");                                   //添加一项
        MyList.Add("Visual Studio");                                //添加一项
        MyList.Add("LINQ");                                         //添加一项
        List<string> MyList2 = new List<string>();                  //创建 List 对象
        MyList2.Add("Sql Server's Version");                        //添加一项
        MyList2.Add("Visual Studio's Version");                     //添加一项
        MyList2.Add("Office's Version");                            //添加一项
        var linqstr = from l in MyList from m in MyList2 where m.Contains(l) select l;   //选择 l 变量
        foreach (var element in linqstr)                            //遍历集合
        {
                Console.WriteLine(element.ToString());              //输出集合内容
        }
        Console.ReadKey();                                          //等待用户按键
}
```

上述代码从两个数据源中筛选数据，并通过 select 返回集合元素，程序运行结果如图 15-12 所示。

图 15-12　select 选择子句查询并返回集合元素

如果将 select 子句后面的项目名称更改，则结果可能不同，更改 LINQ 查询子句代码如下：

```
var linqstr = from l in MyList from m in MyList2 where m.Contains(l) select m;   //选择 m 变量
```

上述 LINQ 查询子句并没有选择 l 变量中的集合元素，而是选择了 m 变量中的集合元素，那么返回的应该是 MyList2 数据源中的集合元素，程序运行结果如图 15-13 所示。

图 15-13　程序运行结果

对于不同的 select 对象，返回的结果也不尽相同。当开发人员需要进行复合查询时，可以通过 select 语句返回不同的复合查询对象，这在多数据源查询中是非常有帮助的。

15.3.5　group 分组子句

在 LINQ 查询语句中，group 子句对 from 语句执行查询的结果进行分组，并返回元素类型为 IGrouping<TKey,TElement> 的对象序列。group 子句支持将数据源中的数据进行分组。但在分组前，数据源必须支持分组操作才可使用 group 语句进行分组处理。

【演练 15-8】使用 group 子句对数据源中的数据进行分组。

新建一个控制台程序 15-8.cs，代码如下：

```
public class Soft
{
    public int year;                         //创建发行年份字段
    public string name;                      //创建软件名称字段
    public Soft(int year,string name)        //构造函数
    {
        this.year = year;                    //构造属性值 year
        this.name = name;                    //构造属性值 name
    }
}
```

上述代码设计了一个类，用于描述软件的名称和发行年份，并且按照发行年份进行分组，这样数据源就能够支持分组操作。

下面通过 List 列表实现 LINQ 对数据的分组，代码如下：

```
static void Main(string[] args)
{
    List<Soft> SoftList = new List<Soft>();
```

```
        SoftList.Add(new Soft(2000, "Sql Server"));            //通过构造函数构造新对象
        SoftList.Add(new Soft(2008, "Visual Studio"));         //通过构造函数构造新对象
        SoftList.Add(new Soft(2003, "Office"));                //通过构造函数构造新对象
        SoftList.Add(new Soft(2008, "Sql Server"));            //通过构造函数构造新对象
        SoftList.Add(new Soft(2003, "Visual Studio"));         //通过构造函数构造新对象
        SoftList.Add(new Soft(2000, "Windows"));               //通过构造函数构造新对象
        var gl = from p in SoftList group p by p.year;         //使用 group 子句进行分组
        foreach (var element in gl)                            //遍历集合
        {
            foreach (Soft p in element)                        //遍历集合
            {
                Console.WriteLine(p.name.ToString());          //输出对象
            }
        }
        Console.ReadKey();
    }
```

上述代码使用了 group 子句进行数据分组，实现了分组的功能，程序运行结果如图 15-14 所示。

图 15-14　group 子句数据分组的结果

group 子句将数据源中的数据进行分组，在遍历数据元素时，并不像前面的章节那样直接对元素进行遍历，因为 group 子句返回的是元素类型为 IGrouping<TKey,TElement>的对象序列，必须在循环中嵌套一个对象的循环才能够查询相应的数据元素。

在使用 group 子句时，LINQ 查询子句的末尾并没有 select 子句，因为 group 子句会返回一个对象序列，通过循环遍历才能够在对象序列中寻找到相应对象的元素。如果使用 group 子句进行分组操作，则可以不使用 select 子句。

15.3.6　orderby 排序子句

在 SQL 查询语句中，常常需要对现有的数据元素进行排序，例如，注册用户的时间，新闻列表的排序，这样能够方便用户在应用程序使用过程中快速获取需要的信息。在 LINQ 查询语句中同样支持排序操作以提取用户需要的信息。在 LINQ 语句中，orderby 是一个词而不是分开的。orderby 能够支持对象的排序。

【演练 15-9】使用 orderby 子句对数据源中的数据进行排序。

新建一个控制台程序 15-9.cs，其中 Soft 类的定义同前，主函数代码如下：

```
    static void Main(string[] args)
    {
        List<Soft> SoftList = new List<Soft>();
        SoftList.Add(new Soft(2000,"Sql Server"));             //通过构造函数构造新对象
        SoftList.Add(new Soft(2008,"Visual Studio"));          //通过构造函数构造新对象
        SoftList.Add(new Soft(2003,"Office"));                 //通过构造函数构造新对象
        var gl = from p in SoftList orderby p.year select p;   //执行排序操作
        foreach (var element in gl)                            //遍历集合
```

```
        {
            Console.WriteLine(element.name.ToString());    //输出对象
        }
        Console.ReadKey();
    }
```

上述代码中使用 orderby 关键字指定了集合中元素的排序规则，按照软件的发行年份进行升序排序，程序运行结果如图 15-15 所示。

图 15-15   orderby 子句数据升序排序的结果

orderby 子句同样能够实现降序排列，可以使用 descending 关键字进行降序排列，示例代码如下：

```
var gl = from p in SoftList orderby p.year descending select p;    //orderby 语句
```

上述代码按照软件的发行年份进行降序排序，程序运行结果如图 15-16 所示。

图 15-16   orderby 子句数据降序排序的结果

orderby 子句同样能够进行多个条件排序，如果需要使用 orderby 子句进行多个条件排序，只需要将这些条件用 "，" 号分割即可，示例代码如下：

```
var gl = from p in SoftList orderby p.year descending,p.name select p;        //orderby 语句
```

15.3.7   into 连接子句

into 子句通常和 group 子句一起使用。在通常情况下，LINQ 查询语句中不需要使用 into 子句，但如果需要对分组中的元素进行操作，则需要使用 into 子句。into 语句能够创建临时标识符用于保存查询的集合。

【演练 15-10】使用 into 子句将查询的结果填充到临时标识符对象中。

新建一个控制台程序 15-10.cs，其中 Soft 类的定义同前，主函数代码如下：

```
static void Main(string[] args)
{
    List<Soft> SoftList = new List<Soft>();
    SoftList.Add(new Soft(2000, "Sql Server"));              //通过构造函数构造新对象
    SoftList.Add(new Soft(2008, "Visual Studio"));           //通过构造函数构造新对象
    SoftList.Add(new Soft(2003, "Office"));                  //通过构造函数构造新对象
    SoftList.Add(new Soft(2008, "Sql Server"));              //通过构造函数构造新对象
    SoftList.Add(new Soft(2003, "Visual Studio"));           //通过构造函数构造新对象
    SoftList.Add(new Soft(2000, "Windows"));                 //通过构造函数构造新对象
    var gl = from p in SoftList group p by p.year into x select x;    //使用 into 子句创建标识
```

```
        foreach (var element in gl)                          //遍历集合
        {
            foreach (Soft p in element)                      //遍历集合
            {
                Console.WriteLine(p.name.ToString());        //输出对象
            }
        }
        Console.ReadKey();
    }
```

上述代码通过使用 into 子句创建标识。从 LINQ 查询语句中可以看出，查询后返回的是一个集合变量 x 而不是 p，但是编译能够通过并且能够执行查询，这说明 LINQ 查询语句将查询的结果填充到了临时标识符对象 x 中并返回查询集合给 gl 集合变量，程序运行结果如图 15-17 所示。

需要注意的是，into 子句必须以 select、group 等子句作为结尾子句，否则会抛出异常。

图 15-17　into 子句将查询结果填充到临时标识符对象

15.3.8　join 连接子句

在数据库的结构中，通常表与表之间有着不同的联系，这些联系决定了表与表之间的依赖关系。在 LINQ 中同样也可以使用 join 子句对有关系的数据源或数据对象进行查询，但首先这两个数据源必须要有一定的联系。

【演练 15-11】使用 join 子句查询关联的数据源。

新建一个控制台程序 15-11.cs，代码如下：

```
    public class Soft
    {
        public int year;                                     //创建发行年份字段
        public string name;                                  //创建软件名称字段
        public int typeid;                                   //创建类别编号字段
        public Soft(int year,string name,int typeid)         //初始化构造函数
        {
            this.year = year;                                //构造属性值 year
            this.name = name;                                //构造属性值 name
            this.typeid = typeid;                            //构造属性值 typeid
        }
    }
    public class TypeSoft                                     //软件类别对象
    {
        public int typeid;                                   //创建类别编号字段
        public string type;                                  //创建类别名称字段
        public TypeSoft(int typeid,string type)              //初始化构造函数
```

```
        {
            this.typeid = typeid;                               //构造属性值 typeid
            this.type = type;                                   //构造属性值 type
        }
    }
```

上述代码创建了两个类,这两个类分别用来描述"软件"对象和"类别"对象。TypeSoft 对象用来描述软件类别的编号及名称,而 Soft 类用来描述软件所属的类别,这就确定了这两个类之间的依赖关系。而在对象描述中,如果将 TypeSoft 类的属性和字段放置到 Soft 类的属性中,会导致类设计臃肿,同时也没有很好地描述该对象。

下面使用 join 子句将不同数据源中的数据进行关联操作,代码如下:

```
    static void Main(string[] args)
    {
        List<Soft> SoftList = new List<Soft>();
        SoftList.Add(new Soft(2000, "Windows",1));              //通过构造函数构造新对象
        SoftList.Add(new Soft(2008, "Visual Studio",2));        //通过构造函数构造新对象
        SoftList.Add(new Soft(2003, "Office",3));               //通过构造函数构造新对象
        List<TypeSoft> TypeSoftList = new List<TypeSoft>();
        TypeSoftList.Add(new TypeSoft(1,"操作系统"));            //通过构造函数构造新对象
        TypeSoftList.Add(new TypeSoft(2,"编程语言"));            //通过构造函数构造新对象
        var gl = from p in SoftList join tp in TypeSoftList on p.typeid equals tp.typeid select p; //join 子句
        foreach (var element in gl)                             //遍历集合
        {
            Console.WriteLine(element.name.ToString()+"    "+element.typeid.ToString());
        }
        Console.ReadKey();
    }
```

上述代码使用 join 子句进行不同数据源之间关系的创建,其用法同 SQL 查询语句中的 INNER JOIN 查询语句相似。程序运行结果如图 15-18 所示。

图 15-18   join 子句查询关联的数据源

15.3.9   let 临时表达式子句

在 LINQ 查询语句中,let 关键字可以看做在表达式中创建了一个临时的变量用于保存表达式的结果,但是 let 子句指定的范围变量的值只能通过初始化操作进行赋值,一旦初始化之后就无法再次进行更改操作。

let 变量相当于一个中转变量,用于临时存储表达式的值。在 LINQ 查询语句中,某些过程的值可以通过 let 进行保存。简单地说,let 变量就是临时变量,例如:x = x+1,其中,x 就相当于一个 let 变量。

【演练 15-12】使用 let 临时表达式子句查询数据源中的数据。

新建一个控制台程序 15-12.cs,其中 Soft 类的定义同前,主函数代码如下:

```
static void Main(string[] args)
{
    List<Soft> SoftList = new List<Soft>();
    SoftList.Add(new Soft(2000, "Windows",1));              //通过构造函数构造新对象
    SoftList.Add(new Soft(2008, "Visual Studio",2));        //通过构造函数构造新对象
    SoftList.Add(new Soft(2003, "Office",3));               //通过构造函数构造新对象
    var gl = from p in SoftList let number = p.typeid where number==2 select p; //使用 let 子句
    foreach (var element in gl)                             //遍历集合
    {
        Console.WriteLine(element.name.ToString()+"    "+element.typeid.ToString());
    }
    Console.ReadKey();
}
```
程序运行结果如图 15-19 所示。

图 15-19　使用 let 子句查询数据源中的数据

15.4　LINQ 查询操作

前面介绍了 LINQ 的一些基本的语法，以及 LINQ 常用的查询子句进行数据的访问和整合。使用 LINQ 查询子句能够实现不同的功能，包括投影、排序和聚合等，本节开始介绍 LINQ 的查询操作。

LINQ 不仅提供了强大的查询表达式为开发人员对数据源进行查询和筛选操作提供遍历，LINQ 还提供了大量的查询操作，这些操作通过 IEnumerable<T>或 IQueryable<T>提供的接口实现了投影、排序、聚合等操作。通过使用 LINQ 提供的查询方法，能够快速地实现投影、排序等操作。LINQ 常用操作如下。

Count：计算集合中元素的数量，或者计算满足条件的集合中元素的数量。

GroupBy：实现对集合中的元素进行分组的操作。

Max：获取集合中元素的最大值。

Min：获取集合中元素的最小值。

Select：执行投影操作。

SelectMany：对多个数据源执行投影操作。

Where：执行筛选操作。

15.4.1　投影操作

投影操作和 SQL 查询语句中的 SELECT 语句功能基本类似，投影操作能够指定数据源并选择相应的数据源。在 LINQ 中常用的投影操作包括 Select 和 SelectMany。

1. Select 选择子句

Select 操作能够将集合中的元素投影到新的集合中去，并能够指定元素的类型和表现形式。

【演练 15-13】对数据源进行投影操作。

新建一个控制台程序 15-13.cs，代码如下：

```
static void Main(string[] args)
{
        int[] inter = { 1, 2, 3, 4, 5, 6, 7, 8, 9 };      //创建数组
        var lint = inter.Select(i => i);                  //Select 操作
        foreach (var m in lint)                           //遍历集合
        {
                Console.WriteLine(m.ToString());          //输出对象
        }
        Console.ReadKey();
}
```

上述代码对数据源进行了投影操作。使用 Select 进行投影操作非常简单，其作用同 SQL 语句中的 SELECT 语句十分相似。上述代码将集合中的元素投影到新的集合 lint 中，程序运行结果如图 15-20 所示。

图 15-20　使用 Select 进行投影操作

2. SelectMany 多重选择子句

SelectMany 和 Select 的用法基本相同，但是 SelectMany 与 Select 相比可以选择多个序列进行投影。

【演练 15-14】将不同的数据源投影到一个新的集合。

新建一个控制台程序 15-14.cs，代码如下：

```
static void Main(string[] args)
{
        int[] inter = { 1, 2, 3, 4, 5, 6, 7, 8, 9 };        //创建数组
        int[] inter2 = { 21, 22, 23, 24, 25, 26};           //创建数组
        List<int[]> list = new List<int[]>();               //创建 List 对象
        list.Add(inter);                                    //添加对象
        list.Add(inter2);                                   //添加对象
        var lint = list.SelectMany(i => i);                 //SelectMany 操作
        foreach (var m in lint)                             //遍历集合
        {
                Console.WriteLine(m.ToString());            //输出对象
        }
        Console.ReadKey();
}
```

上述代码通过 SelectMany 方法将不同的数据源投影到一个新的集合中。程序运行结果如图 15-21 所示。

图 15-21　使用 SelectMany 进行投影操作

15.4.2　筛选操作

筛选操作使用的是 Where 方法，其使用方法同 LINQ 查询语句中的 where 子句使用方法基本相同。筛选操作用于筛选符合特定逻辑规范的集合中的元素。

【演练 15-15】对数据源进行筛选操作。

新建一个控制台程序 15-15.cs，代码如下：

```
static void Main(string[] args)
{
    int[] inter = { 1, 2, 3, 4, 5, 6, 7, 8, 9 };       //创建数组
    var lint = inter.Where(i => i > 5);                //使用 where 进行筛选操作
    foreach (var m in lint)                            //遍历集合
    {
        Console.WriteLine(m.ToString());               //输出对象
    }
    Console.ReadKey();
}
```

上述代码通过 Where 方法实现了对数据源中数据的筛选操作，筛选现有集合中所有值大于 5 的元素并填充到新的集合中。程序运行结果如图 15-22 所示。

图 15-22　使用 Where 方法筛选数据源中的数据

说明：使用 LINQ 查询语句的子查询语句同样能够实现这样的功能，代码如下：

```
var lint = from i in inter where i > 5 select i;       //执行筛选操作
```

15.4.3　排序操作

排序操作最常使用的是 OrderBy 方法，其使用方法同 LINQ 查询子句中的 orderby 子句类似。使用 OrderBy 方法能够对集合中的元素进行排序。同样，OrderBy 方法能够针对多个参数进行排序。排序操作不仅提供了 OrderBy 方法，还提供了其他的方法进行高级排序。

OrderBy 方法：根据关键字对集合中的元素按升序排列。

OrderByDescending 方法：根据关键字对集合中的元素按降序排列。

ThenBy 方法：根据次要关键字对序列中的元素按升序排列。

ThenByDescending 方法：根据次要关键字对序列中的元素按降序排列。

Reverse 方法：将序列中元素的顺序反转。

使用 LINQ 提供的排序操作能够方便地进行排序。

【演练 15-16】对数据源中的数据进行排序操作。

新建一个控制台程序 15-16.cs，代码如下：

```csharp
static void Main(string[] args)
{
    int[] inter = { 1, 2, 3, 4, 5, 6, 7, 8, 9};        //创建数组
    var lint = inter.OrderByDescending(i => i);        //使用降序方法
    foreach (var m in lint)                             //遍历集合
    {
        Console.WriteLine(m.ToString());                //输出对象
    }
    Console.ReadKey();
}
```

程序运行结果如图 15-23 所示。

上述代码使用 OrderByDescending 方法将数据源中的数据进行降序排列。除此之外，还可以使用 Reverse 方法将集合内元素的顺序反转。

图 15-23　对数据源中的数据进行排序操作

【演练 15-17】对数据源中的数据进行反转操作。

新建一个控制台程序 15-17.cs，代码如下：

```csharp
static void Main(string[] args)
{
    int[] inter = { 3, 5, 2, 7, 4, 6, 8, 1, 9};        //创建数组
    var lint = inter.Reverse();                         //反转集合
    foreach (var m in lint)                             //遍历集合
    {
        Console.WriteLine(m.ToString());                //输出对象
    }
    Console.ReadKey();
}
```

上述代码使用了 Reverse 方法将集合内元素的顺序反转，程序运行结果如图 15-24 所示。

图 15-24　对数据源中的数据进行反转操作

说明：排序和反转并不相同，排序是对集合中的元素进行排序，可以是升序也可以是降序；而反转并没有进行排序，只是将集合中的元素从第一个反转到最后一个，依次反转而已。

15.4.4　聚合操作

在 SQL 中，往往需要统计一些基本信息，这些都可以通过 SQL 语句进行查询。在 SQL 查询语句中，支持一些能够进行基本运算的函数，这些函数包括 Max、Min 等。在 LINQ 中，同样包括这些函数，用来获取集合中的最大值和最小值等一些常用的统计信息。在 LINQ 中，

这种操作被称为聚合操作。聚合操作常用的方法如下。

Count 方法：获取集合中元素的数量，或者获取满足条件的元素数量。

Sum 方法：获取集合中元素的总和。

Max 方法：获取集合中元素的最大值。

Min 方法：获取集合中元素的最小值。

Average 方法：获取集合中元素的平均值。

Aggregate 方法：对集合中的元素进行自定义的聚合计算。

LongCount 方法：获取集合中元素的数量，或者计算序列满足一定条件的元素的数量。一般计算大型集合中元素的数量。

1. Max、Min、Count、Average 内置方法

通过 LINQ 提供的聚合操作的方法能够快速地获取统计信息。

【演练 15-18】查找数据源中数据的最大值、最小值、大于 5 的数据个数及所有数据的平均值。

新建一个控制台程序 15-18.cs，代码如下：

```
static void Main(string[] args)
{
    int[] inter = { 1, 2, 3, 4, 5, 6, 7, 8, 9 };                    //创建数组
    var Maxlint = inter.Max(i => i);                               //获取最大值
    var Minlint = inter.Min(i => i);                               //获取最小值
    var Countlint = inter.Count(i => i > 5);                       //获取元素数量
    var Arrlint = inter.Average(i => i);                           //获取平均值
    Console.WriteLine("最大值是" + Maxlint.ToString());            //输出最大值
    Console.WriteLine("最小值是" + Minlint.ToString());            //输出最小值
    Console.WriteLine("符合条件的集合有" + Countlint.ToString()+"项"); //输出项数
    Console.WriteLine("平均值为" + Arrlint.ToString());            //输出平均值
    Console.ReadKey();
}
```

程序运行结果如图 15-25 所示。

图 15-25　获取数据源中数据的统计信息

2. Aggregate 聚合方法

Aggregate 方法能够对集合中的元素进行自定义的聚合计算，如：Sum、Count 等。

【演练 15-19】求数据源中所有数据的总和。

新建一个控制台程序 15-19.cs，代码如下：

```
static void Main(string[] args)
{
    int[] inter = { 1, 2, 3, 4, 5, 6, 7, 8, 9 };          //创建数组
```

```
            var aq = inter.Aggregate((x,y)=>x+y);          //使用 Aggregate 方法
            Console.WriteLine(aq.ToString());              //实现 Sum 方法
            Console.ReadKey();
        }
```

上述代码实现了数据源中所有数据的加法，也就是实现了 Sum 聚合操作，程序运行结果如图 15-26 所示。

图 15-26　自定义聚合操作

15.5　使用 LINQ 查询和操作数据库

学习了 LINQ 的基本知识后，用户就可以使用 LINQ 进行数据库操作。LINQ 能够支持多种数据库并为每种数据库提供了便捷的访问和筛选方案。本节主要使用学籍管理数据库 StudentManagement 中的学生表 Student 和课程表 Class 作为数据源进行 LINQ 查询和操作，将课程表 Class 拖动到 LINQ to SQL 类文件 MyData.dbml 中。

LINQ 提供了快速查询数据库的方法，这个方法非常简单，在前面的章节中已经讲过，这里不再赘述。

15.5.1　插入数据

创建了 DataContext 类对象之后，就能够使用 DataContext 的方法进行数据插入、更新和删除操作。相比 ADO.NET，使用 DataContext 对象进行数据库操作更加方便和简单。使用 LINQ to SQL 类进行数据插入的操作步骤如下。

① 创建一个包含要提交的列数据的新对象。

② 将这个新对象添加到与数据库中的目标表关联的 LINQ to SQL Table 集合中。

③ 将更改提交给数据库。

【演练 15-20】向班级表 Class 中插入一个班级记录。

新建一个 Web 窗体 15-20.aspx，窗体中包含 3 个按钮，分别是"插入数据"、"更新数据"和"删除数据"按钮。其中，"插入数据"按钮（按钮 ID 为 InsertSQL）的代码如下：

```
        public void InsertSQL(object sender, EventArgs e)
        {
        Class cls = new Class { Class_No="200703",Class_DepartmentNo="01",Class_TeacherNo="0001",
        Class_Name ="微机 0703", Class_Amount=50 };                    //创建一个数据对象
        MyDataDataContext dc = new MyDataDataContext();               //创建一个数据连接
        dc.Class.InsertOnSubmit(cls);                                //执行插入数据操作
        dc.SubmitChanges();                                          //执行更新操作
        var s = from n in dc.Class select n;                         //执行查询
        foreach (var t in s)                                         //遍历对象
        {
            Response.Write(t.Class_Name.ToString() + "<br/>");       //输出对象
        }
        }
```

上述代码使用了前面创建的 LINQ to SQL 类文件 MyData.dbml，使用这个类文件可以快速地创建一个连接。在 LINQ 中，LINQ 模型将关系型数据库模型转换成一种面向对象的编程模型。开发人员可以创建一个数据对象并为数据对象中的字段赋值，再通过 LINQ to SQL 类执行 InsertOnsubmit 方法就可以完成数据插入操作，程序运行结果如图 15-27 所示。

图 15-27 插入数据

15.5.2 修改数据

LINQ 对数据库的修改也是非常简便的，更新数据库中数据的基本步骤如下。

① 查询数据库中要更新的行。

② 对得到的 LINQ to SQL 对象中的成员值进行修改。

③ 将更改提交给数据库。

【演练 15-21】修改班级表 Class 中新插入的班级记录。

打开 Web 窗体 15-20.aspx，编写"更新数据"按钮（按钮 ID 为 UpdateSQL）的代码，代码如下：

```
public void UpdateSQL(object sender, EventArgs e)
{
    MyDataDataContext dc = new MyDataDataContext();                    //创建一个数据连接
    var element = from d in dc.Class where d.Class_No == "200703" select d;  //查询要更新的行
    foreach (var m in element)                                          //遍历集合
    {
        m.Class_Name = "信管 0703";                                     //修改值
        m.Class_Amount = 55;                                            //修改值
    }
    dc.SubmitChanges();                                                 //执行更新操作
    var s = from n in dc.Class select n;                                //执行查询
    foreach (var t in s)                                                //遍历对象
    {
        Response.Write(t.Class_Name.ToString()+" "
+t.Class_Amount.ToString() + "<br/>");
    }
}
```

在修改数据库中的某个数据之前，必须要查询出这个数据。可以使用 LINQ 查询语句和 where 子句进行筛选查询，也可以使用 Where 方法进行筛选查询。筛选查询出数据之后，就可以修改相应的值并使用 SunmitChanges()方法进行数据更新。程序运行结果如图 15-28 所示。

图 15-28 更新数据

15.5.3 删除数据

使用 LINQ 能够快速地删除行，删除行的基本步骤如下。

① 在数据库的外键约束中设置 ON DELETE CASCADE 规则。

② 编写代码删除阻止删除父对象的子对象。

【演练 15-22】删除班级表 Class 中新插入的班级记录。

打开 Web 窗体 15-20.aspx，编写"删除数据"按钮（按钮 ID 为 DeleteSQL）的代码，代码如下：

```
public void DeleteSQL(object sender, EventArgs e)
{
    MyDataDataContext dc = new MyDataDataContext();                      //创建一个数据连接
    var del = from d in dc.Class where d.Class_No == "200703" select d;  //查询要删除的行
    foreach (var m in del)                                               //遍历集合
    {
        dc.Class.DeleteOnSubmit(m);                                      //执行删除操作
        dc.SubmitChanges();
    }
    var s = from n in dc.Class select n;                                 //执行查询
    foreach (var t in s)                                                 //遍历对象
    {
        Response.Write(t.Class_Name.ToString() + "<br/>");
    }
}
```

程序运行结果如图 15-29 所示。

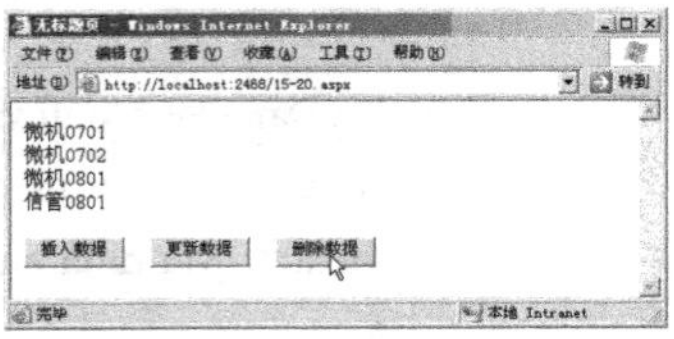

如果数据库包含外键，以及其他约束条件，在执行删除操作时必须小心进行，否则会破坏数据库约束，也有可能抛出异常。

图 15-29　删除数据

15.6　实训——使用 LINQ 更新表记录

在学习了以上 LINQ 案例的基础上，读者可以通过下面的实训练习进一步巩固使用 LINQ 语言的各种方法。

【实训 15-1】使用 LINQ 更新学生表 Student 的记录。

新建 Web 窗体 15-shixun.aspx，窗体中包含一个"更新数据"按钮（按钮 ID 为 UpdateBtn），编写按钮的事件代码，代码如下：

```
public void UpdateBtn(object sender, EventArgs e)
{
    MyDataDataContext dc = new MyDataDataContext();                          //创建一个数据连接
    var upd = from d in dc.Student where d.Student_No == "200801" select d;  //查询要更新的行
    foreach (var m in upd)                                                   //遍历集合
    {
        m.Student_Name = "张飞";                                             //修改值
        m.Student_Address = "浙江绍兴";                                       //修改值
    }
}
```

```
            dc.SubmitChanges();                                          //执行更新操作
            var s = from n in dc.Student select n;                       //执行查询
            foreach (var t in s)                                         //遍历对象
            {
                Response.Write(t.Student_Name.ToString()+" "+t.Student_Address.ToString()+"<br/>");
            }
        }
```

程序运行结果如图 15-30 所示。

图 15-30　更新数据

习题 15

一、填空题

1．LINQ 是英文 Language-Integrated Query 的缩写，即_____。

2．LINQ 的数据检索语句由_____开始，以_____或者_____子句结尾的若干子句组成。

3．LINQ to SQL 操作的第一步是创建对象，建立_____类，从而实现将连接数据源这一目的，其实质是将数据库映射到_____。

4．LINQ 数据的删除操作使用_____方法完成。

5．LINQ 数据更新语句调用_____方法。

6．LINQ 语言中用于对检索到的数据进行分组的属性是_____。

二、单选题

1．LINQ 中 join 子句的功能是_____。
   A．执行查询　　　　　B．分组　　　　　C．排序　　　　　D．连接数据源

2．_____是 LINQ to SQL 中的入口。
   A．SqlConnection　　B．DataContext　　C．From　　　　D．以上都不对

3．完成对象的创建后，数据库中的每个表都将变成一个_____。
   A．类　　　　　　　　B．对象　　　　　C．方法　　　　　D．类成员

三、设计题

在学籍管理数据库的基础上使用 LINQ 语言编写以下程序。

1．向教师表 Teacher 中插入一个教师记录。

2．修改教师表 Teacher 中新插入的教师记录。

3．删除教师表 Teacher 中新插入的教师记录。

参 考 文 献

[1]　姚一永. SQL Server 2008 数据库实用教程. 北京：电子工业出版社，2010.

[2]　高云，崔艳春. SQL Server 2008 数据库技术实用教程. 北京：清华大学出版社，2011.

[3]　何玉洁，梁琦. 数据库原理与应用（第 2 版）. 北京：机械工业出版社，2011.

[4]　壮志剑. 数据库原理与 SQL Server. 北京：高等教育出版社，2008.

[5]　岳学军，李晓黎. Web 应用程序开发教程. 北京：人民邮电出版社，2009.

[6]　宋晓峰. SQL Server 2005 中文版基础教程. 北京：人民邮电出版社，2010.

[7]　刘丽. SQL Server 数据库基础教程. 北京：机械工业出版社，2011.

[8]　高巍巍，穆丽新，国红等. 数据库基础与应用. 北京：清华大学出版社，2010.

[9]　常本勤，徐洁磐. 数据库技术原理与应用教程学习与实验指导. 北京：机械工业出版社，2010.

[10]　罗耀军. 数据库应用技术项目教程. 北京：电子工业出版社，2011.